工业和信息化人才培养规划教材

Industry And Information Technology Training Planning Materials

Technical And Vocational Education

高职高专计算机系列

局域网组建、配置与维护项目教程（第2版）

The Set up, Configure and Maintain of LAN

吴献文 ◎ 编著

余明辉 ◎ 主审

人民邮电出版社

北京

图书在版编目（ＣＩＰ）数据

局域网组建、配置与维护项目教程 / 吴献文编著
. -- 2版. -- 北京：人民邮电出版社，2013.5（2020.8重印）
工业和信息化人才培养规划教材. 高职高专计算机系列

ISBN 978-7-115-31010-1

Ⅰ. ①局… Ⅱ. ①吴… Ⅲ. ①局域网－高等职业教育
－教材 Ⅳ. ①TP393.1

中国版本图书馆CIP数据核字（2013）第052531号

内 容 提 要

本书针对"任务驱动、项目教学"的教学方法，根据"理论实践一体化"的教学特点，充分利用网络、多媒体等多种教学手段，考虑教学需求，设置了完整的教学环节：教学目标—项目描述—项目分解—任务实施—拓展提高—知识链接—思考训练。全书分 7 个项目讲述了各种局域网络的组建、配置与维护的基础知识与技能，并采用了灵活多样的评价方式，将过程考核纳入教学过程，实现"教、学、做、评"一体化。

本书可以作为高职高专或本科院校各相关专业"局域网组建、配置与维护"课程的教材，局域网组建方面毕业设计的教材，对局域网组建有兴趣的爱好者的参考书。

◆ 编　　著　吴献文
　　主　　审　余明辉
　　责任编辑　王　威
　　执行编辑　范博涛

◆ 人民邮电出版社出版发行　　北京市丰台区成寿寺路 11 号
　　邮编　100164　电子邮件　315@ptpress.com.cn
　　网址　http://www.ptpress.com.cn
　　北京七彩京通数码快印有限公司印刷

◆ 开本：787×1092　1/16
　　印张：16.75　　　　　　　　2013 年 5 月第 2 版
　　字数：429 千字　　　　　　2020 年 8 月北京第 10 次印刷

ISBN 978-7-115-31010-1

定价：36.00 元

读者服务热线：(010)81055256　印装质量热线：(010)81055316
反盗版热线：(010)81055315
广告经营许可证：京东市监广登字 20170147 号

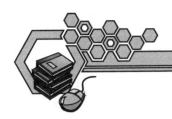

第二版前言

本书是湖南省教育厅科学研究项目（项目编号：11C0875）和中国高等职业技术教育研究会"十二五"规划课题（课题编号：GZYLX2011207）的研究成果，是国家示范建设院校重点建设专业的建设成果，也是项目驱动教学设计的实验成果。

本书将作者多年教学心得和企业专家的实战经验汇为一体。按照网络搭建的实际进程，从"需求分析"入手，确定"组建目标"及使用的技术，从身边熟悉的"家庭""宿舍"项目入手，拓展到"办公""实训室""网吧"等网络。通过6个实际项目，将网络组建、配置和维护技能、知识、态度融入其中，遵循"组网""用网"和"护网"的顺序逐层递进，由浅入深、由易到难地介绍了局域网的核心技术。

作为"项目驱动、案例教学、理论实践一体化"教学的载体，本书主要体现以下特色。

（1）与岗位需求紧密结合。

本书在介绍具体技能、知识之前，首先在项目0中进行课程分析，确定职业岗位要求与课程的关系。通过广泛的调研，确定与局域网组建相关的岗位，然后通过岗位的分析确定具体的技能、态度、知识训练目标，最后以此为课程的训练目标，分解训练任务，与实际要求紧密结合，为学生上岗奠定基础。

（2）组织结构新颖，教学环节完整。

本书采用项目式写法，以实际项目为驱动，每个项目都设置了7个教学环节：教学目标—项目描述—项目分解—任务实施—知识链接—拓展提高—思考训练。从项目准备到项目实施，再到效果检查，"教、学、做、评"四位一体，过程完整，让学生明白"做什么—怎么做—做的效果"，以及让部分优秀的学生有思考、拓展的空间，解决优秀学生"吃不饱"的问题。

纸质教材的"立体化"，在"做"的过程中不明白的理论可以到"知识链接"中查找，帮助学生深入理解"为什么要这样做"，进一步巩固学习成果。

（3）项目真实，过程完整。

书中各个项目均依照企业项目真实的实施过程来设置，包括需求分析—目标确定—结构设计—技术选择—设备选购—硬件连接—软件配置—应用配置—测试验收，体验局域网构建的完整工作过程。

（4）注重实践技能培养。

本书注重培养学生动手能力，以实践为主体，理论知识遵循"必需、够用"的原则。增加学生自己动手实践比例，通过任务实施、任务拓展、任务检测层层递进；又不忽视理论的指导，以知识链接的形式补充必要的理论知识，让学生"会做、能懂"，达到"知其然并知其所以然"的效果。

（5）改善考核评价方式，形式多样，目标明确。

本书在考核评价环节作了比较大的改变，摒弃以期末考核"一锤定音"的评价方式，以项目为考核单元，整门课程的考核是一个整体项目，6个项目各占整个项目考核的一部分，6个项目都完成后整门课程的考核也就全部完成。另外，在教学目标中确定了"考核A等标准"，给学生以明确的方向，通过"知识、态度、技能"的具体指标来检查各个项目的完成情况，过程考核可控性强。关注学生素质和素养形成，将学生平时的表现也纳入考核，融合素养与技能训练。

本书由吴献文编著，由余明辉担任主审。

由于编者水平有限，书中难免存在疏漏之处，欢迎广大读者提出宝贵的意见和建议，联系邮箱 wxw_422lxh@126.com。

编　者
2012 年 12 月

目 录

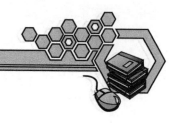

项目 ⓪
职业岗位分析与课程描述

　　高职学生已经完成基础阶段的教育，基本素质已初步形成。另外，学生一毕业即面临就业上岗的压力，而社会上不同职业岗位就业的标准一般都由国家、行业、单位制定。因此高职课程教学需要完成两个基本任务：一是加强基本素质训练，二是使学生具备进入职业岗位所要求的符合国家、行业或用人单位标准的知识、态度、技能。

【教学导航】

学习目标	<ul><li>职业岗位需求分析</li><li>对应职业岗位的知识、技能和态度要求</li><li>课程的定位</li><li>教学项目与任务的设计</li><li>技能训练体系的构建</li></ul>
教学方法	教师选讲、学生自学并与网上信息搜索相结合
工作情境	李勇同学看到课程表后就打电话来询问："老师，局域网组建这门课程的设置目的是什么？我们主要要学些什么技能？学会了能干什么？在哪些方面会用到？跟前面课程、后续课程存在什么联系？"
情境分析	李勇同学是一个喜欢思考、喜欢动脑子的小伙子，从他提的问题来看，他想了很多，这些问题也是我们许多刚接触新课程的同学共同存在的疑惑和迷惘，往往就是这么几个问题。<ul><li>学什么</li><li>怎么学</li><li>为什么要学</li></ul>
前期准备	与本课程相关的招聘信息的搜索
考核知识点	搜索技巧与分析能力
考核评价方法	<ul><li>提交整理后的与本课程相关的招聘信息</li><li>提交与课程相关的"职业岗位需求"的分析报告</li></ul>
参考学时	2学时

【项目描述】

本项目主要从职业岗位的角度，了解课程培养目标，让学生正确了解课程的定位。

（1）描述本课程将在哪些职业岗位体现。

（2）描述与局域网组建对应职业岗位的知识、技能和态度要求。

（3）描述本课程的定位，与前、后续课程的关系。

（4）描述本课程的项目与任务的设计。

（5）描述本课程的教学内容的整合与优化。

（6）描述本课程的技能训练体系的构建。

（7）描述本课程提供的教学资源支持。

（8）本课程的参考教学计划。

【项目分解】

本项目任务如表 0-1 所示。

表 0-1　　　　　　　　　　　　　　　　任务分解表

任务序号	任务名称	任务内容	任务实施准备
1	分析职业岗位需求	调查分析与本课程有关的职业岗位	市场调研
2	定位课程	确定本课程与前、后课程的关系	课程定位
3	整合教学内容	调整、优化本课程教学内容	项目准备
4	构建实践体系	确定并优化实践项目	分析研究

【任务实施】

高职院校的课程开设并不是老师们凭空想象出来的，而是在开设每一门课程前，都进入人才市场、企业进行了大量的市场调研，针对职业岗位需求、市场对该课程的知识、技能的具体要求、课程定位是否准确、适应面、课程内容是否落后等问题做了大量的调查和分析，然后再把相关企业的专家请过来，对研究结果进行最后的论证。

从李勇同学的困惑中可发现，同学们主要是想要了解该课程在网络专业课程体系中的地位和作用，对学习后续课程有哪些帮助，这样学习目标更加明确，有助于提高学习兴趣。

本章主要进行职业岗位需求分析、课程设置和课程定位分析，对技能训练体系进行说明。

任务 1　职业岗位需求分析

通过对 51job（前程无忧）、智联招聘、528 招聘网、job168 等专业人才招聘网站上的招聘信息分析，以及与安徽、江苏、浙江等地的大中型国有、外资、民营企业用人单位的研讨后，我们对市场人才需求有了一定的了解。

任务 1-1　网上招聘信息

表 0-2 列出网上几则具有代表性的招聘信息。

表 0-2 招聘信息表

招聘职位	招聘单位	职 位 描 述
计算机网络安全维护工程师	青岛信海网络通信科技有限公司	如果您已经做好工作的准备并打算真正地接受工作的挑战，请确认自己符合以下哪些具体要求。 ● 熟悉计算机操作维修、局域网防病毒维护、上网设置 ● 善于客户服务及沟通，追求上进 ● 责任心强、认真度高、吃苦耐劳 ● 工作职责：客户服务，协助业务跟进，回访等
网管	苏州苏明装饰有限公司	● 负责公司约 150 台计算机管理及维护 ● 负责公司网站维护和内部局域网维护
业务经理/销售经理	沈阳市高新区创造成电子经营部	● 计算机相关专业或者市场营销专业毕业 ● 了解计算机网络产品 ● 形象好，善于沟通，有团队协作能力 ● 学习能力强，能承受较大的工作压力 ● 工作职责：向终端用户宣传介绍公司代理产品，帮助代理商拓展市场
计算机管理	上海七虹印务技术有限公司	● 对计算机网络、TCP/IP 基础理论、主流操作系统的网络设置有较好的了解和认识 ● 对新技术、新设备有主动自学能力和较强的动手操作能力 ● 语言表达清楚、明确，思维反应迅速，在工作中能够通过电话为客户解决各种技术问题 ● 性格开朗外向，善于和工作伙伴和睦相处 ● 有强烈责任心，肯吃苦耐劳，办事麻利，能适应快节奏的工作 ● 计算机、通信相关专业大专以上学历，欢迎应届毕业生
见习硬件工程师	上海华依科技发展有限公司	● 岗位职责：计算机硬件产品的组装生产、测试、维护等工作 ● 职位要求：计算机相关专业毕业；熟悉计算机基本硬件知识，对计算机网络、网络安全和网络安全产品以及常见的网络设备有一定的认识；对 LINUX 有一定了解 必须具备很强的责任心，做事认真仔细、负责；能比较好地融入团队，有团队合作精神
网站开发后台管理、网站制作维护更新	北京讯典科技有限公司	● 工作职责：策划、制作、维护网站的建设；负责网络设备的日常维护；熟练掌握 ASP/HTML/JavaScript/CSS/Flash/SQL 数据库等应用 ● 招聘条件：具有一定的计算机网络技术基础，熟悉各种计算机操作系统，熟悉各种常用网络设备，能帮助公司内部解决上网时遇到的问题；身体状况良好，能胜任日常外勤工作并有一定的交流能力 ● 工作细致认真并具备较强的团队合作精神和服务意识；为人诚实，工作勤奋
技术服务工程师	南京电研电力自动化有限公司	● 计算机、通信、电子相关专业毕业，熟练掌握通信原理、计算机网络基础、电子基础知识 ● 对 Windows、UNIX、Sybase、Oracle 等操作系统和数据库技术有一定了解，或熟悉网络通信基础知识、网络通信协议 ● 获得计算机网络认证者优先；参加过科技竞赛、科研活动或社会实践活动者优先
网络协议研究工程师	北京中仪友信科技有限公司	● 跟踪最新的网络应用技术，研究分析常见的网络协议 ● 提供最新网络技术潮流分析，把握最新网络技术动向 ● 撰写相关的分析报告 ● 相关网络产品的调研分析

招聘职位	招聘单位	职 位 描 述
网络协议研究 工程师	北京中仪友 信科技有限 公司	• 对网络通信原理，特别是 TCP/IP 协议簇有比较深入的了解 • 熟悉使用各种报文捕获工具进行报文捕获与分析 • 有较强分析解决问题的能力，对新兴网络应用和网络发展趋势具有较高的 敏锐性 • 具有良好的团队意识、优秀的合作、协调、沟通能力

任务 1-2　问卷调查

通过企业的 90 份调查问卷反馈，表 0-3 列出了几个比较典型岗位的职位要求调查情况。

表 0-3　　　　　　　　　　　　　　　　　岗位情况分析表

调研对象类型	IT 服务型企业（25）		政府机构、公共服务 （11）		网络产品生产企业（6）		网络服务型企业（20）	
	样例	百分比(%)	样例	百分比（%）	样例	百分比（%）	样例	百分比(%)
网络管理人员	25	100	11	100	6	100	20	100
网络安装与测 试人员	5	20	4	36	6	100	15	75
网络设计规划 维护人员	20	75	10	91	6	100	20	100
电子商务管理 人员	18	72	7	64	5	83	18	90
系统管理人员	24	96	10	91	6	100	20	100

通过对所选取的 90 家企业作为研究样本的分析，企业对各技能、素质的需求如表 0-4 所示。

表 0-4　　　　　　　　　　　　　技能、素质需求分析

技能、素质类型	调 研 数	需 求 数	百分比（%）
思想品德	90	90	100
团队合作	90	85	94
英语	89	62	70
学习能力	90	90	100
口头表达能力	90	80	89
沟通能力	90	88	98
计算机应用能力	90	90	100
信息处理能力	90	90	100
实际操作能力	80	70	88

任务 1-3　总结分析

从以上信息可得出网络相关的职业岗位包括：网络管理员、计算机网络安全维护工程师、

实习技术员、业务经理/销售经理、网站制作维护更新及后台管理、网站管理、协议研究工程师等。并从各岗位的职业描述中可发现，需要的知识、技能、基本素质和工作态度如表 0-5 所示。

表 0-5 岗位要求表

知　识	技　能	基本素质和工作态度
① 对网络通信原理，特别是 TCP/IP 协议簇有比较深入的了解 ② 熟悉使用各种报文捕获工具进行报文捕获与分析 ③ 对 Windows、UNIX、Sybase、Oracle 等操作系统和数据库技术有一定了解，或熟悉网络通信基础知识、网络通信协议 ④ 具有一定的计算机网络基础技术，熟悉各种计算机操作系统，熟悉各种常用网络设备，能帮助公司内部解决上网时遇到的问题 ⑤ 对计算机网络、TCP/IP 基础理论、主流操作系统的网络设置有较好的了解和认识 ⑥ 熟悉计算机操作维修、局域网防病毒维护、上网设置	① 有较强的分析解决问题的能力，对新兴的网络应用和网络发展趋势具有较高的敏锐性 ② 对新技术、新设备有主动自学能力和较强的动手操作能力 ③ 善于客户服务及沟通，追求上进 ④ 能适应快节奏的工作 ⑤ 语言表达清楚、明确，思维反应迅速，在工作中能够通过电话为客户解决各种技术问题	① 具有良好的团队意识，优秀的合作、协调、沟通能力 ② 性格开朗外向，善于和工作伙伴和睦相处 ③ 有强烈责任心，肯吃苦耐劳，办事麻利，做事认真仔细、负责 ④ 责任心强、认真度高、吃苦耐劳 ⑤ 为人诚实，工作勤奋

任务 2　课程定位

由于局域网技术的飞速发展，局域网已普遍存在于人们的生活、学习和工作环境中，并正朝着高速信息传输的方向发展。因此，人们只有掌握基本的局域网知识，学会如何组建、如何使用局域网，才能在信息高速发展的今天得以更好地生存。

局域网组建课程已成为高职院校计算机教学中的重要课程，是计算机网络技术专业的一门必修核心课程。本课程主要介绍局域网组建所必须具备的一些理论知识、无线局域网的应用环境、拓扑结构、无线设备等内容。本课程的定位是局域网组建，是各种计算机网络服务的基础，是网络管理的前提条件。

本教材的主要目标如表 0-6 所示。

表 0-6 课程培养目标

培养目标	具　体　内　容
总体目标	培养学生利用局域网基础知识完成局域网的组建，能完成局域网组建的规划、设计、需求分析、组建流程。通过教师的教学工作，不断激发并强化学生的学习兴趣，引导他们逐渐将兴趣转化为稳定的学习动机，以使他们树立自信心，锻炼克服困难的意志，乐于与他人合作，养成和谐与健康向上的品格。同时培养学生严谨、细致的工作作风和认真的工作态度
方法能力目标	培养学生谦虚、好学的能力； 培养学生勤于思考、认真做事的良好作风； 培养学生良好的学习态度； 培养学生举一反三的能力； 培养学生理论联系实际的能力和严谨的工作作风

培养目标	具 体 内 容
社会能力目标	培养学生的沟通能力及团队协作精神； 培养学生分析问题、解决问题的能力； 培养学生敬业乐业的工作作风； 培养学生的表达能力； 培养学生吃苦耐劳的精神
专业能力目标	了解局域网组建所必须具备的理论知识； 通过家庭、宿舍、办公、实训室、网吧局域网组建分析，掌握局域网组建的规划与设计，熟练掌握不同局域网的配置和管理； 熟悉无线局域网的标准、拓扑结构、常用设备、组建方式等； 掌握局域网的安全与管理

本课程前面的课程是网络基础应用，学生基本掌握了计算机网络的基础知识和必备的技能，为本课程的学习奠定了知识储备基础；其后续课程是网络设备安装与配置、网络安全、网络规划与实现等设备使用、网络设计、开发类课程，是本课程的深化。

任务 3　课程项目与任务设计

本课程以培养局域网组建、管理与配置等应用能力为目标，并以此为主线设计学生的知识、能力、素质结构。遵循从简单到复杂，从低级到高级，从单一到综合，循序渐进的认识规律，整体设计其内容，相对独立地形成一个有梯度、有层次、有阶段性的技能训练体系。

整个技能训练体系围绕 6 个项目展开，每个项目下设计了具体的任务和子任务，形成一个完整的局域网组建体系，每个项目又是一个独立的实体，读者可根据各自的实际情况及需要进行不同项目的组合。项目采用真实的案例，具体、形象、客观，让同学们真正了解知识应用的环境和需掌握的技能，彻底解决"学什么、怎么学、学了有什么用"的疑惑，激活同学们的学习、创造能力，提高学习兴趣。

技能训练体系如表 0-7 所示。

表 0-7　　　　　　　　　　　　　　项目分解表

项目序号	项目名称	子 项 目	任　　务	每组人数	课时数
1	单机网络组建、配置与维护	单机配置与维护	任务 1 硬盘分区	2	12
			任务 2 安装操作系统		
			任务 3 安装网络适配器		
			任务 4 配置协议		
			任务 5 安装安全防护软件		
			任务 6 系统备份与恢复		
		单机网络组建与维护	任务 1 网线制作与连接	2	4
			任务 2 接入 Internet		
			任务 3 网络测试		
2	家庭局域网组建、配置与维护	双机互连网络组建、配置与维护	任务 1 双机互连网络组建	2	10
			任务 2 网络软件安装与配置		
			任务 3 Internet 共享设置		

续表

项目序号	项目名称	子项目	任务	每组人数	课时数
2	家庭局域网组建、配置与维护	双机互连网络组建、配置与维护	任务 4 共享文件夹设置	2	10
			任务 5 共享打印机设置		
			任务 6 网络测试		
		多机互连网络组建、配置与维护	任务 1 多机互连网络组建	2	6
			任务 2 资源共享与文件传输		
			任务 3 简单无线连接与安全设置		
			任务 4 网络测试		
3	宿舍局域网组建、配置与维护	宿舍局域网组建与配置	任务 1 宿舍局域网组建	2～4	6
			任务 2 架设与配置 ASP 服务器		
			任务 3 资源共享		
			任务 4 网络测试		
		宿舍局域网基本维护	任务 1 常见故障	2	4
			任务 2 日常维护		
4	办公局域网组建、配置与维护	对等办公网络组建、配置与维护	任务 1 对等办公网络组建	2	8
			任务 2 实时交流软件安装与配置		
			任务 3 信息传输与共享设置		
			任务 4 在局域网上发布个人主页		
			任务 5 网络测试		
		C/S 办公网络组建、配置与维护	任务 1 C/S 办公网络组建	2～4	10
			任务 2 邮件传输与安全设置		
			任务 3 部门间安全设置		
			任务 4 VPN 配置		
			任务 5 安全设置		
			任务 6 网络测试		
5	实训室局域网组建、配置与维护	实训室局域网组建、配置与维护	任务 1 实训室局域网网络组建	2～4	12
			任务 2 设置 Internet 连接共享		
			任务 3 安装与配置文件服务器		
			任务 4 DHCP 服务器安装、配置与管理		
			任务 5 快速恢复多机系统		
			任务 6 远程管理服务器		
			任务 7 网络测试		
6	网吧局域网组建、配置与维护	网吧局域网组建、配置与维护	任务 1 网吧网络组建	2	4
			任务 2 网络软件安装与配置		
			任务 3 网吧网络接入		
			任务 4 网吧管理与维护		
			任务 5 网络测试		
共计		76			

任务4 资源提供

为了配合教学、学习的正常进行和顺利开展，与本教材同时提供的资源还有。

1. 电子教案
2. 电子教学课件
3. 教学安排建议（见表 0-8）

表 0-8   教学安排建议

序号	教学章节	课时建议	知识要点与教学重点
1	项目 0	2	职业岗位需求分析、课程定位与项目设计
2	项目 1	2	硬盘分区
		2	安装操作系统
		2	安装网络适配器
		2	配置协议
		2	安装安全防护软件
		2	系统备份与恢复
		2	网线制作与连接
		2	接入 Internet
3	项目 2	2	双机互连网络组建
		2	网络软件安装与配置
		2	Internet 共享设置
		2	共享文件夹设置
		2	共享打印机设置
		2	多机互连网络组建
		2	资源共享与文件传输
		2	简单无线连接与安全设置
4	项目 3	2	宿舍局域网组建
		2	架设与配置 ASP 服务器
		2	资源共享
		2	常见故障
		2	日常维护
5	项目 4	2	对等办公网络组建
		2	实时交流软件安装与配置
		2	信息传输与共享设置
		2	在局域网上发布个人主页
		2	C/S 办公网络组建
		2	邮件传输与安全设置
		2	部门间安全设置
		2	VPN 配置
		2	安全设置

续表

序号	教学章节	课时建议	知识要点与教学重点
6	项目 5	2	实训室局域网网络组建
		2	设置 Internet 连接共享
		2	安装与配置文件服务器
		2	DHCP 服务器安装、配置与管理
		2	快速恢复多机系统
		2	远程管理服务器
7	项目 6	2	网吧网络组建
		2	网络软件安装与配置
		2	网吧网络接入
		2	网吧管理与维护
		70～80	综合训练

说明：

（1）教师可根据教学目标对相关章节内容和课时进行适当增减，大致在 70～78 课时。

（2）项目实践视具体情况安排在课内或课外完成，课程结束后，可以增加一个课程设计（28 至 40 课时）。

（3）课堂教学建议在多媒体机房内完成，采用理论实践一体化教学，以实现"讲练"结合，边学边做。如条件不满足，可将理论与实践分开实现，讲一次实践一次。每一次授课至少保证 30%～50% 的课堂同步实践时间。

（4）以 4 个课时为一个教学单元，以形成多个"讲练"循环。

本课程提供的所有教学资源请从出版社的资源网站下载。

【总结提高】

通过学习本项目，可发现知识的学习，目的还是在于能力的提高，能够真正地把基础理论知识与网络实践能力合二为一的网络建设、操作等技术型人才和管理人才是市场最紧俏的人才，能力归纳如下。

（1）掌握计算机网络所涉及的软硬件知识，具有计算机网络规划、设计能力。

（2）网络设备的安装、操作、测试和维护能力。

（3）网络管理信息系统的开发和操作能力。

（4）快速跟踪网络新技术的能力。

（5）学习、应用新技术的能力。

项目 1

单机网络组建、配置与维护

　　计算机网络已经成为人们生活、学习、工作中不可缺少的一部分，一个家庭通常都拥有 2~3 台计算机，一个小型公司拥有几台甚至几十台计算机已经是非常平常的事情……这些计算机从物理上来说是单独的个体，但为了实现软硬件资源共享，通常需要将独立的计算机连接成一个网络，并且能够进行单独的管理与维护，保证整个网络的安全、可靠运行。

　　组建网络的重点是如何科学地将多台独立的计算机组成局域网络，独立的单台计算机是网络的基础部分，在组建网络之前，有必要先熟悉单台计算机的特点、结构、通信协议、基本配置、安全防护等方面的知识和技能，顺利完成单机网络的组建、配置与维护。

【教学目标】

知识目标	• 了解网线制作标准、常见的传输介质，如何识别传输介质的好坏 • 了解网卡的作用和特点 • 认识常见的工具：网线测试工具、网线制作工具、系统备份工具、硬盘分区工具 • 知道 IP 地址规则、特殊的 IP 地址 • 知道 TCP/IP 的内容和作用 • 知道 ADSL 的含义、工作原理、接入 Internet 的方式 • 熟悉操作系统的种类和作用 • 熟悉硬盘分区原理，认识系统备份的必要性
技能目标	• 学会单台计算机的安全防护措施设置，并能正确防护计算机安全 • 熟悉 EIA/TIA 568 标准，正确使用网线制作工具，熟练掌握网线的制作 • 熟练掌握硬盘分区，安装网卡等硬件及操作系统、驱动程序等软件 • 熟练掌握 TCP/IP 及网络配置，学会测试网络连通性，能满足上网要求，合理配置实现上网 • 熟练、正确完成系统备份，保证系统安全
态度目标	• 认真、踏实工作，仔细分析问题 • 遵循网线制作、测试的操作规范，正确使用压线钳、测线仪工具完成相应的操作任务，爱惜工具，轻拿轻放

续表

态度目标	● 具有成本节约意识，不浪费网线、水晶头 ● 按时、按质完成任务，如在规定的时间内制作美观、通畅的网线 ● 完成任务后及时上交工具 ● 完成网线制作后能及时清理工作台，保持操作台和周边环境的清洁 ● 单机网络组建过程中，如果需要插拔硬件，一定要先断开电源，注意用电安全，然后再插拔硬件
准备工作	● 给每个学生准备一台没有任何配置但硬件设备齐全的计算机，让学生单独完成单机上网的设置，并做好系统备份 ● ADSL 业务、双绞线、压线钳、网线测试仪、水晶头、网卡、Windows Server 2003 操作系统安装盘、PartionMagic/Ghost 软件
考核成绩 A 等标准	● 完全正确地识别传输介质的种类和质量好坏 ● 2～3 min 内完成一根网线的制作，网线通畅，外观美观，双绞线与水晶头接口处结合紧密，没有松动 ● 独立完成网线的测试，测试结果正确 ● 正确安装操作系统和应用软件，系统备份完全，并能用备份的系统作好系统恢复 ● 检查 TCP/IP 是否正确安装，如果没有安装则能正确安装 TCP/IP，并配置正确，能用简单工具来检测 TCP/IP 是否已经安装好 ● 安装网络设备硬件（ADSL、网络适配器、网线）和软件（操作系统、TCP/IP）正确，单台计算机能正常工作 ● 在教师规定的时间内完成了所有的工作任务 ● 工作时不大声喧哗，遵守纪律，与同组成员协作愉快，配合完成了整个工作任务，保持工作环境清洁，任务完成后自动整理、归还工具，关闭电源
评价方式	教师评价+自我评价

【项目描述】

新学期开始不久，李飞同学为了学习更方便，到电脑城新买了一台计算机，包括机箱、主板、电源、硬盘、显卡、声卡、网卡、光驱等设备。他希望自己的计算机除了能处理日常的文档工作外，还能上网进行信息搜索和娱乐；另外需要保证计算机上网安全，免受病毒等威胁；当出现问题的时候能迅速恢复到正常状态。要怎样操作才能实现李飞的目标呢?

【项目分解】

从该项目的描述信息来看，李飞是希望他的个人计算机能够完成基本工作外还能实现上网，以方便进行资料搜索等相应的工作，那么这就意味着除了需要有功能完善的单台计算机外，还需要将该计算机连接到 Internet 上。本项目主要包括两个方面的任务，如表 1-1 所示。

表 1-1　　　　　　　　　　项目分解表

任务	子 任 务	具体工作内容
任务 1 单机配置与维护	任务 1-1 硬盘分区	（1）使用 PartitionMagic 工具将硬盘分成 4 个区 （2）使用 Windows 自带的工具创建分区
	任务 1-2 操作系统安装	（1）安装好要求的操作系统，个人用户建议安装 Windows XP/Professional 版本，如果用于服务器的可选择 Linux/Windows Server 版本

任 务	子 任 务	具体工作内容
任务 1 单机配置 与维护	任务 1-3 网络适配器 安装	（1）开机，在设备管理器中查看网络适配器是否已经安装、是否能正常工作、需要的驱动程序是否已经安装好 （2）如果没有安装则首先断电，安装网络适配器硬件 （3）然后安装好设备驱动程序（该项目中以网络适配器驱动程序安装为重点）
	任务 1-4 通信协议配置	（1）查看是否安装了 TCP/IP 并正确驱动 （2）如果没有安装则首先安装好需要的通信协议（TCP/IP） （3）正确配置 TCP/IP 属性
	任务 1-5 安全防护软件安装	（1）单台计算机基本安全设置：防病毒软件安装与使用设置 （2）防止盗用 IP 地址
	任务 1-6 系统备份与恢复	（1）做好系统备份工作 （2）当系统出现问题或被破坏时能迅速恢复系统
任务 2 单机网络 组建与 维护	任务 2-1 网线制作与连接	（1）安装宽带猫 （2）检查是否已经有附带的网线，如果没有，则需要制作一根，然后用网线连接好网络设备
	任务 2-2 接入 Internet	（1）配置宽带连接 （2）上网设置
	任务 2-3 网络测试	（1）检验能否成功实现资源共享

【任务实施】

李飞购买了计算机的各个硬件，有了"躯壳"，但还没有"灵魂"，只是一台"裸机"，需要有硬件和软件的"接口"——操作系统才能正常使用，而安装操作系统首先必须要将硬盘分区。另外，要实现数据传输及通信，需要将计算机语言转换为人类可识别的语言，需要与 Internet 连接，就少不了网络适配器的转换。要希望计算机的信息甚至是个人的隐私信息不会被泄露，则需要保证计算机本身的安全及网络安全，即使出现了问题，也能马上恢复到正常的系统。

任务 1 单机配置与维护

任务 1-1 硬盘分区

硬盘在存取数据之前，一般需要经过低级格式化、分区、高级格式化 3 个步骤（如表 1-2 所示）才能使用。其作用是在物理硬盘上建立一定的数据逻辑结构，一般将硬盘分为 5 个区域：主引导记录区、DOS 引导记录区、文件分配表、文件目录和数据区。

表 1-2　　　　　　　　　　　　　硬盘初始化步骤

名　称	含　义	作　用
低级格式化	低级格式化（Low Level Format）简称低格，也称为物理格式化（Physical Format）	将空白的磁片划分一个个同心圆、半径不同的磁道，又将磁道划分为若干个扇区，每个扇区的容量为 512 字节
硬盘分区	硬盘的分区一般有 3 种形式：主分区、扩展分区和非 DOS 分区	是将整个硬盘的存储空间划分成相互独立的多个区域

续表

名　　称	含　　义	作　　用
高级格式化	硬盘分区后，还要对硬盘进行高级格式化操作，才能往硬盘上安装操作系统和应用程序	对硬盘分区进行初始化，建立文件分配表以便系统按指定的格式存储文件。硬盘高级格式化是由格式化命令完成的，如 DOS 下的 Format 命令

 对硬盘进行分区一定要注意先建立主分区，再建立扩展分区，然后在扩展分区中划分逻辑分区，各分区容量的大小依据用户的需要而定。最后再设置活动分区。

硬盘分区的工具很多，常用的有 DOS 和 Windows 自带的分区软件 FDISK、硬盘分区魔法师和 DiskMan 等。以 PartitionMagic 工具【知识链接 2】为例进行介绍。

1. 实施 Partition Magic 分区

步骤 1：在 CMOS 中的【Boot Sequence】项中设置【CD ROM】为第一启动设备。

步骤 2：启动 Partition Magic 进入主界面窗口，如图 1-1 所示。

工具栏中各项功能如图 1-2 所示。

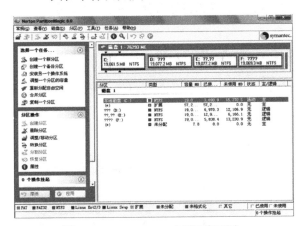

图 1-1　PartitionMagic 主界面窗口图

图 1-2　工具栏各项功能图

步骤 3：创建主分区（见【知识链接 3】）。单击【分区】，选择【创建】按钮，弹出创建分区对话框，在对话框的"创建为"中选择"主分区"，在分区类型中选择分区的文件格式，如 FAT32 或 NTFS（见【知识链接 4】），然后再选择卷标，即可创建完成主分区。

步骤 4：创建扩展分区和逻辑分区。按照创建向导操作即可完成。

2. Windows 自带的工具创建分区

步骤 1：选择【开始】菜单，单击【设置】→【控制面板】→【管理工具】→【计算机管理】→【磁盘管理】，如图 1-3 所示。

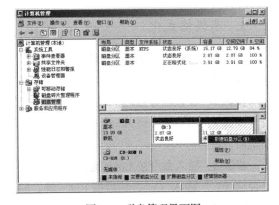

图 1-3　磁盘管理界面图

步骤 2：在未分配的磁盘空间上单击鼠标右键，单击【新建磁盘分区】，打开新建磁盘分区向导，选择"主磁盘分区"，如图 1-4 所示。

步骤 3：单击"下一步"按钮，指派驱动器号和路径，如图 1-5 所示。

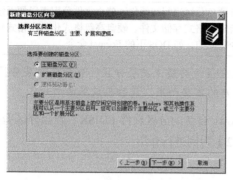 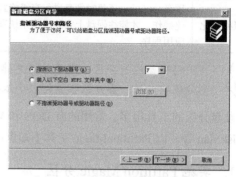

图 1-4　"选择分区类型"图　　　　　　图 1-5　"指派驱动器号和路径"图

步骤 4：单击"下一步"按钮，格式化分区，如图 1-6 所示，则完成主分区的创建。

步骤 5：创建扩展分区。

步骤 6：创建逻辑分区。选中一个未分配的磁盘分区，单击鼠标右键，单击"新建逻辑驱动器"，如图 1-7 所示，根据创建向导完成即可。

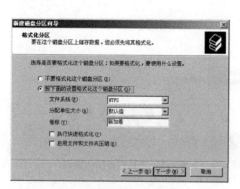 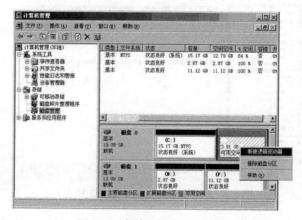

图 1-6　"格式化分区"图　　　　　　图 1-7　"创建逻辑分区"示意图

3. 高级格式化

（1）在 DOS 下进行硬盘高级格式化操作。

其操作步骤如下。

步骤 1：在硬盘分区后，使用软盘启动计算机。

步骤 2：当系统出现 A:\〉_提示符后，输入 format c:/s"，表示把 C 盘格式化，并将 C 盘制作系统启动盘。

步骤 3：输入命令按 Enter 键，系统提示"如果对 C 盘进行格式化，C 盘上所有数据将丢失，是否继续？"输入"Y"，然后按 Enter 键，即开始格式化操作。

步骤 4：格式化完成后，系统提示输入所格式化磁盘的卷标，输入卷标名后，再按 Enter 键结束对 C 盘的格式化。

如果硬盘上有多个分区，还要对 D、E、F 等盘进行格式化，直接在 DOS 提示符下输入 format

14

d:或 format e:等。

（2）在 Windows 下进行硬盘高级格式化操作。

其操作步骤如下。

步骤 1：打开"我的电脑"窗口，右击需要格式化的驱动器。

步骤 2：在弹出的快捷菜单中选择"格式化"命令，打开"格式化"对话框，单击"开始"按钮，就可以进行硬盘格式化了。

 这种方法不能格式化当前打开文件的硬盘和系统文件的硬盘（一般是 C 盘）。

任务 1-2　操作系统安装

计算机操作系统版本升级很快，不断地进行更新换代。本节我们主要介绍 Windows XP 和 Linux 操作系统的安装。

1．Windows XP 的安装

（1）硬件要求。

Windows XP 对计算机硬件系统提出了更高的要求。如果 CPU、内存、硬盘空间达不到最低要求，Windows XP 会拒绝安装。

最低硬件要求如下。

CPU：奔腾 II 300MHz 或更高；最低奔腾 II 233 MHz。

内存：128 MB 或更高，最低 64 MB（可能会影响性能和某些功能）。

硬盘空间：1.5 GB 可用硬盘空间。

（2）安装步骤。

步骤 1：重新启动系统并把光驱设为第一启动盘，保存设置。将 Windows XP 安装光盘放入光驱。

步骤 2：重新启动计算机，计算机将从光驱引导，屏幕上显示 Press any key to boot from CD...，请按任意键继续（这个界面出现时间较短暂，请注意及时按下任意键），安装程序将检测计算机的硬件配置，从安装光盘提取必要的安装文件，之后出现欢迎使用安装程序菜单。具体如图 1-8 所示。

步骤 3：图面信息显示如果要退出安装，请按 F3 键；如果您需要修复操作系统，请按 R 键；如果开始安装 Windows XP Professional，请按 Enter 键继续。本操作按"Enter"键，出现 Windows XP 许可协议。具体如图 1-9 所示。

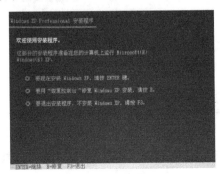
图 1-8　欢迎安装信息

图 1-9　安装许可协议

15

步骤 4：仔细阅读 Windows XP Professional 许可协议（按 PageDown 键可往下翻页，按 PageUp 键可往上翻页）。如果不同意该协议，请按 ESC 键退出安装；如果同意该协议，请按 F8 键继续，出现显示硬盘分区信息的界面。具体如图 1-10 所示。

步骤 5：按上移或下移箭头键选择一个现有的磁盘分区，按回车键继续，出现 6 个选项如图 1-11 所示，依次是：用 NTFS 文件系统格式化磁盘分区（快），用 FAT 文件系统格式化磁盘分区（快），用 NTFS 文件系统格式化磁盘分区，用 FAT 文件系统格式化磁盘分区，将磁盘分区转换为 NTFS，保持现有文件系统（无变化）。按上移或下移箭头键选择一个选项，并按回车键继续。

> NTFS 与 FAT 都是文件系统，其中 NTFS 安全性比 FAT 强一些，两者之间能进行转换，一般情况是 FAT 格式可以很容易转换为 NTFS 格式，但要把 NTFS 格式转换成 FAT32 格式却不是很简单。

步骤 6：如果想对这些空间进行分区，请选择未划分的空间，按 C 键继续，并选择用 NTFS 文件系统格式化磁盘分区或用 FAT 文件系统格式化磁盘分区，按回车键继续。

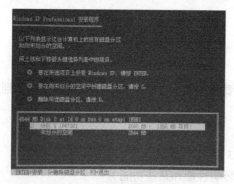
图 1-10　硬盘分区信息

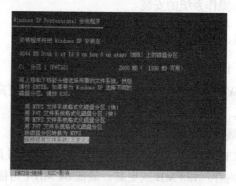
图 1-11　选择不同的文件系统

步骤 7：硬盘上所选的分区已格式化了，则选择最后一项"保持现有文件系统"，按回车键后安装程序将检测硬盘。如果硬盘通过检测，安装程序将从安装光盘复制文件到硬盘上，复制文件后出现重新启动计算机的提示。具体如图 1-12 所示。

步骤 8：重新启动计算机后，出现 Windows XP Professional 安装窗口，系统继续安装程序。具体如图 1-13 所示。

图 1-12　复制文件

图 1-13　安装系统

步骤 9：安装程序将检测和安装设备，在这个过程中，将出现区域和语言选项窗口。具体如图 1-14 所示。

步骤 10：默认的标准和格式设置为中文（中国），默认的文字输入语言和方法是中文（简体），美式键盘布局。如果要改变这种设置，请按自定义按钮。建议使用默认的设置，单击"下一步"按钮继续，出现"自定义软件"窗口。具体如图 1-15 所示。

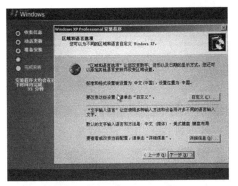

图 1-14　选择区域和语言　　　　　　　　　图 1-15　自定义软件窗口

步骤 11：输入姓名和单位，单击"下一步"按钮继续，出现"计算机名和系统管理员密码"窗口。具体如图 1-16 所示。

步骤 12：在"计算机名"栏中输入计算机的名字，可以由字母、数字或其他字符组成。在"系统管理员密码"栏中输入管理员密码，并在下一栏中重复输入相同的密码。单击"下一步"按钮继续，出现"日期和时间设置"窗口。具体如图 1-17 所示。

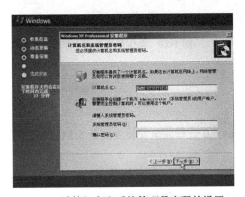

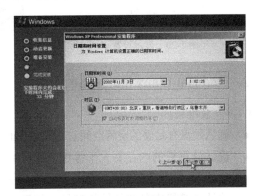

图 1-16　计算机名和系统管理员密码的设置　　　图 1-17　日期和时间的设置

步骤 13：填入正确的时间/时区，并单击"下一步"按钮继续，安装程序将进行网络设置，安装 Windows XP Professional 组件，此过程将持续 10～30min。安装网络的过程中，将出现"网络设置"窗口。具体如图 1-18 所示。

步骤 14：在这个设置框中有两个选项，如确定需要特殊的网络配置，可以选择"自定义设置"选项进行设置，默认情况下选择"典型设置"选项，单击"下一步"按钮后出现"工作组或计算机域"窗口。具体如图 1-19 所示。

如果计算机不在网络上，或者计算机在没有域的网络上，或者稍后再进行相关的网络设置，则选择默认的第一选项。如果是网络管理员，并需要立即配置这台计算机成为域成员，则选择第二选项，单击"下一步"按钮，系统将完成网络设置，并出现"显示设置"窗口。具体如图 1-20 所示。

步骤 15：单击"确定"按钮，将出现 Windows XP Professional 的桌面。操作系统就安装完成了。具体如图 1-21 所示。

图 1-18　网络设置

图 1-19　工作组的设置

图 1-20　显示设置

图 1-21　操作系统界面

2. Red Hat Linux 8.0 系统的安装

（1）安装准备。

- 确认硬盘有足够的空闲空间。对 Red Hat Linux 8.0 进行完全安装要准备 5.3 G 的硬盘空间。
- 确认计算机的内存要大于等于 256 MB。
- 确认 Red Hat Linux 8.0 的安装盘是否完整，并对三张安装盘的顺序标号，防止弄错。
- 确认计算机中各个硬件的型号，如显卡、网卡等，以便加载驱动程序。

（2）安装步骤。

步骤 1：将 Red Hat Linux 8.0 第一张安装光盘放入光驱。

步骤 2：重新启动计算机，从 BIOS 中设置计算机从光驱引导。引导后会出现文本对话画面，按 Enter 键即可，出现如图 1-22 所示的画面。

步骤 3：单击"Next"按钮，出现选择安装界面语言的画面，我们选择"Chinese（Simplitied）中文简体"，单击"Next"。具体如图 1-22 所示。

步骤 4：出现配置键盘的画面，不用更改，保持默认值，单击"下一步"按钮。接下来是配置鼠标的界面，主要是选择你所使用的鼠标类型。选择完成后，单击"下一步"按钮。具体如图 1-23 所示。

步骤 5：在安装类型选择时，推荐新手选择"定制"，单击"下一步"按钮，具体如图 1-24 所示。

步骤 6：选择"用 Disk Druid 手工分区"，单击"下一步"按钮。具体如图 1-25 所示。

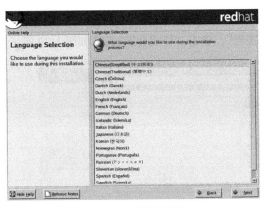

图 1-22 语言选择

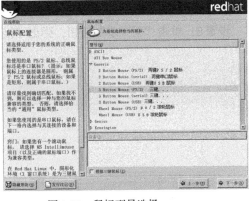

图 1-23 鼠标型号选择

图 1-24 安装类型选择

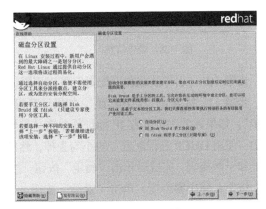

图 1-25 分区方式选择

建议新手先在 Windows 下用 PartitionMagic 先给 Linux 分好区，到这一步就不用再分区了。用 PartitionMagic 给 Linux 分区时，建议分一个 6 G 的 Linux ext2（ext3）分区，再分一个 256M 的 Linux swap 分区。如已经在 Windows 给 Linux 分好区了，那么在图 1-25 中的分区列表里应该能看到一个 swap 类型的分区和一个 ext2（ext3）类型的分区。具体如图 1-26 所示。

步骤 7：双击 ext2（ext3）分区，就会弹出"编辑分区"对话框，"挂载点"选"/"，然后把"将分区格式化成"选上，在右边的选框里选"ext2"或"ext3"（如果你选的分区已经格式化好，而且你又不想把分区格式化成其他类型的分区，那选择"保持不变（保留信息）"，单击"确定"按钮。具体如图 1-27 所示。

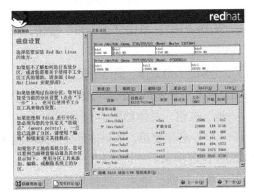

图 1-26 分区信息显示

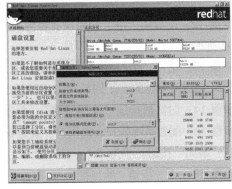

图 1-27 编辑分区

步骤 8：这时可能会弹出如图 1-28 所示的警告对话框，单击"继续"按钮。

步骤 9：单击"下一步"按钮，弹出"格式化警告"，单击"格式化"。具体如图 1-29 所示。

图 1-28　警告信息

图 1-29　格式化警告

步骤 10："引导装载程序配置"可以用默认值，单击"下一步"按钮。具体如图 1-30 所示。

步骤 11：接着是"网络配置"，如果计算机是动态分配 IP，这一步就用默认的，直接单击"下一步"。如果你要手工配置 IP 地址就单击"编辑"按钮，弹出"编辑接口 etho"对话框后，把上面的"使用 DHCP 进行配置"的小勾去掉，然后就在"IP 地址"和"子网掩码"栏里输入你的 IP 地址和子网掩码，完成后单击"确定"按钮。接着把主机名、网关和 DNS 添上。然后单击"下一步"按钮，弹出警告框，单击"继续"按钮。具体如图 1-31 所示。

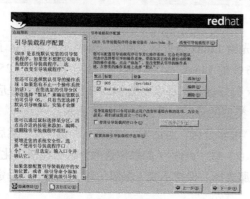

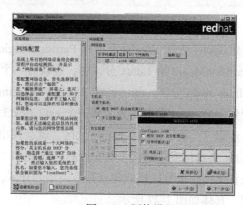

图 1-30　引导装载程序配置

图 1-31　网络设置

步骤 12：配置防火墙。如果没有特殊要求，选"无防火墙"，单击"下一步"按钮。具体如图 1-32 所示。

步骤 13：语言支持选项将 3 个 Chinese 选上就行了，分别是香港繁体、简体中文、台湾繁体。可以不选繁体，如果要其他的语言支持，选上相应的选项即可。单击"下一步"按钮。具体如图 1-33 所示。

步骤 14：时区选择选"亚洲/上海"，单击"下一步"按钮。具体如图 1-34 所示。

步骤 15：配置系统账户。根用户（就是 root 用户）口令必须要填。如果你还要添加其他用户就单击"添加"按钮。单击"下一步"按钮。具体如图 1-35 所示。

步骤 16：下一步是"验证配置"，直接单击"下一步"按钮，进入"选择软件包组"界面，建议新手直接选"全部"，对 Linux 有一定了解后再有选择性地安装。全部安装 Linux 8.0 要用 4.6 G

的空间。如果出现"未解决的依赖关系"这一个界面，选"安装软件包以满足依赖关系"（默认），然后单击"下一步"按钮。具体如图 1-36 所示。

图 1-32　防火墙设置

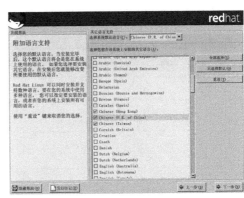

图 1-33　语言选择

图 1-34　设置时区

图 1-35　账户设置

单击"下一步"，安装程序就开始安装 Linux 了，具体如图 1-37 所示。

图 1-36　选择软件包组安装

图 1-37　安装 Linux

步骤 17：安装程序开始对你选中的 Linux 分区进行格式化，接着开始装软件包。软件包安装完毕后就是"创建引导盘"，如果想做引导盘，就选"是，我想创建引导盘"，然后放一张软盘进软驱，然后单击"下一步"按钮。如果不想做引导盘，选"否，我不想创建引导盘"，然后单击"下一步"按钮。具体如图 1-38 所示。

步骤 18：图形化界面配置，如果安装程序能自动检测显卡类型，选择"视频卡内存"大小，然后单击"下一步"按钮。如果安装程序不能检测到显卡类型，你只能手动寻找，如果找不到就选一个牌子相同，型号相近的试试，选择显存的大小后，单击"下一步"按钮。具体如图 1-39 所示。

图 1-38　引导盘制作

图 1-39　图形化界面配置

步骤 19：显示器的配置与显卡配置一样，如果安装程序能自动检测出显示器类型，直接单击"下一步"即可。如果安装程序不能检测到你的显示器类型，你只能手动选择，选一个牌子相同，型号相近的试试，单击"下一步"按钮。具体如图 1-40 所示。

步骤 20：分辨率和色深的配置。这根据你自己的需要而定，配置完后一定要进行显示测试。单击"测试配置"，出现图形化界面，还会弹出一个对话框问是否看到了这些信息，单击"yes"，接着还会弹出一个对话框，问你在 Linux 启动时是否启动图形化界面，这就看个人爱好了。如果单击"测试配置"后没出现那个图形界面，等下安装程序会回到"定制图形化配置"这个界面，可能还会弹出一个对话框，如果显示配置有问题，这说明计算机的显卡、显示器、分辨率和颜色数没有配置好，重新配置一下分辨率或色深，或者单击"上一步"按钮配置显卡或显示器。"定制图形化配置"界面的下方还有一个登录类型的选择，如果你想一进 Linux 就进入图形界面就选"图形化"，否则就选"文本"。如果你的"测试配置"没通过，也就是说你的显示配置没配好，不要选"图形化"，选"文本"，等进入 Linux 后再用 redhat-config-xfree86 命令进行配置。单击"下一步"按钮。

步骤 21：这时会出现一个安装已完成的界面，单击"退出"按钮。具体如图 1-41 所示。

图 1-40　显示器配置

图 1-41　安装完成

至此，Linux 操作系统的安装工作就完成了。

任务 1-3　网络适配器安装

首先查看计算机是集成网卡还是独立网卡，如果是集成网卡则安装主板的时候已经一同安装，不需另外安装了，只需安装驱动程序即可；如果是独立网卡，则硬件和驱动程序都需要安装。

1. 安装网络适配器硬件

步骤 1：切断计算机的电源，保证无电工作。

步骤 2：用手触摸一下金属物体，释放静电。

步骤 3：打开计算机机箱，选择一个空闲的 PCI 插槽，并卸掉对应的挡板。

步骤 4：将所要安装的网卡插入 PCI 插槽中。

步骤 5：将网卡通过螺丝钉固定紧，以保证其正常工作。

步骤 6：盖合机箱，把网线插入网卡的 RJ-45 接口中。

（1）所选 PCI 插槽的位置尽量与其他硬件卡保持一定的距离，以保持良好的散热特性，同时也方便安装过程中的操作。

（2）安装网卡的过程中，不要触及主机内部其他连线头、板卡或电缆，以防松动造成开机故障。

（3）扩展槽的总线类型要与网卡一致。比如 PCI 总线插槽（一般为白色）只能插入 PCI 总线网卡，ISA 总线插槽（一般为黑色）只能插入 ISA 总线网卡。目前大多数都使用 PCI 总线网卡。

（4）网卡插入计算机插槽时，应保证网卡的金手指与插槽紧密结合，不能出现偏离和松动，否则会损伤网卡。

2. 安装驱动程序

下面以 Windows 2000/XP 系统为例，介绍网卡驱动程序的安装。

如果以前装过驱动程序，但有问题，请先卸载原驱动程序，然后再安装新的。另外，驱动程序要与网卡一致，应该是网卡附带的原装驱动程序。

步骤 1：在成功完成网卡安装、打开计算机电源后，系统会自动发现网卡硬件，报告"发现新硬件"。

步骤 2：自动进入"硬件更新向导"对话框，从中选择"从列表或指定位置安装（高级）（S）"，如图 1-42 所示。然后单击"下一步"按钮。

步骤 3：在"请选择您的搜索和安装选项"对话框中，单击"浏览（R）"按钮，如图 1-43 所示，进入"浏览文件夹"对话框。

图 1-42　使用硬件向导对话框

图 1-43　选择搜索与安装选项

步骤 4：在"浏览文件夹"对话框中，选择包含有网卡驱动程序的目录，然后单击"确定"按钮。如果已知驱动程序，则选择"不要搜索，我要自己选择要安装的驱动程序"，然后单击"下一步"按钮。

步骤 5：系统开始安装网卡驱动程序，给出"向导正在安装软件，请稍候"的提示信息。

步骤 6：驱动程序安装完成后，进入"完成找到新硬件向导"对话框。单击"完成"按钮。

步骤 7：在正确完成网卡和网卡驱动程序的安装后，就可以进行网卡查询，如图 1-44 所示。

比如，选中【我的电脑】，单击鼠标右键→在弹出的菜单中选择【设备】项→打开【设备管理器】对话框，选择【网络适配器】，展开【网络适配器】前面的"+"号，就可以查看网卡类型，并能判断是否安装成功。

图 1-44 查看网卡是否安装成功界面图

 图 1-44 表示网卡已经成功安装，可以使用了。如果网络适配器前有问号或者感叹号，说明网卡驱动程序没有装好，请重装网卡驱动。

任务 1-4 协议（TCP/IP）配置

1. 检查 TCP/IP（见【知识链接9】）设置

步骤 1：判断是否安装有 TCP/IP。

（1）鼠标右键单击桌面的【网上邻居】→【属性】，打开"网络连接"对话框，单击【本地连接】→【属性】（或者双击右下角的███，单击"属性"按钮），进入"本地连接属性"对话框（如图 1-45 所示），查看 TCP/IP 是否已经添加。

如果在【此连接使用下列项目】中没有【Internet 协议（TCP/IP）】项，则说明没有安装，如果已经有则说明已安装好。

 只要安装了网络适配器，在桌面上就有一个网上邻居的图标。

一般情况下，Windows 2000/XP/2003 系统都在系统安装时自动安装 TCP/IP。在图 1-45 最下方的两个复选框，选中则在桌面右下角显示网络连接的状况，如███

（2）如果没有安装，则单击【本地连接】属性对话框中的【安装】按钮，进入【选择网络组件类型】对话框，如图 1-46 所示。

（3）选中【协议】项，单击【添加】按钮，进入【选择网络协议】对话框，如图 1-47 所示，然后选择你需要添加的协议，单击【从磁盘安装】，在光驱中插入相应的光盘，就可以完成相应的操作。

步骤 2：判断 TCP/IP 是否安装正确。

（1）单击【开始】→【运行】，在运行文本框中输入"cmd"命令，如图 1-48 所示。单击"确定"按钮，进入 DOS 提示符状态。

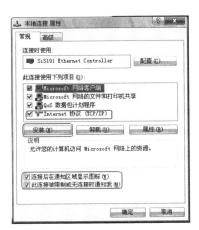

图 1-45 "本地连接属性"对话框

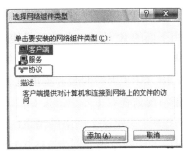

图 1-46 "选择网络组件类型"对话框

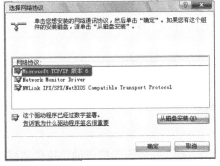

图 1-47 "选择网络协议"对话框

图 1-48 "运行"文本框图

（2）在 DOS 提示符下输入 ping 127.0.0.1，回车，显示如图 1-49 所示信息，表明 TCP/IP 安装成功。

2. 配置 TCP/IP

步骤 1：鼠标右键单击桌面的【网上邻居】→【属性】，单击【本地连接】→【属性】（或者双击右下角的 ，单击"属性"按钮），进入本地连接属性对话框。

步骤 2：选中在【此连接使用下列项目】下的【Internet 协议（TCP/IP）】项，单击【属性】按钮，如图 1-50 所示，进入【Internet 协议（TCP/IP）属性】对话框。

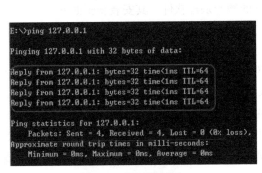

图 1-49 测试结果图

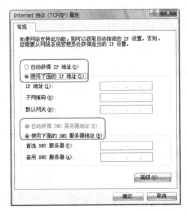

图 1-50 【Internet 协议（TCP/IP）属性】对话框

根据实际情况选择相应的参数对 IP 地址（见【知识链接 6】）和 DNS 服务器地址做好参数设置。李飞同学的宿舍是采用的电信接口，因此选择"自动获得 IP 地址"和"自动获得 DNS 服务器地址"。【Internet 协议（TCP/IP）属性】对话框中各选项含义说明如下。

（1）自动获得 IP 地址：如果计算机是动态地从网络上获取 IP 地址，则选择此选项。

（2）使用下面的 IP 地址：此选项是使用固定的 IP 地址。

（3）IP 地址：即本机的 IP 地址，它由 4 组十进制数组成。如果在公网上使用，这个地址是独一无二的，由 ISP（因特网服务提供商）分配；如果用在局域网上，则可在不同的局域网中重复使用。详细情况请查看【知识链接 6】。

（4）子网掩码：决定这个网络的网络地址。一般用在局域内部的地址为私有地址，以 10、172、192 开头，对应的子网掩码分别为 255.0.0.0、255.255.0.0、255.255.255.0。

（5）默认网关：网关是由网络管理员提供或者是这个网络与外部网络进行连接设备的内部网络的 IP 地址。

（6）DNS 服务器：用来浏览网页时必须要设置的选项。株洲信息港的 DNS：61.187.98.3，北京：202.106.0.20，其信息可以在网上寻找。

设置好后，单击"确定"按钮，返回就可以完成 TCP/IP 的设置了。

任务 1-5　安全防护软件安装与配置

Internet 的广泛应用给生活、工作带来了很大的方便，同样也为病毒的快速传播提供了快捷方式。要保证计算机能正常工作，要对病毒等危险性内容进行预防和查杀，通常使用的工具包括杀毒软件和防火墙两种。

杀毒软件是对计算机病毒进行预防和查杀的工具，而防火墙是防止 Internet 上的危险（病毒、资源盗用等）传播到计算机上的工具。目前市面上流行杀毒软件有瑞星杀毒软件、金山毒霸、卡巴斯基等。根据保护对象的不同，可以将杀毒软件分为单机版和网络版。

一、杀毒软件的安装与配置

下面以 360 杀毒软件为例，介绍杀毒软件的安装和使用。

1. 360 杀毒软件的安装

360 杀毒是 360 安全中心出品的一款免费的云安全杀毒软件。360 杀毒具有以下优点：查杀率高、资源占用少、升级迅速等。同时，360 杀毒可以与其他杀毒软件共存，是一个理想杀毒备选方案。360 杀毒是一款一次性通过 VB100 认证的国产杀毒软件。其安装步骤如下。

步骤 1：下载安装程序

到 360 安全中心下载 360 杀毒在线安装程序（也可下载离线安装包）。

双击运行安装程序，打开如图 1-51 所示对话框，下载安装所需组件。

步骤 2： 下载完成后单击"下一步"进入如图 1-52 所示的安装向导。

步骤 3： 单击"下一步"按钮，打开"许可证协议"对话框，如图 1-53 所示。

步骤 4： 单击"下一步"按钮，打开如图 1-54 所示的安装路径选择窗口。可以选择默认的安装路径也可根据个人要求选择不同的文件夹，然后单击"下一步"按钮继续安装，直到完成。360 杀毒软件就安装好了。

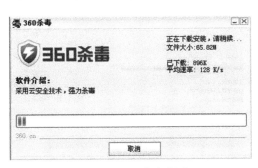

图 1-51　准备安装图

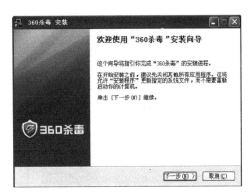

图 1-52　安装向导图

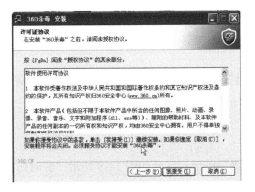

图 1-53　协议许可图

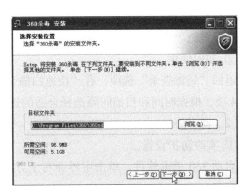

图 1-54　选择安装位置

　安装过程中，会出现一些复选框的选择，如 360 浏览器的安装，这些情况根据个人的具体要求进行选择，需要的话就勾选，否则就不要勾选。

2. 杀毒软件的智能升级

智能升级功能可以智能判别本机版本，自动连接到 360 中心上下载升级程序，自动完成升级。具体操作如下。

步骤 1：打开 360 杀毒软件主界面，如图 1-55 所示。

步骤 2：单击右上方"升级"按钮进行在线升级，打开"产品升级"对话框，如图 1-56 所示，还可以通过"查看升级日志"超链接检查升级日志，升级完成后，单击"确定"按钮，然后会显示软件版本、升级日期等具体情况，如果希望确认版本情况，可单击"检查更新"按钮，查看当前版本是否为最新版本。

3. 杀毒软件的设置与使用

360 杀毒软件的功能有很多，在此主要介绍查杀病毒、实时防护等重要的功能及设置。

（1）查杀病毒。

① 扫描设置。

启动 360 杀毒软件，单击主界面右上方的"设置"链接，打开如图 1-57 所示"设置"窗口，选择"病毒扫描设置"选项卡。

27

图 1-55　360 杀毒软件主界面

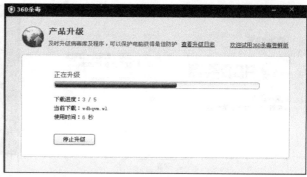

图 1-56　升级窗口

在对象窗口中，对"需要扫描的文件类型"、"发现病毒时的处理方式"、"其他扫描选项"逐项进行设置，单击"确定"按钮。

② 如何使用。

返回"病毒查杀"选项，有"快速扫描"、"全盘扫描"、"指定位置扫描"、"Office 宏病毒扫描" 4 项，根据时间和扫描间隔选择合适的选项，单击后就开始了扫描。

（2）实时防护。

① 实时防护设置。

启动 360 杀毒软件，单击主界面右上方的"设置"链接，打开如图 1-58 所示"实时防护设置"窗口。

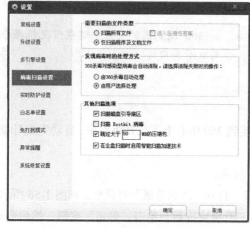

图 1-57　"病毒扫描设置"选项卡

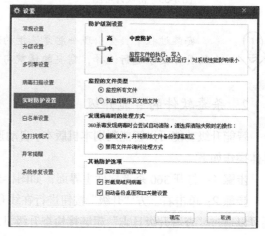

图 1-58　"实时防护设置"窗口

② 如何使用。

返回"实时防护"选项，单击所需设置的单选项或多选项，即可实现相关功能。

（3）工具使用。

360 杀毒软件有个其他杀毒软件少有的功能，能及时升级与下载所需要的工具软件，并可使用 360 安全卫士实现"电脑体检"、"木马查杀"、"漏洞修复"、"电脑清理"等多项功能，如图 1-59 所示。

二、防火墙的安装与配置

防火墙有软件防火墙和硬件防火墙，防火墙是在内部网和外部网之间、专用网与公共网之间的界面上构造的保护屏障。

图 1-59　电脑体检设置

Windows 防火墙是在 Windows XP SP2 中取代原来的 Internet Connection Firewall 的更新版本，默认状态下防火墙在所有的网卡界面均为开启状态，无论是 Windows Xp 全新安装还是升级安装，这个选项都可以在默认的情况下给网络连接提供更多的保护。在大多数情况下，系统会自动提醒用户进行安全设置，包括杀毒软件、防火墙以及系统补丁自动更新，当 WindowsXp 系统打开防火墙后，如果设置得当可以从一定程度上加强系统的安全。

1. 启动 Windows XP 防火墙保护

步骤 1：启用 Windows XP 中的防火墙。单击"开始"→"设置"→"控制面板"。

步骤 2：在控制面板中双击"Windows 防火墙"图标，打开"Windows 防火墙"窗口，如图 1-60 所示，选中"启用（推荐）"，启动防火墙对计算机的保护功能。

（1）在常规选项卡中有"启用（推荐）"、"不允许例外"以及"关闭（不推荐）" 三个选项。"启用（推荐）"表示启用 Windows 防火墙；当选择"不允许例外"后 Windows 防火墙将拦截所有的连接该计算机的网络请求， 包括在例外选项卡中列表的应用程序和系统服务。另外，防火墙也将拦截文件和打印机共享，还有网络设备的侦测。

（2）使用"不允许例外"选项的 Windows 防火墙比较适用于连接在公共网络上个人计算机，它拦截了绝大部分应用程序，但仍然可以浏览网页，发送接受电子邮件，或者使用即使通讯软件。

（3）例外选项卡中允许添加阻止规则例外的程序和端口来允许特定的进站通讯。

2. 选项设置

（1）"例外"选项设置。

步骤 1：使用例外选项。在"常规"中不选中"不允许例外"，然后单击"例外"选项卡，如图 1-61 所示，在"程序和服务"中会显示通过 Windows 防火墙的程序和服务，选中表示通过防火墙，单击"添加程序"按钮添加允许通过防火墙的程序。

步骤 2：选中名称下的程序或者服务选项后，单击"编辑"按钮，打开如图 1-62 所示的"编辑服务"对话框，在该对话框中显示所选择程序或服务的协议、端口及适用的范围。可以更改应用程序的访问范围。

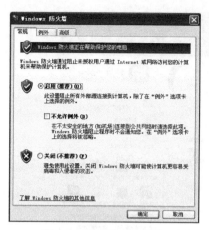 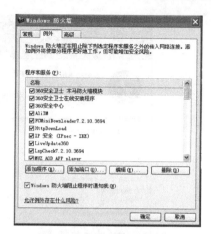

图 1-60　启动防火墙保护　　　　　　　　　图 1-61　"例外"选项卡

步骤 3：单击"更改范围"按钮，打开如图 1-63 所示的"更改范围"对话框，设置服务或程序所适应的范围，设置完成后单击"确定"按钮。

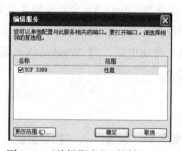 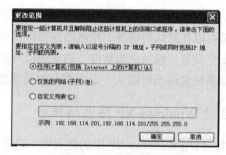

图 1-62　"编辑服务"对话框　　　　　　　　图 1-63　"更改范围"对话框

步骤 4：选中名称下的程序或者服务选项后，单击"添加端口"按钮可以更改应用程序的访问允许访问端口，如图 1-64 所示，输入名称后在端口号中输入允许的端口号，然后选中 TCP 或者 UDP 网络协议。

（2）"高级"选项设置。

步骤：启用和查看防火墙日志。单击"高级"选项卡，打开如图 1-65 所示对话框。

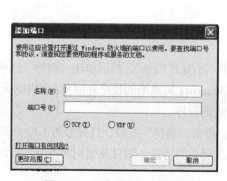 

图 1-64　"添加端口"对话框　　　　　　　　图 1-65　"高级"选项卡

然后单击"安全日志记录"中的"设置"按钮，打开"日志设置"对话框，分别选中记录选项下的"记录被丢弃的数据包"和"记录成功的连接"选项。

（1）Windows 防火墙默认不对日志进行记录。
（2）在"名称"中可以更改防火墙日志记录文件的路径和名称。
（3）直接打开该日志文件（pfirewall.log）后，可以查看那些 IP 访问本地计算机，其中最重要的就是连接日志记录。

其余"ICMP 设置"等内容自己操作就可以了，不在此详细描述。

3. 使用命令行工具配置防火墙

Windows 防火墙的配置和状态信息可以通过命令行 Netsh.exe 获得。可以使用"netsh firewall"命令来获取防火墙信息和修改防火墙设定，在命令提示符下输入"netsh firewall"命令后会显示其详细参数，如表 1-3 所示。

表 1-3　　　　　　　　　　　netsh firewall 的参数列表

命　　令	功　　能	实　例　说　明
?/help	显示命令列表	"Netsh firewall ?"
add	添加防火墙配置	"netsh firewall add allowedprogram"命令添加防火墙允许的程序配置，例如"add allowedprogram C:\MyApp\MyApp.exe MyApp ENABLE"表示允许"C:\MyApp\MyApp.exe"程序通过防火墙
delete	删除防火墙配置	Netsh firewall delete portopening 删除防火墙端口配置
dump	显示一个配置脚本	创建 1 个包含当前配置的脚本文件，如果保存到文件，此脚本可以用来恢复改变的配置设置
reset	将防火墙配置重置为默认值	
set	设置防火墙配置	Netsh firewall set logging 设置防火墙记录配置
show	显示防火墙配置	"netsh firewall show"命令可以查看有关防火墙的帮助信息；"netsh firewall show allowedprogram"命令可以查看 Windows 防火墙允许的应用程序

任务 1-6　系统备份与恢复

现在操作系统和相应的设置、应用软件等都已经安装完毕，李飞同学很担心，自己刚刚接触计算机，万一不小心误操作，那可得全部重新来过，今天装机已经让他觉得很痛苦，花费了很长的时间，他想知道有什么办法能快速恢复到没遭到破坏的情形。

1. 备份系统

计算机操作系统在使用一段时间后，可能会因为操作不当而使得系统无法开机或无法使用。如果要重装系统，费时费力。为了能够在意外情况出现后迅速恢复系统，而不是每次都重新安装，建议在安装好操作系统和需要的工具软件后，做好系统备份。

Ghost 就是这样一款软件，能让系统在短时间内还原回正常运作的情形。以 Ghost 为例介绍整个备份过程，具体操作步骤如下。

步骤 1：启动软件。双击软件"Ghost32．exe"文件，界面图如图 1-66 所示。

步骤 2：单击"OK"按钮，进入系统备份界面，如图 1-67 所示。

图 1-66　备份软件界面图　　　　　　　图 1-67　系统备份界面图

步骤 3：单击"Local"→"Partition"→"To Image"，将硬盘分区备份为一个后缀为".gho"的镜像文件，如图 1-68 所示。

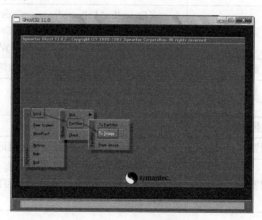

图 1-68　备份步骤图

各参数说明见表 1-4。

表 1-4　　　　　　　　　　　　　系统备份参数表

	硬盘操作选项	
Disk	To　Disk	硬盘对硬盘完全复制
	To　Image	硬盘内容备份成镜像文件
	From Image	从镜像文件恢复到原来硬盘
Partition	硬盘分区操作选项	
	To　Disk	分区对分区完全复制
	To　Image	分区内容备份成镜像文件
	From Image	从镜像文件复原到分区
Check	检查功能选项	

步骤 4：单击"To Image"，选择需要进行系统备份的磁盘，单击"OK"按钮。实例中只有一个磁盘，所以不需要选择，直接按"OK"按钮，如图 1-69 所示。

步骤 5：选择需要进行系统备份的磁盘分区（源磁盘分区），单击"OK"按钮，如图 1-70 所示。

图 1-69 选择需进行系统备份的磁盘

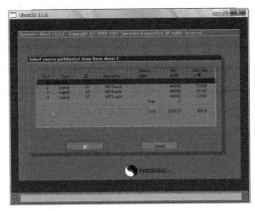

图 1-70 选择需要进行系统备份的磁盘分区

步骤 6：选择镜像文件存放的磁盘分区（目标磁盘分区），给系统备份的镜像文件命名，如图 1-71 所示。

 系统备份的镜像文件不能存放在正在备份的分区上。如：要备份系统磁盘 c:/，则备份的镜像文件不能存放在 c:/上。

步骤 7：单击"Save"按钮，选择系统备份的压缩方式（见图 1-72）。

图 1-71 命名镜像文件

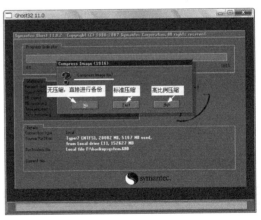

图 1-72 压缩方式选择

 一般情况下选择"Fast"标准比例压缩方式来进行系统备份。"High"的速度慢点，但可以压缩 50%。
备份速度的快慢与内存有很大关系。

步骤 8：单击"Fast"标准按钮，开始进行系统备份。系统备份完成后，系统提示备份完成，退出 Ghost 软件。

2. 恢复系统

越担心出事就越会出现，李飞同学的担心真的就出现了，他还不明白自己干了什么，结果系统就不能正常启动了，幸亏做了系统备份，他马上着手恢复工作。

恢复工作是备份工作的逆过程，比较简单，具体操作如下。

步骤1： 修改 CMOS 参数，将系统设置为光驱引导，或者使用软盘启动计算机。

步骤2： 选择"Local"→"Partition"→"From Image"，从镜像文件恢复系统，如图 1-73 所示。

步骤3： 选择镜像文件所在的路径和文件名，如 backupsystem. gho，单击"Open"按钮。

步骤4： 选择还原到哪个分区，单击"OK"按钮，如图 1-74 所示。

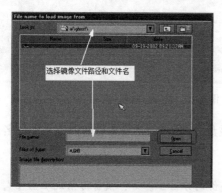

图 1-73　选择需要恢复的文件

图 1-74　选择还原分区

步骤5： 确认是否进行还原操作。要还原，单击"Yes"，则开始释放镜像文件修复系统分区，如图 1-75 所示。

步骤6： 系统提示还原成功，如图 1-76 所示。单击"Reset Computer"，重新启动计算机。整个系统恢复工作完成，回到正常的工作状态。

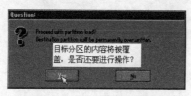

图 1-75　确认是否进行还原操作

图 1-76　成功还原

任务2　单机网络组建与维护

任务2-1　网线制作与连接

计算机上网肯定需要网线连接，有的在购买计算机的时候公司已经为之配置制作好了的网线，但有的也没有，或者由于某种外力因素（断裂、老鼠咬断等）破坏而导致网线不能使用，都需要制作网线。

材料准备：UTP 五类双绞线、水晶头、压线钳、测线仪。

根据需要连接的设备不同，则所需要的网线也有区别，分为直通电缆和交叉电缆两类，制作的标准（见【知识链接8】）也就不同。

1. 制作直通电缆

直通电缆如图 1-77 所示，具体制作步骤如下。

图 1-77 直通电缆示意图

步骤 1：剥线

准备一段符合布线长度要求的网线，用双绞线压线钳把五类双绞线的一端剪齐，然后把剪齐的一端插入压线钳用于剥线的缺口中，直到顶住压线钳后面的挡位，稍微握紧压线钳慢慢旋转一圈，让刀口划开双绞线的保护胶皮，剥下胶皮（也可用专门的剥线工具来剥线）。剥线的长度为12～15 mm，如图 1-78 所示。

 压线钳挡位离剥线刀口长度通常恰好为水晶头长度，这样可以有效避免剥线过长或过短。剥线过长一方面不美观，另一方面网线不能被水晶头卡住，容易松动；剥线过短，因有胶皮存在，太厚，不能完全插到水晶头的底部，致使水晶头插针不能与网线芯线完好接触，网线就制作不成功。

步骤 2：理线

先把 4 对芯线一字并排排列，然后再把每对芯线分开（此时注意不跨线排列，也就是说每对芯线都相邻排列），并按统一的排列顺序（如左边统一为主颜色芯线，右边统一为相应颜色的花白芯线）排列。

 注意每条芯线都要拉直，并且要相互分开并列排列，不能重叠。

步骤 3：剪线

4 对线都将直按顺序排列好后，手压紧不要松动，使用压线钳的剪线口剪掉多余的部分，并将线剪齐，如图 1-79 所示。

挡位（防止网线剥得过长或过短）

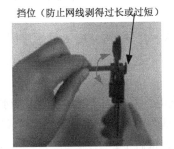

图 1-78 用压线钳剥线示意图

图 1-79 "剪线"图

注意压线钳的剪线刀口应垂直于芯线，一定要剪齐，否则会产生有的线与水晶头的金属片接触不到，引起信号不通。

步骤4：插线

用手水平握住水晶头（有弹片一侧向下），然后把剪齐、并列排列的8条芯线对准水晶头开口并排插入水晶头中，注意一定要使各条芯线都插到水晶头的底部，不能弯曲。

步骤5：压线

确认所有芯线都插到水晶头底部后，即可将插入网线的水晶头直接放入压线钳夹槽中，水晶头放好后，使劲压下压线钳手柄，使水晶头的插针能插入到网线芯线之中，与之接触良好。然后再用手轻轻拉一下压线与水晶头，看是否压紧，最好多压一次，最重要的是要注意所压位置一定要正确，如图1-80所示。

这样，网线的一端就已经制作完毕，另一端与之相同。

步骤6：检测双绞线

把网线两端的RJ-45接口插入电缆测试仪后，打开测试仪，可以看到测试仪上的两组指示灯按同样的顺序闪动。如一端的灯亮，而另一端却没有任何灯亮起，则可能是导线中间断了，或是两端至少有一个金属片未接触该条芯线。

2. 制作交叉电缆

交叉电缆如图1-81所示。

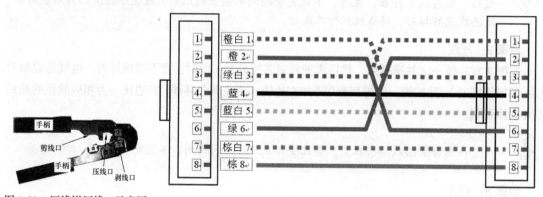

图 1-80　压线钳压线口示意图　　　　　　　图 1-81　交叉电缆示意图

交叉电缆的一端制作与直通线相同，不同的地方在于另一端的线序排列方式：1、3的线序要交换，2、6的线序要交换。

使用电缆测试仪进行检测时，其中一端按1、2、3、4、5、6、7、8的顺序闪动绿灯，而另外一侧则会按3、6、1、4、5、2、7、8的顺序闪动绿灯。这表示网线制作成功，可以进行数据的发送和接收了。

如果出现红灯或黄灯，说明存在接触不良等现象。此时最好先用压线钳压制两端水晶头一次，然后再测。如果故障依旧存在，就检查芯线的排列顺序是否正确。如仍显示红色灯或黄色灯，则表明其中肯定存在对应芯线接触不好的情况，此时就需要重做了。

任务 2-2   接入 Internet

李飞的计算机设置已经全部完成，但是计算机并没有连接到 Internet 上，这时候要准备把网络连接到 Internet。他们已经在电信部门申请好了 ADSL 业务，而且在宿舍里面已经有接口。现在主要要做的就是将计算机正确连接到宿舍的接口。

在该任务中需要一个关键设备，即调制解调器（Modem），也就是我们通常所说的"猫"。因为没有 Modem，这台计算机就不能连接到 Internet。在电信部门申请 ADSL 业务时，电信部门赠送了一个 Modem，Modem 外观与接口图如图 1-82 和图 1-83 所示。与 Modem 一起的有一根电话线和语音分离器，还有一根成品网线（如果没有，则要制作）。

图 1-82   "Modem"外观图

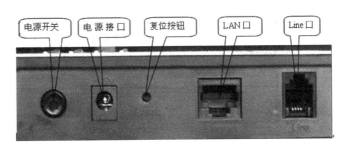

图 1-83   "Modem 接口"图

现在我们一起来看看该怎么连接。

步骤 1： 硬件连接（见图 1-84）。

使用成品网线（或制作的网线）把计算机网卡与宽带猫的"Ethernet"接口连接起来，用猫自带的线连接猫的"line"口与宿舍内的电信接口，启动电源开关。

步骤 2： 安装拨号软件。

可利用 Windows XP 自身携带的拨号功能，也可以下载拨号软件。本文以 Windows XP 自带的软件为例。

（1）鼠标右键单击"网上邻居"，单击左侧任务栏内的"创建一个新的连接"，打开"新建连接向导"，单击"下一步"，如图 1-85 所示。

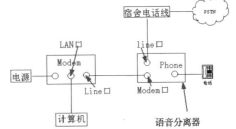

图 1-84   "硬件连接"示意图

（2）选择"连接到 Internet"单选项，单击"下一步"按钮，如图 1-86 所示。

（3）选择"手动设置我的连接"单选项，单击"下一步"按钮，如图 1-87 所示。

（4）选择"用要求用户名和密码的宽带连接来连接"单选项，单击"下一步"按钮，如图 1-88 所示。

（5）在文本框中任意输入一个名称，该名称是你创建的连接名称，单击"下一步"按钮，如图 1-89 所示。

（6）在此文本框中输入你在电信申请宽带时所获得的真实的用户名和密码，下面的复选框根据具体情况来选择。单击"下一步"按钮，则出现连接创建汇总的对话框，连接成功建立。

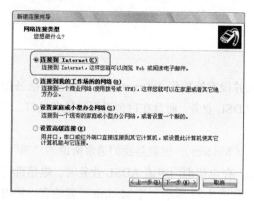

图 1-85 "网络连接类型"图

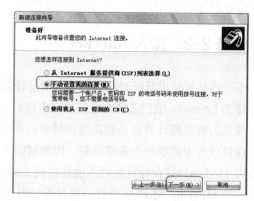

图 1-86 设置 Internet 连接图

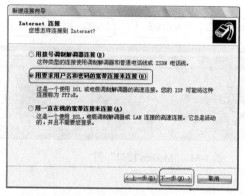

图 1-87 "设置 Internet 连接"图

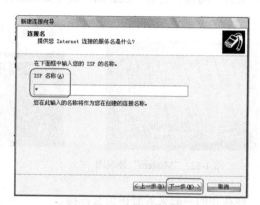

图 1-88 "连接名设置"图

步骤 3：查看连接，如图 1-90 所示。

图 1-89 "Internet 账户信息"图

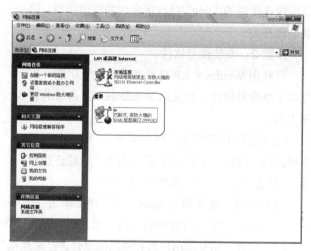

图 1-90 "查看连接"图

步骤 4：连接网络。

（1）选中所创建的宽带连接，单击鼠标右键，选择"连接"选项，如图 1-91 所示。

（2）进行用户名和密码确认，如图 1-92 所示。

（3）单击"连接"按钮，进行拨号，如果在右下角显示连接成功，则说明已经成功接入 Internet。

图 1-91　"连接选项"图　　　　　　　　图 1-92　"用户名和密码设置"图

任务 2-3　网络测试

李飞同学忍不住心中的激动，马上打开 IE 浏览器，在 URL 地址栏中输入 www.baidu.com，但发现并不能打开百度首页。

1.　检查 TCP/IP 设置

步骤 1：判断是否安装有 TCP/IP

（1）鼠标右键单击桌面的【网上邻居】→【属性】，单击【本地连接】→【属性】（或者双击右下角的，单击"属性"按钮），进入本地连接属性对话框（见图 1-93），查看 TCP/IP 是否已经添加。

如果在【此连接使用下列项目】中没有【Internet 协议（TCP/IP）】项，则说明没有安装，如果已经有则说明已经安装好了。

　　　一般情况下，Windows 2000/XP/2003 系统都在系统安装时自动安装。在图 1-93 中，选中最下方的两个复选框，则在桌面右下角显示网络连接的状况，如，该显示情况表示连接不成功或者没有连接网线。

（2）如果没有安装，则单击【本地连接】属性对话框中的【安装】按钮，进入【选择网络组件类型】对话框，如图 1-94 所示。

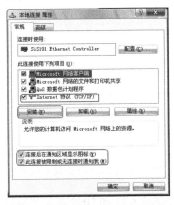

图 1-93　"本地连接"属性对话框　　　图 1-94　"选择网络组件类型"对话框

（3）选中【协议】项，单击【添加】按钮，进入【选择网络协议】对话框，如图 1-95 所示，然后选择你需要添加的协议，单击【从磁盘安装】，在光驱中插入相应的光盘，就可以完成相应的操作。

一般情况选择 Microsoft TCP/IP，因为目前国际通信协议常用的为 TCP/IP 模型。

步骤 2：判断 TCP/IP 是否安装正确。

（1）单击【开始】→【运行】，在运行文本框中输入"cmd"命令，如图 1-96 所示。单击【确定】按钮，进入 DOS 提示符状态。

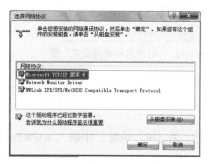

图 1-95 "选择网络协议"对话框

图 1-96 "运行"文本框

（2）在 DOS 提示符下输入 ping 127.0.0.1，回车，显示如图 1-97 所示信息，表明 TCP/IP 已安装成功。

 127.0.0.1 为特殊的 IP 地址，用于环路测试，常用于检查网卡是否安装正确，如果测试通畅则表明 TCP/IP 和网卡安装成功，否则为不成功。

2. 配置 TCP/IP

步骤 1：鼠标右键单击桌面的【网上邻居】→【属性】，单击【本地连接】→【属性】（或者鼠标双击右下角的，单击"属性"按钮），进入本地连接属性对话框。

步骤 2：选中【此连接使用下列项目】下的【Internet 协议（TCP/IP）】项，单击【属性】按钮，如图 1-98 所示，进入【Internet 协议（TCP/IP）属性】对话框。

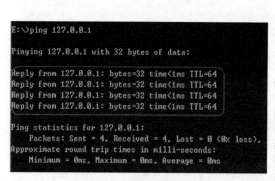

图 1-97 测试结果图

图 1-98 【Internet 协议（TCP/IP）属性】对话框

根据实际情况选择相应的参数对 IP 地址（见【知识链接 6】）和 DNS 服务器地址做好设置。李飞同学的宿舍是采用的电信接口，因此选择"自动获得 IP 地址"和"自动获得 DNS 服务器地址"。

根据前面的网络配置，计算机是通过 ADSL 接入 Internet 的，因此与 ADSL Modem 的设置有关，如果为 192.168.1.1 的地址，则该计算机在【Internet 协议（TCP/IP）属性】对话框中可以选中"使用下面的 IP 地址"单选项，设置 IP 地址为 192.168.1.0/24，"默认网关"设置为 192.168.1.254；选中"使用下面的 DNS 服务器地址"单选项，将"首选 DNS 服务器"设置为电信分配的地址即可。

重新检查网络连接情况，直到网络连通为止。

【实施评价】

单台计算机的正常运行是网络正常运行的基础，单台计算机的安全是整个网络安全的基本保障。

本项目从软件、硬件安装与配置等方面对单台计算机上网进行了全面介绍与分析，重点在于训练单台计算机硬件操作的技能，并养成良好的职业习惯。

单台计算机的配置虽然比较容易，但是，要学好、做好也需要一定的知识和技能，要认真分析，全面考虑。因此，需要多加练习，并熟练掌握。在完成任务后，将任务的完成情况认真总结，及时记下自己的所得所想，便于后续任务的完成，并提高自己的技能，如表 1-5 所示。

表 1-5 　　　　　　　　　　　　　　任务实施情况小结

序号	知 识	技 能	态 度	重要程度	自我评价	小组评价	老师评价
1	● 硬盘初始化方式和作用 ● 目前常用的操作系统，安装这些操作系统所需具备的条件 ● 网络适配器工作原理 ● TCP/IP、IP 地址 ● 杀毒软件的种类、防火墙的工作原理与作用 ● 系统备份的作用	○熟练进行硬盘分区 ○正确安装操作系统 ○熟练安装网络适配器并查看是否正确安装 ○查看是否正确安装 TCP/IP，如没有则需正确安装并进行正确配置 ○安装杀毒软件和防火墙，并根据需要进行配置 ○在安装完所需的软件并配置好后，进行系统备份	◎认真合理规划分区容量 ◎安全操作，在插入网络适配器硬件时应关闭电源 ◎根据实际情况分析处理，熟练完成安全设置并保证正确	★★★ ★★			
2	● 网线连接方式 ● 网线制作标准 ● TCP/IP ● IP 地址 ● ping 命令	○制作合乎标准、美观的网线 ○配置好通信协议，成功接入 Internet	◎严格遵照网线制作标准制作网线 ◎在规定的时间内完成网线制作 ◎制作的网线美观 ◎没有浪费材料 ◎能积极思考问题，并不断解决问题	★★★ ★☆			

任务实施过程中已经解决的问题及其解决方法与过程	
问题描述	解决方法与过程
任务实施过程中存在的主要问题	

说明：自我评价、小组评价与教师评价的等级分为 A、B、C、D、E 五等，其中：知识与技能掌握 90% 及以上，学习积极上进、自觉性强、遵守操作规范、有时间观念、产品美观并完全合乎要求为 A 等；知识与技能掌握了 80%～90%，学习积极上进、自觉性强、遵守操作规范、有时间观念，但产品外观有瑕疵为 B 等；知识与技能掌握 70%～80%，学习积极上进、在教师督促下能自觉完成、遵守操作规范、有时间观念，但产品外观有瑕疵，没有质量问题为 C 等；知识与技能基本掌握 60%～70%，学习主动性不高、需要教师反复督促才能完成、操作过程与规范有不符的地方，但没有造成严重后果的为 D 等；掌握内容不够 60%，学习不认真，不遵守纪律和操作规范，产品存在关键性的问题或缺陷为 E 等。

【知识链接】

【知识链接 1】计算机部件认识

1. 主板

主板（main board）也叫母板（motherboard），它是由聚酯材料做成的多层印刷电路板，是计算机系统的重要部件，上面布满了各种电子元件、接口和插槽，把计算机各个部件连接起来形成一个完整的硬件系统。它作为安装平台，用来安装 CPU、内存条和各种板卡，具体有芯片、接口、插槽，如图 1-99 所示。

（1）CPU 插座。

CPU 需要通过 CPU 插座与主板连接才能进行工作。

① CPU 接口方式。CPU 经过这么多年的发展，采用的接口方式有引脚式、卡式、触点式、针脚式等。而目前 CPU 的接口都是针脚式接口，对应到主板上就有相应的插槽类型。CPU 接口类型不同，在插孔数、体积、形状都有变化，所以以不能互相接插。

② CPU 接口标准。现在的 CPU 主要由两个厂家生产：AMD 和 Intel，现在流行的 CPU 基本上采用的是 Socket 标准。Intel 系列分为：Socket 7、Socket 370、Socket 478、Socket T（LGA 775）等接口；AMD 系列分为：Socket 7、Socket A（462）、Socket 754、Socket 940、Socket 939 等接口。所以，在选购主板和 CPU 时一定要注意接口标准是否一致，否则会产生不兼容的现象。不同的插座类型，如图 1-100 所示。

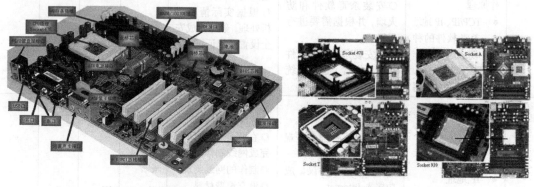

图 1-99　主板结构　　　　　　　　　　　图 1-100　CPU 插座

（2）内存插槽。

内存插槽是连接内存与主板的接口，内存所采用的针脚数不同，内存插槽类型也各不相同。随着计算机的发展，内存的接口技术分别经过了 SDRAM、DDR 和 DDRII 等过程，内存型号不一样，其接口标准也不一样。所以，在选购主板和内存时一定要注意型号是否一致。内存插槽类型，如图 1-101 所示。

（3）显卡插槽。

显卡插槽是指显示卡与主板连接所采用的接口种类。显卡接口决定着显卡与系统之间数据传输的最大带宽，也就是瞬间所能传输的最大数据量。显卡插槽随着计算机的发展也在不断的变化，它由原来的 PCI 到 AGP，再到现在比较流行的 PCI-E。

（4）I/O 扩展槽。

I/O 扩展槽即是 I/O 信号传输的路径，是系统总线的延伸，可以插入任意的标准选件，如显卡、解压卡、Modem 卡和声卡等。根据总线的类型不同，主板上的扩展槽可分为 PCI、AGP、AMR 和 ISA 几种。

（5）硬盘接口。

硬盘接口是硬盘与主机系统间的连接部件，作用是在硬盘缓存和主机内存之间传输数据。不同的硬盘接口决定着硬盘与计算机之间的连接速度，在整个系统中，硬盘接口的优劣直接影响着程序运行快慢和系统性能好坏。

从整体的角度上来划分，硬盘接口分为 IDE、SATA 和 SCSI 三种，IDE 接口硬盘多用于家用产品中，也部分应用于服务器；SCSI 接口的硬盘则主要应用于服务器市场；SATA 是一种新生的硬盘接口类型，目前正处于市场普及阶段，在家用市场中有着广泛的前景。

（6）控制芯片组。

CPU 是计算机的核心，而控制芯片组是主板的核心部件，芯片组档次的高低直接决定主板的档次。主板在计算机中主要是起一个把计算机各个部件连接成整体的作用，芯片组是用来管理和控制各个连接部件的接口和线路的部件，它是计算机各个部件的桥梁。芯片组分为北桥芯片（主桥）和南桥芯片（辅桥），北桥芯片主要负责 CPU、内存和显卡接口等，南桥芯片主要负责其他的 I/O 接口和插槽等。控制芯片组主要有 Intel、NVIDIA、VIA、SIS、ATI、ULI、ALI、AMD 等系列，各个系列有不同的档次，并有不同的参数标明。如 Intel 系列现在的产品有 Intel 865 到 Intel 975，随着参数值的增大，性能不断升高。控制芯片组的类型如图 1-102 所示。

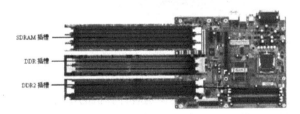

图 1-101　内存插槽类型　　　　　　图 1-102　控制芯片组类型

（7）BIOS（Base Input/Output System）芯片组。

BIOS 芯片组由两部分组成：BIOS 芯片和 CMOS 芯片。BIOS 芯片组是联系计算机硬件和软件的桥梁，是主板比较重要的部件，如果 BIOS 不能正常工作，计算机也就不能正常运行。原来有感染 CIH 病毒"烧"主板的说法，其实就是 CIH 病毒破坏了主板上 BIOS 芯片里面的程序，而引起主板不能正常工作。BIOS 芯片组是一组存储芯片，存储了计算机的自检、自举、中断、管理等一些重要的程序，通过这些程序来维护计算机的正常启动。

当计算机打开电源开关，就自动进入自检程序，如果计算机各个硬件正常，并把检测到的各个硬件的参数存储在 CMOS 芯片中，就进入自举程序，自举程序是根据计算机管理程序里的设置寻找系统引导文件，根据引导文件把相应的系统模块数据从外存调入内存，在 CPU 的控制下启动系统。如果计算机硬件不正常，就会出现计算机黑屏或者相应的错误信息提示。如果出现异常现象，就会发生启动过程的中断，如在启动过程中按 RESET 键，就会终止当前的过程并重新开始启动计算机。

CMOS 芯片中主要存储了计算机的管理程序和硬件的性能参数值，通过管理程序的设置可以优化计算机硬件的功能。

（8）CLEAR CMOS 跳线。

CLEAR CMOS 跳线是复位 CMOS 的一个控制开关，不同的主板所设计的位置不同，具体位置请大家参照主板说明书。

如果计算机出现黑屏或其他异常状态，CMOS 参数设置错乱是其中原因之一，可以采用 CMOS 跳线来排除此故障，图 1-103 所示：1、2 针相连，表示正常模式；2、3 针相连，清除 CMOS 中所设置的内容恢复到出厂状态。CMOS 跳线的具体操作是：把 1、2 针上的跳线帽取下，接到 2、3 针上 5～10s，然后取下插回 1、2 针即可。（注意：此操作要在计算机断电的状态下操作。）

（9）I/O 接口。

I/O 接口的功能是负责实现 CPU 通过系统总线把 I/O 电路和外围设备联系在一起。I/O 接口主要有 PS/2 接口（接鼠标/键盘）、USB 接口、并口、串口、集成声卡接口等。根据用户的需要分别连接与接口相应的外部设备。I/O 接口的类型如图 1-104 所示。

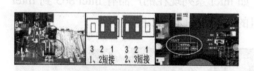

图 1-103　CMOS 跳线方法　　　　　　　　图 1-104　I/O 接口类型

（10）电源接口。

电源分为 AT 电源和 ATX 电源，AT 电源基本上已淘汰，ATX 电源随着计算机的发展，由原来的 20 芯电源发展为 24 芯电源，芯数越多，提供的电源组数也越多，也就越能满足用户的需要。电源接口类型如图 1-105 所示。

2. 中央处理器（CPU）

CPU 是英文 Central Processing Unit 的缩写，中文译为中央处理器，它是计算机的核心部分，可以说是计算机的大脑，计算机的所有信息，都要通过它来处理。中央处理器包括运算逻辑部件、寄存器部件和控制部件。其外观图如图 1-106 所示。

其主要性能参数如下所示。

（1）CPU 主频。

CPU 的主频，即 CPU 内核工作的时钟频率（CPU Clock Speed），单位为赫兹（Hz），CPU 内核工作的时钟频率，是 CPU 进行运算时的工作频率。一般来说，主频越高，一个时钟周期内完成的指令数也越多，CPU 的运算速度也就越快。CPU 的主频不代表 CPU 的速度，但是提高主频对于提高 CPU 运算速度却是至关重要的。由于 CPU 内部结构不同，并非所有时钟频率相同的 CPU 性能也相同。

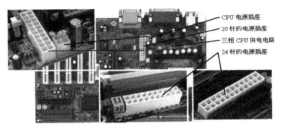

图 1-105 电源接口类型　　　　　　　　　　　图 1-106 CPU 结构

CPU 主频的计算方式为：主频 = 外频×倍频。CPU 外频是计算机系统的基准频率，即 CPU 与周边设备传输数据的频率，具体是指 CPU 到芯片组之间的数据传输频率。倍频即主频与外频之比的倍数，当外频不变时，提高倍频，CPU 主频也就越高。

（2）CPU 接口。

CPU 有两个厂家的产品：Intel 和 AMD。Intel 生产的 CPU 目前使用的主要有 SOCKET 478 和 LGA 775 接口（其中的数字一般指 CPU 的针数）；AMD 生产的 CPU 目前使用的主要有 SOCKET 754、SOCKET 939 和 SOCKET 462（即 SOCKET A）。

（3）CPU 缓存。

CPU 缓存分为一级缓存和二级缓存。一级缓存（L1 Cache），它是集成在 CPU 内部中，用于 CPU 在处理数据过程中数据的暂时保存。由于缓存指令和数据与 CPU 同频工作，L1 级高速缓存的容量越大，存储信息越多，可减少 CPU 与内存之间的数据交换次数，提高 CPU 的运算效率。L1 缓存的容量通常在 32～256KB。二级缓存（L2 Cache），由于 L1 级高速缓存受容量的限制，为了再次提高 CPU 的运算速度，在 CPU 外部放置一个高速存储器，即二级缓存。CPU 在读取数据时，先在 L1 中寻找，再从 L2 寻找，然后是内存，再后是外存储器。现在普通台式机 CPU 的 L2 缓存一般为 128 KB～2 MB。

3. 存储器

存储器分为内存储器和外存储器，内存储器简称内存，又叫主存；外存储器简称外存，又叫辅助存储器。

内存一般由半导体存储器组成，用于直接存取程序和数据的部件，它的存取速度比较快。从存储器取出信息称为读出；将信息存入存储器称为写入。存储器读出信息后，原内容保持不变；向存储器写入信息，原内容被新内容所代替。内存可以分为只读存储器（ROM）和随机存储器（RAM）。

（1）只读存储器 ROM（Read Only Memory）。

只读存储器的特点是把所存储的程序和数据等内容写入存储器里，一旦写入，一般不容易被修改，而且可以永久保存，也不会因为断电而丢失数据。因此，ROM 芯片通常用于保存不需要经常修改的程序和数据。在计算机系统中，主板的 BIOS、显卡的 BIOS、网卡的硬件资源信息都可以保存在 ROM 芯片中。

（2）随机存取存储器 RAM（Random Access Memory）。

随机存取存储器的特点是可以进行任意的读写操作，它主要用来存放操作系统、各种应用软件、输入数据、输出数据、中间计算结果，以及与外存交换的信息等。一旦断电，信息就会全部丢失，不能永久保存。其性能参数如下。

① 容量。

内存容量是指内存存储单元的数量，单位是字节（Byte）。它是反映计算机性能的一个很重要的性能指标，目前常用的计算机内存容量有 512MB、1GB、2GB 等。

② 频率。

内存的主频就是内存工作的时钟频率，它决定数据存取速度的快慢，频率越高，传输数据的速度越快。如 DDR Ⅱ 533，DDR Ⅱ 667，DDR Ⅱ 800，其中的数值就是内存的频率。

③ 存取时间。

内存的存储时间是读写内存单元中的数据所需要的时间，单位为纳秒（ns）。1 纳秒=10^{-9} 秒。其值越小，表明存取时间越短，速度就越快。目前，DDR 内存的存取时间一般为 6 ns。

④ CL。

CL 是 CAS Latency 的缩写，即 CAS 延迟时间，是指内存纵向地址脉冲的反应时间。当计算机需要向内存读取数据时，在实际读取之前，都有一个缓冲期，这个缓冲期的时间长度就是 CL 个时钟周期。在 CMOS 中设置其参数值，其数值一般有 2、2.5、3 三种提供选择，数值越小，系统性能越好，但越不稳定。

衡量一块内存的好坏，由内存总的延时时间来决定。内存总的延时时间=CL*存取周期+存取时间，延时时间越长，性能越差。

4. 外存

由于内存的容量一般较小，而且不能永久存储数据，因此，一般计算机都配有外存。外存是相对于内存来说，具有读取数据较慢，存储数据量大，并能永久存储数据等特点。常用的外存有硬盘、光盘、软盘、U 盘等。

（1）硬盘。

硬盘是使用温彻斯特技术制成的驱动器，将硅钢盘片连同读写头等一起封装在高纯度空气密闭的盒子内，不受灰尘影响。其数据存储密度大、速度决。随着计算机的飞速发展，硬盘也由低存储容量 10 MB 发展到几百 GB 甚至更大。硬盘在正常存储数据之前，必须要经历初始化过程，包括硬盘的低级格式化、硬盘分区和硬盘的高级格式化，如表 1-6 所示。

表 1-6　　　　　　　　　　　　　　硬盘格式化含义

过 程 名 称	含　义
低级格式化	是将空白的磁盘划分出柱面和磁道，再将磁道划分为若干个扇区，每个扇区又划分出标识部分 ID、间隔区 GAP 和数据区 DATA 等。这个步骤一般由厂家来完成，它是一种损耗性操作，其对硬盘寿命有一定的负面影响。当硬盘受到外部强磁体、强磁场的影响，或因长期使用，硬盘盘片上由低级格式化划分出来的扇区格式磁性记录部分丢失，从而出现大量"坏扇区"时，可以通过低级格式化来重新划分"扇区"。它需要使用专门的磁盘管理程序来实现，一般在出厂前已经完成了
磁盘分区	可以利用分区软件来划分，如 FDISK 软件，也可以在系统安装向导中来完成，我们已在操作系统安装中详细介绍磁盘分区操作
高级格式化	在 DOS 提示符下输入 format 命令，程序会首先告诉你格式化操作将删除分区中的全部数据，然后询问是否确实要格式硬盘；在 Windows 系统下，选择相应驱动器，单击鼠标右键，选择格式化菜单即可完成

硬盘性能指标有容量和转速。硬盘的容量是硬盘的一个重要的性能指标，现在流行的一般有 80 GB、160 GB、320 GB 等；硬盘的转速是指硬盘盘片每分钟转动的圈数，现在流行的一般有 5400

转/分、7200 转/分、1 万转/分等。

（2）光盘与光驱。

光盘也是计算机的常用外存之一，光盘和光盘驱动器（简称光驱）需要配套使用。光盘（光驱）在存储数据的格式上有两种：CD 格式和 DVD 格式。光盘（光驱）从功能上可分为两种：只读（普能）和可读/可写（刻录机）。光盘信息存储容量大，保存时间长。

光驱是一个光学、机械及电子技术相结合的产品，光驱的光源来自一个激光二极管，它可以产生波长约 0.54μm～0.68μm 的光束，经过处理后的光束更集中且可精确控制。光束首先打在光盘上，再由光盘反射回来，经过光检测器捕获信号。光盘上有两种状态，即凹点和空白，它们的反射信号相反，很容易经过光检测器识别。检测器所得到的信息只是光盘上凹凸点的排列方式，驱动器中有专门部件对其转换并进行校验，然后得到实际数据。光盘在光驱中高速转动，激光头在伺服电机的控制下前后移动读取数据。

光驱经常会出现读不出盘的现象，出现这些问题一般是由于以下原因造成。

① 激光头。

激光头是光驱中比较重要的部件，数据的读取和写入全部要经过激光头。激光头所发出的光线的强弱直接影响数据的读取能力，影响光线强弱的原因一个是激光头直接跟空气接触，上面灰尘太厚；另一个是激光头老化。对应的解决办法是一个是用镜头纸把上面的灰尘擦干净就可以了；另一个是调整激光头的频率开关来调大频率。

② 其他原因。

由于头发丝等异物从光驱托盘等部件进入光驱，而影响光驱中齿轮的正常运转。

5. 认识显示卡和显示器

（1）显示卡（显卡）。

显示卡是计算机的主要配件之一，也就是通常我们所说的图形加速卡。它的基本作用是控制计算机的图形输出，是联系主机和显示器的纽带。显示卡的工作原理就是在程序运行时根据 CPU 提供的指令和相关数据，将程序运行过程和结果进行相应的处理并转换成显示器能够接受的文字和图形显示信号传输给显示器显示出来。

显示卡与主板连接的接口标准有 PCI 接口、AGP 接口、PCI-E 接口；它与显示器连接的接口标准有 CGA 接口、EGA 接口、VGA 接口。显示卡上很重要的显示芯片（性能的高低决定了显卡性能的高低)主要由 ATI 和 NVIDIA 两个厂家生产，其芯片型号分别由 A 9550 到 A X1950 和 N 6200 到 8800，其性能也随之升高。显示卡接口类型如图 1-107 所示。

显示卡的主要性能参数：分辨率、色深、刷新频率、显存大小。

（2）显示器。

显示器是计算机的主要输出设备之一。根据工作原理的不同，分为 CRT 显示器、液晶（LCD）显示器、等离子（PDP）显示器，其中液晶显示器是现在流行的主要产品。

6. 认识网卡

网卡是网络接口卡（Network Interface Card）的简称，是插在计算机中的网络接口设备，作为网络工作站与服务器之间，或者不同工作站之间信息交换的接口。它具有向网络发送数据、控制数据、接受并转换数据的功能。网卡根据传输介质的不同，分别有对应接口相匹配，即 RJ-45 连接双绞线、BNC 连接细缆、AUI 连接粗缆，其中 RJ-45 接口是我们常用的接口。具体如图 1-108 所示。

图 1-107　显示卡接口

图 1-108　网卡接口

网卡的主要工作原理是整理计算机发往网卡上的数据，并将数据分解为适当大小的数据包之后向网络上传，发送出去。对于网卡而言，每块网卡都有一个唯一的网络节点地址，它是网卡生产厂家在生产时写入 ROM 中的，我们把它叫做 MAC 地址（物理地址），而且保证绝对不会重复。

7. 声卡

声卡是多媒体计算机的主要部件之一，它的功能主要是处理声音信号并把信号传输给音箱或耳机，使后者发出声音。它是利用专用型号处理芯片来协助 CPU 处理程序中的有关音频数据，并把它们转换成音频信号播放出去。声卡的结构如图 1-109 所示。

图 1-109　声卡结构

声卡基本功能是声音回放和声音录制。

声卡回放声音的工作过程是：通过 PCI 总线或者声卡的其他数字输入接口将数字化的声音信号传送给声卡，声卡的 I/O 控制芯片和 DSP 接收数字信号，对其进行处理，然后传送给 Codec 芯片，Codec 芯片将数字信号转换成模拟信号，然后输出到功率放大器或直接从输出端口输出到音箱。

声卡录制声音的工作过程是：声音通过 Mic In 或 Line In 接口将模拟信号输入到 Codec 芯片，Codec 芯片将模拟信号转换成数字信号，然后传送到 DSP，DSP 对信号进行处理，经 I/O 控制芯片和总线输入到计算机。

8. 键盘和鼠标

键盘和鼠标是计算机的重要输入设备，是使用计算机必不可少的工具。在使用过程中两者相互配合、协调工作。它们的接口为 PS/2 接口（键盘和鼠标不能互换）或者 USB 接口，并且这两种接口可通过转接头互换。其接口如图 1-110 所示。

（1）键盘。

键盘（Keyboard）主要由三部分组成：外壳、按钮、电路板。其外观如图 1-111 所示。

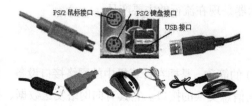

图 1-110　键盘/鼠标接口

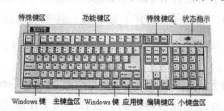

图 1-111　键盘外观

键盘在选购时要注意按键的数目、键盘的类型、接口的类型及做工和手感几个方面。键盘故障的一般位置在接口连线与控制电路板的接口、键盘按钮等处，这主要是由于人为用力过度引起电路板接口处连线断开、按钮敲打太多而引橡胶帽失去弹性所致。

（2）鼠标。

鼠标（Mouse）的种类较多，常见的有机械鼠标、光电鼠标、2D 鼠标、3D 鼠标等。鼠标的类型如图 1-112 所示。

9. 认识机箱和电源

机箱和电源分别是计算机主机的外衣和动力源泉。机箱除了对各个硬件起一个固定的作用外，其防辐射能力、防静电能力、散热能力等能为计算机提供一个良好的工作环境。随着计算机组件耗电及发热量的剧增，大家也渐渐开始关注电源和机箱的问题。

（1）机箱。

从外型上看，机箱分为立式机箱和卧式机箱；从结构上看，有 ATX 机箱和 AT 机箱，由于 AT 产品基本上被淘汰，所以我们主要介绍 ATX 机箱，其结构如图 1-113 所示。

图 1-112　鼠标类型　　　　　　　　　图 1-113　机箱结构

如何判断机箱的好坏？一般从如下几个方面来考虑。

① 机箱铝锌越厚越好。

② 机箱油漆越均匀越好。

③ 机箱边缘不要有毛刺。

④ 散热系统是否良好。

（2）电源。

电源作为计算机运行动力的唯一来源，其质量的好坏直接决定了计算机的其他配件能否可靠地运行和工作。大家有时发现系统不稳定，程序莫名其妙出错，计算机无故重启或死机，硬盘无法识别，甚至出现坏道等情况，这都有可能是电源的问题。

电源的作用是把 220 V 的电压经滤波、整流之后变成 309 V 直流电压，该直流电压经脉宽调制器进行功率转换，变成幅值 300 V 的矩形波，再经高频变压器降压、整流、滤波即可输出±12 V、±5 V 的直流电压，再通过各个电源插头传输给计算机使用。

电源有 AT 电源和 ATX 电源之分，AT 电源基本上被淘汰，现在主要是 ATX 电源，其外部结构如图 1-114 所示。

根据以下几方面判断电源的好坏：电源是否有认证标志，确保电源输出要稳定，

图 1-114　电源外部结构

选择有较好市场信誉的品牌电源，要保证产品有过压保护功能，电源中的风扇转动要良好，电源输

出功率要大。

【知识链接2】PartitionMagic 工具

PartitionMagic 由 PowerQuest 公司提供，是目前最好的硬盘分区及多操作系统启动管理工具之一，是实现大容量硬盘动态分区和无损分区的最佳选择，可以不破坏硬盘现有数据重新改变分区大小，支持 FAT32 和 NTFS 进行互相转换，可以隐藏现有的分区，支持多操作系统多重启动。其主要功能如下。

（1）调整硬盘分区大小。

（2）无损合并硬盘分区。

（2）创建一个新分区。

（4）转换分区。

（5）删除分区。

（6）合并分区。

（7）创建一个备份分区。

（8）复制一个分区。

【知识链接3】主分区与扩展分区、逻辑分区的关系如图 1-115 所示。

【知识链接4】文件系统类型

文件系统类型是文件在磁盘上的存放方式，如图 1-116 所示。

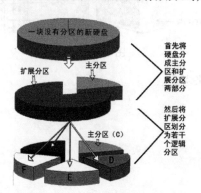

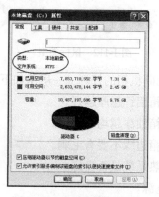

图 1-115　主分区、扩展分区和逻辑分区关系图　　　　图 1-116　"磁盘属性"图

目前常用的文件系统类型主要有 NTFS 和 FAT32 两种，NTFS 格式在 FAT32 的基础上增加了安全性能。具体区别如图 1-117 和图 1-118 所示。

图 1-117　NTFS 格式　　　　　　　　图 1-118　FAT32 格式

【知识链接 5】格式化

格式化是把一张空白的盘划分成一个个小的区域，并编号，供计算机储存、读取数据。没有这个工作的话，计算机就不知道在哪里写、从哪里读。

格式化分低级格式化和高级格式化两种。低级格式化是将空白的磁盘划分出柱面和磁道，再将磁道划分为若干个扇区，每个扇区又划分出标识部分 ID、间隔区 GAP 和数据区 DATA 等。低级格式化一般在硬盘出厂时已经完成，使用过程中一般不进行低级格式化。低级格式化会影响硬盘寿命，其过程需要很长时间，可以彻底破坏硬盘上的数据。

高级格式化是清除硬盘上的数据、生成引导区信息、初始化 FAT 表、标注逻辑坏道等，可以使用的参数如表 1-7 所示。

表 1-7　　　　　　　　　　　　　　　　格式化参数表

参　数	功　　能
/u	无条件格式化，格式化后所有的数据都会丢失，并且永远无法恢复
/s	格式化为一个可以启动计算机的系统盘
/c	格式化硬盘的同时检查硬盘扇区并修复坏扇区，这种修复并不十分可靠，会影响格式化的速度
/v [label]	格式化后给硬盘加上[ ]内的卷标（名字）
/q	快速格式化

【知识链接 6】IP 地址

为使主机统一编址，网络协议定义了一个与底层物理地址无关的编址方案——IP 地址，用该地址可以定位主机在网络中的具体位置。

> 与 MAC 地址（物理地址）对应，IP 地址是逻辑地址，使用的标准有 IPv4 和 IPv6 两个版本，如今应用的是 IPv4 版，就是给每个连接在因特网上的主机（或路由器）分配一个在全世界范围是唯一的 32 bit 的标识符，但就目前的情况来看，IPv4 的地址已快耗尽。

1. IP 地址的表示方法

目前编址方案采用的是 IPv4 版本，用 4 字节共 32 位二进制数表示。

（1）点分十进制法。

将每个字节的二进制数转化为 0～255 的十进制数，各字节之间采用"·"分隔。如 192.168.1.28。

（2）前缀标记法。

在 IP 地址后加"/"，"/"后的数字表示网络号位数。如 192.168.1.28/24，24 表示网络号位数是 24 位。

2. IP 地址的组成

Internet 包括了多个网络，每个网络又拥有多台主机，IP 地址由网络号和主机号两部分组成，如图 1-119 所示。

3. IP 地址的分类

（1）十进制与二进制的转换。

二进制中，基数只有 0 和 1，32 位就是由 32 个 0 和 1 组成。十进制中，基数由 10 个数构成，即 0、1、2、3、4、5、6、7、8、9，要判别 IP 地址的类别，首先要了解十进制和二进制之间的关系。

① 倒除法：用十进制数除以2，所得余数按从下至上的顺序写下来，就是该数的二进制数。如：把25转化成二进制数为11001，如图1-120所示。

图1-119 IP地址组成示意图   图1-120 倒除法

② 分解法：把十进制数分解为小于该数的最大的2^N的数，依次往下分解，直到分到全为2^N的数为止。$2^4=16<25$，$2^3=8<9$，$2^0=1$，如图1-121所示。

IPv4的地址分为4字节，每字节8位。将25转化成二进制数为11001，如图1-122所示。

图1-121 分解法   图1-122 字节位数

③ 实例1：将192.168.1.28转换成二进制表示。

采用上面的方法进行化解，得出二进制数表示如图1-123所示。

实例2：将11000000 10101000 00000001 00011100转换成十进制数表示。

$11000000=1\times2^7+1\times2^6+0\times2^5+0\times2^4+0\times2^3+0\times2^2+0\times2^1+0\times2^0=192$

$10101000=1\times2^7+0\times2^6+1\times2^5+0\times2^4+1\times2^3+0\times2^2+0\times2^1+0\times2^0=168$

$00000001=0\times2^7+0\times2^6+0\times2^5+0\times2^4+0\times2^3+0\times2^2+0\times2^1+1\times2^0=1$

$00011100=0\times2^7+0\times2^6+0\times2^5+1\times2^4+1\times2^3+1\times2^2+0\times2^1+0\times2^0=28$

（2）IP地址分类。

为适应不同大小的网络，Internet定义了5种类型的IP地址，即A、B、C、D、E共5类，广泛应用的是A、B、C类，D类用于多播，E类保留将来使用。各类地址构成如图1-124所示。

要判断地址类别，先将地址转换为二进制数，根据图1-124中的前几位进行判别。

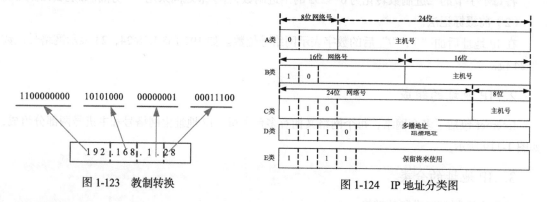

图1-123 教制转换   图1-124 IP地址分类图

（3）特殊的IP地址。

IP地址除了可以表示主机的一个物理连接外，还有几种特殊的表现形式。如表1-8所示。

表 1-8　　　　　　　　　　　　　　　　　特殊的 IP 地址

地　　址	含　　义	实　　例
网络地址（全 0 地址）	主机地址全为 0	192.168.1.0 则表示 C 类网络的所有主机
直接广播地址（全 1 地址）	主机地址全为 1，向指定的网络广播	192.168.1.255 则表示向 C 类网络所有主机发送广播
有限广播地址	32 位 IP 地址均为 1，表示向本网络进行广播	255.255.255.255
回送地址	用于网络软件测试以及本地计算机间通信的地址	127.0.0.1

（4）私有地址（内部网络地址）。

① 术语。

私有地址（内网地址）：为了避免单位任选的 IP 地址与合法的 Internet 地址发生冲突，IETF 已经分配了具体的 A 类、B 类和 C 类地址供单位内部网使用，这些地址称为私有地址（内部网络地址）。

公有地址（外网地址或合法地址）：符合分类原则，能在 Internet 上实现通信的地址。

② IETF 规定的私有地址，见表 1-9。

表 1-9　　　　　　　　　　　　　　　　　私有地址范围

私 有 地 址	范　　围
A 类	10.0.0.0～10.255.255.255
B 类	172.16.0.0～172.21.255.255
C 类	192.168.0.0～192.168.255.255

内部私有地址可在不同的内部网络中重复使用，这样可节省 IP 地址，同时可以隐藏内部网络的结构。

4. IP 地址的分配方法

IP 地址分配有静态分配和动态分配两种方法。

（1）静态分配采用指定 IP 地址的方法，使每台上网计算机都拥有一个固定不变的 IP 地址，如图 1-126 所示。

（2）动态分配则采用自动获取 IP 地址的方法，在打开计算机时，由动态主机配置协议（DHCP：Dynamic Host Configuration Protocol）临时分配一个 IP 地址，当用户关机时，地址被释放。动态分配时，计算机所获得的 IP 地址是不固定的，如图 1-125 所示。

动态分配时，计算机获得的 IP 地址也不是随意的，是在 DHCP 服务器设置的 IP 地址范围内变动。

5. IPv6 地址表示方法

IPv6 是“\Internet Protocol Version 6\”的简称，也被称作下一代互联网协议，它是由 IETF 设计的用来替代现行的 IPv4 的一种新的协议。

IPv6 的 IP 地址长度由当前 IPv4 的 32 位扩充到 128 位，以支持大规模数量的网络节点。

（1）IPv6 的 128 位地址以 16 位为一分组，每个 16 位分组写成 4 个十六进制数，中间用冒号分隔，称为"冒号分十六进制"格式（见图 1-126）。

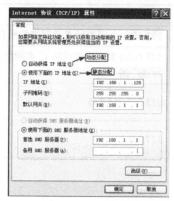

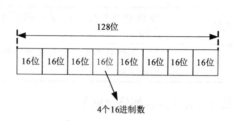

图 1-125　TCP/IP 属性对话框　　　　　　图 1-126　冒号分十六进制表示法

例如：21DA:00D2:0000:2F2B:02AA:00FF:FE28:9C5A 是一个完整的 IPv6 地址。

（2）IPv6 的地址表示有以下几种特殊情形（见表 1-10）。

表 1-10　　　　　　　　　　　　　　IPv6 地址的特殊表示法

特殊情形	处 理 办 法	实 例
分组中前导位为 0	去除 0，但每个分组必须至少保留一位数字	21DA:D2:0:2F2B:2AA:FF:FE28:9C5A
较长的零序列	将相邻的连续零位合并，用双冒号"::"表示，但"::"符号在一个地址中只能出现一次	（1）1080:0:0:0:8:800:200C:417A 可表示为 1080::8:800:200C:417A （2）0:0:0:0:0:0:0:1 可表示为::1 （3）0:0:0:0:0:0:0:0 可表示为::
与 IPv4 混合	x:x:x:x:x:x:d.d.d.d，其中 x 是地址中 6 个高阶 16 位分组的十六进制值，d 是地址中 4 个低阶 8 位分组的十进制值(标准 IPv4 表示)	（1）0:0:0:0:0:0:12.1.68.2 可表示为::12.1.68.2 （2）0:0:0:0:0:FFFF:129.144.52.28 表示为::FFFF.129.144.52.28
在一个 URL 中使用文本 IPv6 地址	文本地址应用符号"["和"]"来封闭	FEDC:BA98:7654:2210:FEDC:BA98:7654:2210 写作 URL 示例为 http://[FEDC:BA98:7654:2210:FEDC:BA98:7654:2210]:80/index.html

【知识链接 7】ADSL 与 Modem

ADSL 是英文 Asymmetric Digital Subscriber Loop（非对称数字用户回路）的缩写，是运行在原有普通电话线上的一种新的高速宽带技术。所谓非对称主要体现在上行速率和下行速率的非对称性上，上行速率为 1 Mbit/s，下行速率为 8 Mbit/s。但实际上，下行速率一般不超过 1 Mbit/s。

Modem 的基本功能是数/模转换，它实质上就是一个数/模转换器。由于电话线是普及率最高的通信线路，因此，它可以作为廉价的通信介质。但是，电话线路传输的是模拟信号，而计算机处理的是数字信号，无法直接在电话线路上传输。因此，常用 Modem 把计算机与电话线连接起来实现联网。

【知识链接 8】制作和选择网线

1．认识双绞线

双绞线是网络连接时常用的传输介质，其外观形状如图 1-127 所示。

双绞线由 4 对铜芯线绞合在一起（见图 1-128），有 8 种不同的颜色，适合于较短距离的信息传输，双绞线的使用长度不要超过 100m，否则信号质量会受到影响。

图 1-127　双绞线外观图

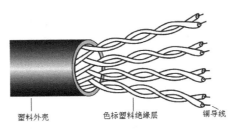

塑料外壳　　　色标塑料绝缘层　　铜导线

图 1-128　双绞线内部结构图

双绞线由一对或多对绝缘铜导线按一定的密度绞合在一起，目的是为了减少信号传输中串扰及电磁干扰（EMI）影响的程度。为了便于区分，每根铜导线都有不同颜色的保护层，如果双绞线质量不是很好时，颜色不太明显。

双绞线的塑料外壳上一般每隔两英尺（约 0.6m）就有一段文字，它解释了有关此线缆的相关信息，以 AMP 公司的线缆为例，其文字为："AMP SYSTEMS CABLEE128024 0100 24 AWG（UL）CMR/MPR OR C（UL）PCC FT4 VERIFIED ETL CAT5 O044766 FT 9907"，其中的具体含义见表 1-11。

表 1-11　　　　　　　　　　　　　　　　双绞线外皮标识

文字	AMP	0100	24	AWG	UL	FT4	CAT5	044766	9907
含义	公司名称	100Ω	线芯是 24 号的	美国线缆规格标准	通过认证的标准	4 对线	五类线	线缆当前处在的英尺数	生产年月

2．认识水晶头

水晶头又称为 RJ-45 连接器，如图 1-129 所示。个头虽然小，但每条双绞线两端都要通过安装水晶头才能实现与网卡和集线器、交换机或路由器的连接。

一般情况下，双绞线要通过 RJ-45 水晶头接入网卡等网络设备。RJ-45 水晶头由金属片和塑料件构成，制作网线所需要的 RJ-45 水晶头前端有 8 个凹槽，简称 "8P"（Position，位置），凹槽内的金属触点共有 8 个，简称 "8C"（Contact，触点）。

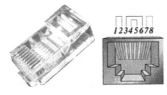

图 1-129　水晶头

RJ-45 连接器包括一个插头和一个插孔（或插座）。插孔安装在机器上，而插头和连接导线（最常用的就是采用无屏蔽双绞线的五类线）相连。EIA/TIA 制定的布线标准规定了 8 根针脚的编号。

水晶头的塑料弹片向下，针脚接触点在上方，8 个金属引脚，从左到右依次称为第 1 脚、第 2 脚……第 8 脚。

3．网线连接标准

网线的连接标准很多，最常用的有美国电子工业协会（EIA）和电信工业协会（TIA）1991 年公布的 EIA/TIA 568 规范，包括 EIA/TIA 568A 和 EIA/TIA 568B，是超五类双绞线为达到性能指标和统一接线规范而制定的两种国际标准线序，如表 1-12 所示。

表 1-12　　　　　　　　　　　　　　　　标准线序

568 标准 \ 线序	1	2	3	4	5	6	7	8
EIA/TIA 568A	绿白	绿	橙白	蓝	蓝白	橙	棕白	棕
EIA/TIA 568B	橙白	橙	绿白	蓝	蓝白	绿	棕白	棕

> 双绞线两端的线序一致，都采用 EIA/TIA 568A 或 EIA/TIA 568B 标准，则该线为直通线；两端的线序不一致，一端采用 EIA/TIA 568A 标准，另一端采用 EIA/TIA 568B 标准，则为交叉线。

4. 选择网卡和网线

比较常见的选择是 100 Mbit/s 的 PCI 网卡，采用 RJ-45 插头（水晶头）和五类双绞线与集线器连接。其主要原因是为了让网络的传输速率达到 100 Mbit/s，而双绞线中只有五类或超五类的双绞线才能达到要求。

【知识链接 9】TCP/IP

TCP/IP 实际上是一个由不同协议组成的协议簇，如图 1-130 所示，TCP、IP 是这个协议簇中最重要的两个协议。

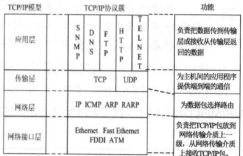

图 1-130　TCP/IP 模型

1. 传输层协议

（1）TCP（Transmission Control Protocol）。

TCP 是传输层的一种面向连接的通信协议，提供可靠的数据传送。为了保证可靠的数据传输，TCP 还要完成流量控制和差错检验的任务。适用于大批量的数据传输。

（2）UDP（User Datagram Protocol）。

UDP 是一种面向无连接的协议，因此，它不能提供可靠的数据传输，而且 UDP 不进行差错检验，必须由应用层的应用程序实现可靠性机制和差错控制，以保证端到端数据传输的正确性。适用于小量数据的传输。

（3）TCP 与 UDP 比较。

使用 TCP 通信比 UDP 可靠，但如要发送的信息较短，不值得在主机之间建立一次连接，则可使用 UDP。另外，面向连接的通信通常只能在两个主机之间进行，若要实现多个主机之间的一对多或多对多的数据传输，即广播或多播，就需要使用 UDP，如表 1-13 所示。

表 1-13　　　　　　　　　　　　　　　TCP、UDP 比较

	TCP	UDP
名称	传输控制协议	数据报协议
流量控制	滑动窗口协议	无
差错控制	确认分组、超时、重传	不确认分组，丢失出错的分组
面向连接	是	面向无连接
可靠性	高	不可靠
工作	把应用层传给它的数据分成合适的小块再传给网络层，确认接收到的分组，设置发送最后确认分组的超时时钟	尽可能的发送数据，但不确保数据能到达对方

2. 网络层协议

IP（Internet Protocol）：是 TCP/IP 协议簇网络层中最核心的协议。

IP 是一个无连接的协议。无连接是指主机之间不建立用于可靠通信的端到端的连接，源主机

只是简单地将 IP 数据包发送出去，而数据包可能会丢失、重复、延迟时间大或者出现乱序，是"尽力"传输。因此，要实现数据包的可靠传输，就必须依靠高层的协议或应用程序，如传输层的 TCP。

3. 工作原理

（1）分层思想：TCP/IP 共分为 4 层，即网络接口层、网络层、传输层、应用层，每一层完成不同的通信功能。

（2）信息流动是垂直的。

在发送端，信息从上至下，每一层都要加上相应层的控制信息（AH）后传给下一层；在接收端，信息从下至上，如剥洋葱一样，每一层都把相应层的控制信息去掉后传给上一层，如图 1-131 所示。各层间通过接口实现信息交换。

（3）协议是水平的，如图 1-132 所示。

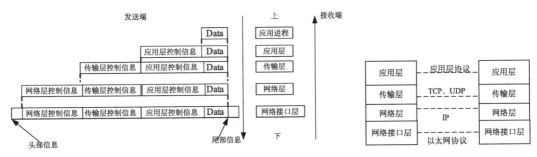

图 1-131　信息流动示意图　　　　图 1-132　逻辑通信图

【知识链接 10】360 杀毒软件特点

1. 全面防御 U 盘病毒：彻底剿灭各种借助 U 盘传播的病毒，第一时间阻止病毒从 U 盘运行，切断病毒传播链。

2. 第一时间阻止最新病毒：360 杀毒具有领先的启发式分析技术，能第一时间拦截新出现的病毒。

3. 独有可信程序数据库，误杀率低。

4. 精准修复各类系统问题：如桌面恶意图标、浏览器主页被篡改等。

5. 快速升级及时获得最新防护能力：每日多次升级，及时获得最新病毒库及病毒防护能力。

6. 完全免费。

7. 界面清爽易懂：没有复杂文字，无论哪种用户都完全适用。

8. 独有的 DIY 换肤功能：可以制作自己想要的皮肤。

9. Pro3D 全面防御体系：根据 360 安全中心对网络恶意软件及网络犯罪趋势的分析，360 杀毒首创了以内核级智能主动防御技术及虚拟隔离防御技术为核心，包含入侵防御、隔离防御、系统防御的 Pro3D 全面防御体系。

【拓展提高】

通过前面的学习，知道文件格式有 NTFS 和 FAT32 两种，NTFS 格式的安全性较高，通常操作系统安装时都用 NTFS 格式，但有时也需要 FAT32 格式，而且 FAT32 转为 NTFS 格式非常容易，但反过来则有些困难，在此主要完成将 NTFS 格式转为 FAT32 格式。

1. 任务拓展完成过程提示

将 NTFS 转为 FAT32

步骤：启动 PartitionMagic 软件，单击【转换分区】，在出现的对话框中的【转换为】列表中选择你要转换成的文件系统，我们选择 FAT32，单击【确定】按钮完成操作，如图 1-133 所示。当然还可以从菜单栏的分区中选择转换来完成此操作。

在磁盘分区格式转换方面，程序新增了将 NTFS 格式的分区转换为 FAT 或 FAT32 格式的分区。而且程序也提供了将主引导分区转换为逻辑引导分区，或者将逻辑引导分区转换为主引导分区。

图 1-133 "转换分区"图

2. 任务拓展评价

任务拓展评价内容如表 1-14 所示。

表 1-14　　　　　　　　　　　　　　　任务拓展评价表

拓展任务名称		文件格式转换	
任务完成方式	【　】小组协作完成	【　】个人独立完成	
任务拓展完成情况评价			
自我评价	小组评价	教师评价	
存在的主要问题			

填写说明：任务为个人完成，则评价方式为"自我评价+教师评价"，任务如为小组完成，则以"小组评价+教师评价"为主体。

【思考训练】

一、思考题

1. 如何简化 Windows 2003 Server 关机设置，避免每次关机时都需要填写关机原因，选择关机计划等内容？

2. 如何减少 Windows 2003 的登录时间，实现自动登录？

二、选择题

1. 下列关于各种无屏蔽双绞线（UTP）的描述中，正确的是_____。

　　A. 三类双绞线中包含 3 对导线　　　　　　B. 五类双绞线的特性阻抗为 500Ω

　　C. 超五类双绞线的带宽可以达到 100 Mbit/s　　D. 六类双绞线与 RJ-45 接头不兼容

2. 在 TCP/IP 协议簇中，_____属于网络层的无连接协议。

　　A. IP　　　　　　　　B. TCP　　　　　　　　C. SNMP　　　　　　　　D. UDP

3. 以下网络地址中属于私网地址（Private Address）的是_____。

　　A. 172.15.22.1　　　　B. 128.168.22.1　　　　C. 172.16.22.1　　　　D. 192.158.22.1

4. 某公司的几个分部在市内的不同地点办公，各分部连网的最好解决方案是_____。

A. 公司使用统一的网络地址块，各分部之间用以太网相连

B. 公司使用统一的网络地址块，各分部之间用网桥相连

C. 各分部分别申请一个网络地址块，用集线器相连

D. 把公司的网络地址块划分为几个子网，各分部之间用路由器相连

5. EIA/TIA 568B 标准的 RJ-45 接口线序如图 1-134 所示，3、4、5、6 这 4 个引脚的颜色分别为_____。

图 1-134　接口线序图

A. 白绿、蓝色、白蓝、绿色　　B. 蓝色、白蓝、绿色、白绿

C. 白蓝、白绿、蓝色、绿色　　D. 蓝色、绿色、白蓝、白绿

6. _____ are those programs that help find the information you are trying to locate on the WWW.

A. Windows 　　　B. Search Engines 　　　C. Web Sites 　　　D. Web Pages

7. 在 TCP/IP 体系结构中，_____实现 IP 地址到 MAC 地址的转化。

A. ARP 　　　　B. RARP 　　　　C. ICMP 　　　　D. TCP

8. 主机地址 192.15.2.160 所在的网络是_____。

A. 192.15.2.64/26 　　B. 192.15.2.128/26 　　C. 192.15.2.96/26 　　D. 192.15.2.192/26

9. 关于 IPv6，下面的论述正确的是_____。

A. IPv6 数据包的首部，比 IPv4 复杂　　　B. IPv6 的地址分为单播、广播和任意播 3 种

C. 主机拥有的 IPv6 地址是唯一的　　　　D. IPv6 地址长度为 128 bit

10. 将计算机连接到网络的基本过程是_____。

（1）用 RJ-45 插头的双绞线和网络集线器把计算机连接起来

（2）确定使用的网络硬件设备

（3）设置网络参数

（4）安装网络通讯协议

A.（2）（1）（4）（3）　　　　　B.（1）（2）（4）（3）

C.（2）（1）（3）（4）　　　　　D.（1）（3）（2）（4）

三、操作题

自动播放功能不仅对光驱起作用，而且对其他驱动器也起作用，这样很容易被黑客利用来执行黑客程序。为了系统安全起见建议关闭自动播放功能，请写出其工作过程并截图，如图 1-135 所示。

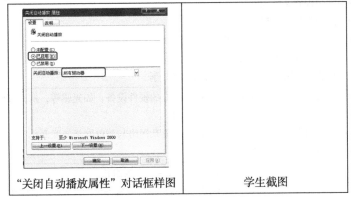

图 1-135　关闭自动播放功能

项目2
家庭局域网组建、配置与维护

随着计算机技术、网络技术的不断发展，计算机硬件设备的价格不断下降，一个家庭通常都拥有 2～3 台计算机，如何合理利用资源，节省家庭开支，如多台计算机使用 1 个账号上网，多台计算机共享 1 台打印机，更方便地进行文件传输、休闲娱乐等。

可以将这些单独的计算机连接起来，组成一个小型的家庭局域网，减少硬件设备等固定资产的投入并增加利用率。

【教学目标】

知识目标	• 了解家庭局域网的特点 • 知道共享文件夹、共享打印机的作用 • 了解共享文件夹的权限种类和各自的作用 • 知道主要的网络测试方法 • 掌握有线与无线网络的特点和区别
技能目标	• 学会设置文件夹共享 • 熟悉文件夹的权限设置 • 熟练掌握打印机共享和安全设置 • 熟练掌握无线网络的连接 • 熟练掌握资源共享并顺利完成资源共享
态度目标	• 通过资源共享的方式，节省一些相应的硬件设备，如光驱等，从而节约成本 • 认真分析任务目标，做好整体规划 • 耐心做事，做好简单的事情，想想复杂网络与简单网络的联系 • 团队协作，相互配合
准备工作	• 分组：每 2～3 个学生一组，自主选择 1 人为组长 • 给每个组准备 2～3 台没有任何配置但硬件设备齐全的计算机，让学生将这些计算机组成一个简单网络 • ADSL 电信接口、调制解调器、直通电缆、交叉电缆、2～3 块网卡、打印机 1 台

续表

考核成绩 A 等标准	● 正确判定计算机当前的配置情况和网络服务安装情况 ● 熟练使用网线或串口直连的方式物理连接计算机 ● 正确完成两台计算 TCP/IP 的设置，如 IP 地址设置，正确完成计算机名称更改和工作组设置 ● 正确设置文件夹共享 ● 正确的连接打印机和设置打印机共享 ● 各项目组成员间都能相互传送文件，实现资源共享 ● 各项目组的任务都在规定的时间内完成，达到了任务书的要求 ● 将有线网络与无线网络正常连接，并实现无线网络的安全设置，保证无线网络安全 ● 在教师规定的时间内完成了所有的工作任务 ● 工作时不大声喧哗，遵守纪律，与同组成员间协作愉快，配合完成了整个工作任务，保持工作环境清洁，任务完成后自动整理、归还工具，关闭电源
评价方式	教师评价+小组评价

【项目描述】

　　李飞家中原有一台旧的计算机，随着李飞的不断成长和学习的需要，家中又购买了一台新的台式机。李飞的父亲由于工作需要，出差比较多，因此还购买了一台笔记本电脑。平常都是李飞妈妈使用原有的旧计算机，但该计算机的磁盘空间不大，较大的文件包括电影等都存放不下，往往需要放到新的台式机上。另外，为了节约家庭开支，他们家中希望通过电信申请的一个账号使三台计算机都能上网，而不是每台计算机一个账号。还有，李飞的父亲偶尔也会在家里面办公，一些资料在处理后希望能立即打印出来，而李飞有的学习资料和练习也会需要打印，他们希望大家能够可以使用一台打印机完成工作。现在需要使用最节省的方式组成一个家庭网络，实现他们家庭的这些需求。

【项目分解】

　　从该项目的描述信息来看，李飞家是希望 3 台计算机能使用同一个账号上网；3 人都可以使用 1 台打印机进行打印；原有的旧计算机希望能将大的文件存放在新的计算机上；不希望大量增加资金投入。本项目按由简单到复杂、层次递进的形式分解，可以首先组建与配置两台计算机连接的网络，然后根据应用的需求拓展到 3 台甚至更多台的计算机。主要分解如表 2-1 所示。

表 2-1　　　　　　　　　　　　　　　　项目分解表

任　　务	子　任　务	具体工作内容
任务 1 双机互连网络组建、配置与维护	任务 1-1　双机互连网络组建	（1）组网需求分析 （2）组网目标确定 （3）网络结构设计 （4）网络设备选购 （5）网络硬件连接
	任务 1-2　网络软件安装与配置	（1）安装好要求的操作系统，个人用户建议安装 Windows XP/Professional 版本 （2）安装与配置网络软件（网络适配器驱动、TCP/IP、服务、网络客户）
	任务 1-3　Internet 共享设置	设置 Internet 共享
	任务 1-4　共享文件夹设置	（1）设置共享文件夹 （2）共享文件夹安全设置

续表

任　务	子　任　务	具体工作内容
任务 1 双机互连网络组建、配置与维护	任务 1-5　共享打印机设置	（1）安装打印机 （2）设置打印机共享 （3）共享打印机
	任务 1-6　网络测试	（1）测试两台计算机能否正常上网 （2）测试两台计算机能否正常使用打印机 （3）测试两台计算机间能否正常通信
任务 2 多机互连网络组建、配置与维护	任务 2-1　多机互连网络组建	（1）组网需求分析 （2）组网目标确定 （3）网络结构设计 （4）网络设备选购 （5）网络硬件连接
	任务 2-2　资源共享与文件传输	（1）映射网络驱动器 （2）文件上传下载
	任务 2-3　简单无线连接与安全设置	（1）无线设备连接 （2）无线网络安全设置
	任务 2-4　网络测试	（1）测试多台计算机能否正常上网 （2）测试多台计算机能否正常共享资源 （3）测试多台计算机连接网络的安全性能

【任务实施】

根据李飞家的这种情况，计算机数目不是很多，没有必要专门配置一台服务器。由于购买的时间有差别，旧计算机的配置相对较差，新购买的计算机的存储空间、运行速度等都有很大的提高，旧计算机需要借助新台式计算机的一些硬件资源。另外除了台式计算机外，还有笔记本电脑，笔记本一般都配置有无线网卡，与台式计算机还是存在一些差别，因此可以考虑先将两台台式机连接成网络，解决硬件资源与软件资源共享的问题，然后再将笔记本加入到该网络中。所以，该家庭网络搭建由简单到复杂逐步实施。

任务 1：双机互连网络组建、配置与维护。

任务 2：多机互连网络组建、配置与维护。

任务 1　双机互连网络组建、配置与维护

任务 1-1　双机互连网络组建

1. 组网需求分析

将两台计算机组成一个简单网络，不同的情况会有不同的需求。针对李飞家的具体情况，主要的需求如下。

（1）一台配置较低的旧计算机，一台配置较高的新计算机，其中旧计算机的磁盘空间较小，

在存放较大的文件的时候，需要用到新计算机的磁盘空间；同时，当旧计算机需要使用新计算机上存放的文件的时候，可能没有足够空间的移动磁盘等第三方媒介，但又需要将文件进行传输。

（2）大家都在家的时候，往往上网的时间出现重叠，如果只有一台计算机能够上网，则两个人用网就很容易出现冲突，如果每台计算机都能上网的话就避免了这种冲突；但如果每台计算机都用一个独立的账号上网，则需要增加 2 倍的开销，增加了家庭经济负担。能否有种折中的方式在不增加家庭经济投入的情况下保证每台计算机都能上网。

（3）李飞父亲在家办公的时候有些文件需要打印，李飞在学习过程中也有些资料需要打印，同样，能否只购买一台打印机就能满足所有人的打印要求，而且打印机固定放在一个位置，而不用搬过来搬过去的，减少麻烦。

针对家庭的上述需求情况，可以将两台计算机连接起来，组成一个网络，然后再设置上网，设置打印机共享，满足上述要求。

2. 组网目标确定

根据上述需求分析，李飞家的网络主要需要实现如下几个目标。

（1）磁盘共享。

所谓磁盘共享，就是将较大的磁盘空间划出一部分来，以弥补另一台计算机空间的不足，让另一台计算机也能在其上存放、读取数据和运行程序。

从较大磁盘空间划出来的那一部分空间，可由管理人员根据另一台计算机用户的需求来设定相应的使用权限，如"读取"、"写入"、"读取及运行"、"修改"等，则另一台计算机的用户就只具有管理人员给其设置的权限，而该计算机上其他的信息对另一台计算机的用户而言是不可见的。

有些较大的文件，由于旧计算机上的磁盘空间不足，不能存放，可以先存放在新的计算机上，当旧计算机需要使用的时候可以通过共享的方式，直接将该文件从新计算机传送到旧的计算机，也避免了由于可移动存储设备空间不足或没有可移动存储设备而带来的烦恼，同时也避免了由于可移动存储设备的插拔带来的病毒和威胁。

有些公共资源，如工具软件、系统文件等，就可以存放在共享磁盘中，方便两台计算机调用，减少了旧计算机空间不足的麻烦。

（2）同一账号上网。

每台计算机都用一个账号上网，增加了家庭开支。同一账号上网可以有以下两种方式。

① 一台计算机起主导作用，控制另一台计算机。即当起控制作用的计算机没有工作或者不允许另一台计算机上网的时候，则另一台计算机就不能上网。

② 两台计算机之间是相互独立的，不管另一台计算机的工作状态如何，该计算机都能上网。

显然，前一种方式可以应用于家中孩子还比较小没有控制力的情况，而李飞都已经是大学生了，因此可以使用第二种方式。

（3）打印机共享。

每台计算机单独配置一台打印机，会造成设备的闲置，而且需要双倍的成本，因此考虑在只购买一台打印机的情况下，另一台计算机也能使用，以节约成本。打印机共享同样可以有以下两种方式。

① 一台计算机起主导作用，控制另一台计算机。当受控制的计算机需要使用打印机时，必须起主导作用的计算机处于工作状态或者允许另一台计算机使用打印机，否则不能使用。

② 两台计算机处于同等地位，不受任何一台计算机的控制，但需要增加一个打印机共享器。

3. 网络结构设计

（1）结构设计方案一——两台计算机直连，可实现磁盘共享。

两台计算机直接连接，主要有 3 种方式，分别为通过网卡直接连接、通过直通电缆连接、通过同轴电缆连接。

方式一：连接计算机网卡（使用交叉线）。

步骤 1：观察主机外观。

查看主机外观结构，是否有网卡。

步骤 2：测试网卡是否工作正常。

在两台计算机上分别如下操作：

① 单击"开始"→"运行"，在运行文本框中输入"cmd"命令，单击"确定"按钮，进入 DOS 提示符状态。

② 在 DOS 提示符下输入"ping 本机 IP 地址"，回车，如果能够 ping 通，说明网卡工作正常。如果不通，则说明网卡工作有问题，需要修复或更换网卡。

步骤 3：物理连接。

把交叉电缆的两端分别插入两台计算机网卡 RJ-45 接口上，卡紧，没有松动现象，确保接口连接紧密，则两台计算机组成的对等局域网物理连接就算完成。

方式二：连接计算机串口或并口。

如果身边没有交叉线没有网卡，则可通过串口或并口通信来连接。

步骤 1：确定方法。

根据计算机的标准配置，一般都具有两个 9 芯或 25 芯串口（COM1，COM2）和一个 25 芯并口的标配，这样就可以选择串口直连或者并口直连等方法。观察主机箱的外观结构，确定当前的工作计算机是什么类型的口。这里介绍串口直连的方法。

步骤 2：硬件连接。

用两端带 DB-9 或 DB-25 头的扁平电缆将两台计算机的串口连接起来，拧紧连接口。

步骤 3：软件设置。

① 任意选定一台计算机作为主机，依次单击 Windows 中的"开始"→"程序"→"附件"→"通讯"→"新建连接向导"→"下一步"按钮→"设置高级连接"，如图 2-1 所示。

② 单击"下一步"→"直接连接到计算机"，如图 2-2 所示。

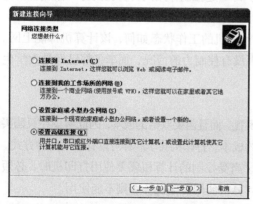

图 2-1　新建连接向导对话框

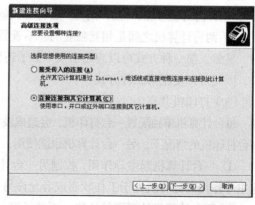

图 2-2　高级连接选项

③ 单击"下一步"→"选择计算机担任的角色",选中"主机"单选项按钮,如图 2-3 所示。

④ 计算机将会自动检测可用的并口和串口,选择所需要的串口（COM1 或 COM2）,然后根据提示操作,如图 2-4 所示。

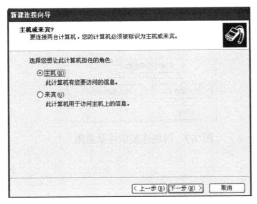

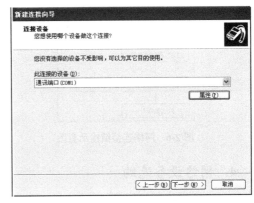

图 2-3 计算机角色选择框   图 2-4 连接设备端口选择

⑤ 在客户机上重复操作上面步骤,注意在设置向导中请选客户机按钮。这样两台计算机的连接可以建立完成。

步骤 4：传输数据。

① 打开主机中的"开始"→"程序"→"附件"→"通讯"→"直接电缆连接",单击"侦听"。

② 打开客户机中"开始"→"程序"→"附件"→"通讯"→"直接电缆连接",单击"连接"。这样,两台机子便可以访问共享出来的文件夹以及进行数据传输了。

（1）如果需要改变主机与客机的关系,就需要重新进行设置。

（2）这是一种单向关系,主机资源可以被客户机共享,但反过来则不行。如果主机本身连在网络上,那客户机也能访问网络。

（3）数据传输速率较慢,仅适合于双机交换数据或简单的联机游戏。

方式三：采用同轴电缆连接。

需要 T 型连接器和终结器。即以总线的形式把两台计算机串联起来,如图 2-5 所示。有兴趣的同学可以去尝试一下,这里不做详细描述。

（2）结构设计方案二——一台计算机控制另一台计算机上网。

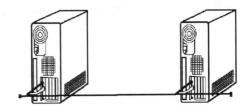

图 2-5 用同轴电缆连接示意图

两台计算机除了需要共享磁盘空间还需要上网,因此在方案一的基础上需要进一步配置。方案一仅仅是将两台计算机连接构成了一个简单网络,并没有与 Internet 连接。

从节约成本出发,尽量少增加设备,必须增加的情况下增加成本较小的设备。依据此组网宗旨,在新计算机上增加一块网卡,即在新计算机上安装两块网卡,一块用于连接另一台计算机,另一块用于连接 Internet。

网络结构设计如图 2-6 所示。

（3）结构设计方案三——通过交换机或路由器上网。

方案二尽管投资成本没有增加多少,但旧计算机的上网需要受到新计算机的控制,不管是李飞还是李飞妈妈,都不希望自己上网受到别人的左右,希望自己能够独立,在自己需要的时候就能上网。因此考虑增加一台交换机或路由器。

网络结构设计如图 2-7 所示。

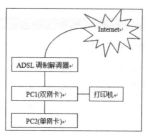

图 2-6 网络连接结构示意图

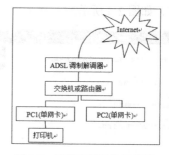

图 2-7 网络连接结构示意图

4. 网络设备选购

根据前面的方案设计，用户可根据各自的实际情况选择合适的方案。针对李飞家的具体情况，建议选择方案三。各方案的设备选择情况如表 2-2 所示。

表 2-2   组网方案

方案	设备要求	成本投入与功能实现情况
方案一	（1）两台计算机（有光驱）安装能实现双机互连的操作系统，如 Windows 2000/XP/ME/2003 等 （2）网卡两块，通常为 PCI 总线、RJ-45 接口、10/100 Mbit/s 自适应网卡或集成网卡 （3）一条适当长度的 EIA/TIA568A/568B 标准的双绞线	成本投入最少 只能实现磁盘共享和数据传输
方案二	（1）两台计算机（有光驱）安装能实现双机互连的操作系统，如 Windows 2000/XP/ME/2003 等 （2）网卡 3 块，通常为 PCI 总线、RJ-45 接口、10/100 Mbit/s 自适应网卡或集成网卡 （3）两条适当长度的 EIA/TIA568A/568B 标准的双绞线，1 条为直通线，1 条为交叉线 （4）1 台打印机 （5）1 台调制解调器	增加 1 块网卡和 1 个调制解调器 除了能实现磁盘共享和数据传输外，还能上网，共享打印，但一台计算机受另一台计算机的控制
方案三	（1）两台计算机（有光驱）安装能实现双机互连的操作系统，如 Windows 2000/XP/ME/2003 等 （2）网卡 2 块，通常为 PCI 总线、RJ-45 接口、10/100 Mbit/s 自适应网卡或集成网卡 （3）两条适当长度的 EIA/TIA568A/568B 标准的双绞线，1 条为直通线，1 条为交叉线 （4）1 台打印机 （5）1 台调制解调器 （6）1 台交换机或路由器	增加 1 台调制解调器和 1 台交换机或路由器 能实现磁盘共享和数据传输，还能上网，共享打印，且两台计算机是相互独立的，不受控制

5. 网络硬件连接

设备选购完成后，将相应的设备准备好，然后根据拓扑结构图连接起来。在连接过程中应考虑家庭中各设备的摆放位置和周围设施情况。

任务1-2   网络软件安装与配置

为了保证网络的正常连接和通畅使用，必须安装和配置相应的软件，如协议、网络中的客户、网络适配器驱动程序、服务等。

1. 安装操作系统

操作系统安装的具体操作见项目1任务1-2，此处不再赘述。

2. 安装网络软件

在安装操作系统的时候，系统会默认安装好"Microsoft 网络客户端"、" Microsoft 网络的文件和打印机共享"、"Internet 协议"，可首先进行查看，判断是否成功安装，如果已经安装，就不再需要安装，如果没有安装则一定要安装，否则不能使用相应的服务。

双击【网上邻居】，打开【网络连接】对话框，找到【本地连接】，选择【本地连接】，单击鼠标右键，单击菜单中的【属性】项，打开【本地连接 属性】对话框，如图 2-8 所示。

网络适配器驱动程序的安装参见项目1任务1-3完成，协议的添加参见项目1任务1-4完成。

3. 修改网络标识

在启用网络前，用户必须设置计算机的标志等信息。每一台计算机，都应配置相同的组件类型、网络标识和访问控制才能实现网络上的资源共享，保证网络的连通性。

为了方便计算机在网络中能相互访问，要给网络中的每一台计算机设立一个独立的名称。本操作实例中以 "W" 计算机名称的修改为例进行介绍。

步骤 1：右键单击 "我的电脑"，选择 "属性"，打开 "系统属性" 对话框，如图 2-9 所示。

步骤 2：选中 "计算机名" 选项卡→单击 "更改" 按钮，打开 "计算机名称更改" 对话框，如图 2-10 所示。在 "计算机名" 文本框中输入计算机名称，在 "隶属于" 项中选择 "工作组" 或 "域" 的单选项就可以更改计算机名称和所属工作组。

图 2-8 【本地连接 属性】对话框

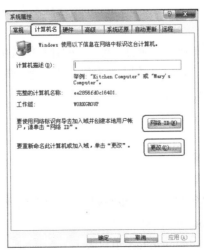

图 2-9 "系统属性" 对话框

图 2-10 "计算机名称更改" 对话框

在同一工作组中，计算机名称的设置要唯一。要通信的计算机要设置成相同的工作组，或者说是通信的计算机必须在同一工作组中。

4．TCP/IP 配置

由于网络结构设计方案和连接方式的差异，造成 TCP/IP 的配置也不一样，具体配置情况如表 2-3 所示。

表 2-3　　　　　　　　　　　　　　　　　TCP/IP 配置表

方案	TCP/IP 配置
方案一	只涉及两台计算机的磁盘空间共享和数据传输，与 Internet 没有连接，因此只需要将两台计算机的 IP 地址设置为同一网段就可以了，如 1 台设置为 192.168.1.1，子网掩码为 255.255.255.0；另 1 台则设置为 192.168.1.11（只需在 192.168.1.2 至 192.168.1.254 中任取一个地址），子网掩码为 255.255.255.0
方案二	假设两台计算机分别为 PC A 和 PC B，其中，PC A 装有两块网卡，网卡 1 与 Internet 连接，网卡 2 与 PC B 连接，则各 IP 地址设置情况如下 ● PC A 网卡 1：IP 地址与 DNS 服务器地址均由 ISP 提供，或者可以选中"自动获得 IP 地址"和"自动获得 DNS 服务器地址"选项 ● PC A 网卡 2：将 IP 地址设置为局域网内网地址即可，可以是 192.168 的地址，也可以是 172 开头的内网地址，子网掩码根据 IP 地址配套对应使用 ● PC B 网卡：将 IP 地址设置为与 PC A 网卡 2 的地址在同一个网段内，且默认网关设置为 PC A 网卡 2 的 IP 地址
方案三	两台计算机是与交换机或路由器相连，交换机或路由器通过调制解调器与 Internet 相连，因此 TCP/IP 的配置与方案一相同，也可以采用默认设置

任务 1-3　Internet 共享设置

1．认识 Internet 连接共享

Internet 连接共享即 Internet Connection Share，简称 ICS，是 Windows 操作系统内置的一个多机共享接入 Internet 的工具，设置简单，使用方便。只要在计算机（直接连接到 Internet 的计算机）上设置"允许其他网络用户通过此计算机的 Internet 连接来连接"，然后在客户机上运行 Internet 连接向导即可。

启用连接共享并设置好 Internet 选项后，网络上的计算机就像直接与 Internet 相连，并且可以在不设任何代理的情况下访问 Internet。但不能对网络用户进行管理，安全性能较差；如果用户数目比较多，则网络速度会很慢，不能用来提高网络速度。

2．配置 ICS

下面来介绍 ICS 的实现过程。

（1）准备工作。

① 启用 ICS 的计算机必须具有两个网络接口：一个连接到内部局域网，通常是网卡；另一个连接到 Internet，通常是 Modem 或 ISDN 接口。

② 配置 ICS，必须具有 Administrators 组权限。

③ ICS 设置完成后，本地的网络将使用动态的地址分配机制。

（2）启动 ICS。

右键单击 Internet 网卡，选择"属性"中的"共享"标签，勾选"启用此连接的 Internet 连接共享"复选框后，单击"确定"按钮，如在 192.168.0.0 的网络中，本地网络接口的 IP 地址会被自动设置为 192.168.0.1，单击"是"。

 启用 Internet 连接共享后，在 192.168.0.0 的网络中，系统会自动把 ICS 服务器局域网网卡地址配置成 192.168.0.1。

如果主机是 Windows XP 操作系统，则鼠标双击"本地连接"标识打开"本地连接 属性"对话框，单击"高级"选项卡，在该选项卡中选中"Internet 连接共享"下的"允许其他网络用户通过此计算机的 Internet 连接来连接"的复选框，如果允许其他计算机控制网络的话就将另一个复选框"允许其他网络用户控制或禁用共享的 Internet 连接"也选中，不过在通常情况下，一般不会允许其他网络用户控制或禁用共享的 Internet 连接，如图 2-11 所示。

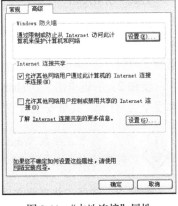

图 2-11　"本地连接"属性

（3）配置客户端计算机。

① 将 Windows Server 2003 系统盘插入光驱。

② 单击"执行其他任务"→单击"浏览光盘内容"。

③ 找到"SUPPORT/TOOLS/Netsetup.exe"，双击该文件，根据"网络安装向导"一步步进行安装。

④ 重启计算机，打开"网络连接"查看，如看到了网桥，则表明成功。

（4）客户机设置。

① IP 设置：配置成与 192.168.0.1 在同一个网段，网关 192.168.0.1，DNS 为 61.187.98.3。

② IE 设置。

单击"工具"菜单上的"Internet 选项"→"连接"选项卡，如图 2-12 所示。

单击"局域网设置"→在"自动配置"中，清除"自动检测设置"和"使用自动配置脚本"复选框→在"代理服务器"中，清除"使用代理服务器"复选框，如图 2-13 所示。

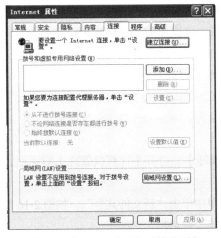

图 2-12　"Internet 选项"连接选项卡

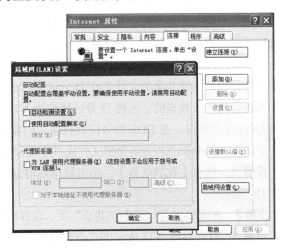

图 2-13　局域网设置对话框

任务 1-4　共享文件夹配置

在局域网中，计算机中的每一个软、硬件资源都被称为网络资源，用户可以将软、硬件资源共享，被共享的资源可以被网络中的其他计算机访问。

1. 共享文件夹设置

局域网中，数据的交换常常用文件夹的共享来实现。文件夹共享需要进行怎样的配置，才能达到在局域网中实现共享文件夹等软硬件资源的目的呢？下面我们以 D:\share 文件夹的共享设置为例来说明。

方式一介绍如下。

步骤 1：单击"开始"→"所有程序"→"附件"，然后单击"Windows 资源管理器"，选择需要共享的文件夹。如新建文件夹"D:\share。"

步骤 2：右键单击"D:\share"文件夹，然后单击"共享和安全"，打开"共享安全属性"对话框，如图 2-14 所示。

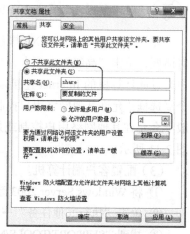

图 2-14　"共享安全属性"对话框

 如果在安装 Windows XP 系统的时候使用的是 NTFS 格式，则在单击"共享和安全"时不能打开如图 2-14 所示的对话框，则其设置请参照【知识链接 5】完成。

步骤 3：选择"共享此文件夹"，"共享名"和"注释"项转变为黑色，在其中填写信息，设置共享名称和备注，修改用户数目的限制，单击"确定"按钮则可完成"share"文件夹的共享。

 这种文件夹共享的方式一般只应用于网络用户较少的情况（计算机在 10 台以下），如果用户较多，就会出现连接不上的情况。

方式二介绍如下。

设置文件夹共享后，该工作组的其他成员就可以访问该文件夹中的子文件夹或文件。文件或文件夹的安全是非常重要的，因此一般会选用安全设置比较完善的 NTFS 文件系统下共享。当某个分区不是 NTFS 格式时，一般先将其转换为 NTFS 格式。该操作的命令格式为：

Convert volume /FS: NTFS（Convert 是转换命令，volume 为指定的驱动器名）。

例如：当前需要共享的文件夹在 D 分区，而该分区是 FAT32。

在进行文件夹共享前，先将 D 分区转换为 NTFS 格式，在"运行"文本框中输入"cmd"，进入 DOS 操作窗口，在 DOS 命令提示符输入的操作命令为 c:\>convert D:/FS: NTFS。

下面以 Windows XP 为例介绍文件夹共享的步骤。

步骤 1：选中【我的电脑】，单击鼠标右键选择【管理】，打开【计算机管理】对话框，如图 2-15 所示。

步骤 2：在图 2-15 中，选中"共享"项，在弹出的菜单中单击"新文件共享"，如图 2-16 所示

步骤 3：打开如图 2-17 所示的"创建共享文件夹向导"对话框。

步骤 4：单击"下一步"按钮，弹出"设置共享文件夹"选项框，如图 2-18 所示。单击"浏

览"按钮,打开"浏览文件夹"对话框,选中需要共享的文件夹,单击"确定"按钮,就将共享的文件夹添加到"要共享的文件夹"文本框中,然后填写"共享名"、"共享描述"等辅助信息。

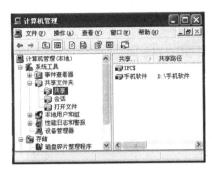

图2-15　"计算机管理"对话框

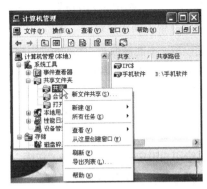

图2-16　"新文件共享"项

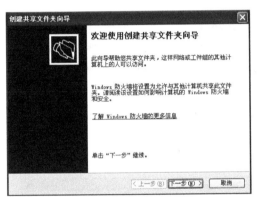

图2-17　"创建共享文件夹向导"对话框

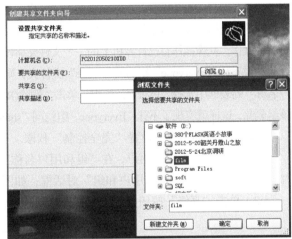

图2-18　"设置共享文件夹"选项框

步骤 5:单击"下一步"按钮,弹出"共享文件夹的权限"选项,设置查看文件夹人员的访问权限,如图2-19所示。

步骤 6:单击"下一步"按钮,弹出"正在完成创建共享文件夹向导",如图2-20所示,单击"完成"按钮,则此文件夹共享完成,在D分区下显示📁 film,表明该文件夹是共享文件夹。

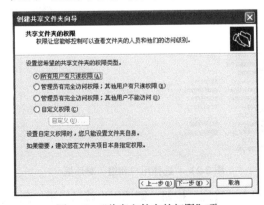

图2-19　"共享文件夹的权限"项

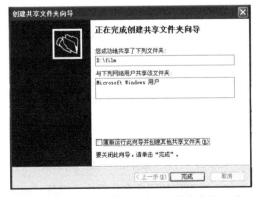

图2-20　"正在完成创建共享文件夹向导"项

2. 共享文件夹访问权限设置

以下介绍的文件夹访问权限设置的方式适用于第一种共享方式。

本实例中设置不同用户对同一种资源的访问权限。"everyone"组的用户对"share"文件夹下的文件只能读取，不能修改；"student"用户对"share"文件夹下的文件可以完全控制，如何设置？

从任务中可以看出，有两组不同权限的用户，即不同用户对于同一种资源拥有不同的访问权限，有的只能读取，不能修改，有的则可以完全控制资源。因此，在设置资源共享时，需要指派许可用户及其访问权限。

步骤 1：设置"读取"权限。

如果要给用户设定权限，则单击"权限"按钮，打开"**文件夹"（如 share 文件夹）的权限对话框，如图 2-21 所示。

从图 2-21 中可以看出，现在"Everyone"组只拥有"读取"权限，如果要拥有"完全控制"权限，则选中"允许"列中"完全控制"行的复选框，那么该组的成员可以对 share 文件夹下的文件进行各种操作，就像操作自己计算机上的一个文件夹那样。

如果不让"Everyone"组访问"share"文件夹，则在"组和用户名称"列表框中选择"Everyone"组，单击"删除(R)"按钮，将该组删除，这样就实现了不让"Everyone"组访问"share"文件夹。

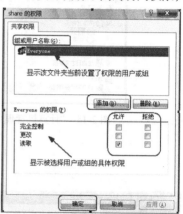

图 2-21 "**文件夹"（如 share 文件夹）的权限对话框

步骤 2：添加用户并设置"完全控制"权限。

（1）选择设置权限的用户，在"组和用户名称"列表框中没有需要的用户"student"，则选择"添加"按钮，打开"选择用户和组"对话框，如图 2-22 所示。

（2）单击"高级"按钮，单击"立即查找"按钮，如图 2-23 所示。

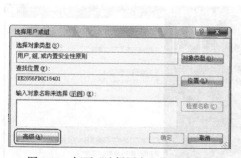

图 2-22 打开"选择用户和组"对话框

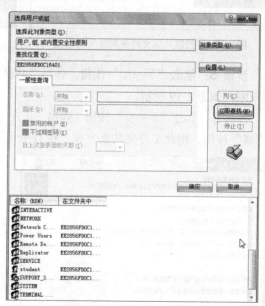

图 2-23 "选择用户和组"对话框

（3）在列出的用户名称框中，选择"student"，单击"确定"按钮，则该用户就已经添加到列表框中，如图 2-24 所示。

（4）单击"确定"按钮，如图 2-25 所示。

图 2-24　添加用户到列表框中

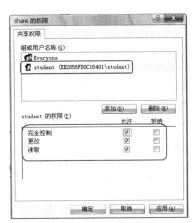

图 2-25　"共享权限"选项卡

（5）在用户的权限中选中需要设置的权限"完全控制"，单击"确定"按钮，则"student"用户对"share"文件夹具有"完全控制"的权限设置成功。

若要更改网络上的文件夹名称，请在"共享名"文本框中键入文件夹的新名称。这不会更改您计算机上的该文件夹名。

若要允许其他用户更改共享文件夹中的文件，请选中"允许其他用户更改我的文件"复选框。

如果以"来宾"身份登录，则不能创建共享文件夹。

"共享"选项不可用于"Documents and Settings"、"Program Files"和 Windows 系统文件夹。此外，不能共享其他用户配置文件中的文件夹。

3. 共享文件夹

在"运行"文本框中输入"\\计算机的 IP 地址或计算机名"，则可找到共享的文件夹，将该文件夹拖入到你的计算机中就可以，只要等待文件复制完成，则大功告成。

或者是在其中一台计算机上，双击【网上邻居】，选择【邻近的计算机】，找到另外一台计算机并双击，在弹出的对话框中输入合法用户名以及对应密码。则可以看到文件夹"D:\share"。进入文件夹"share"，试着将其中的文件复制到另一台计算机的桌面上。

4. 停止共享文件夹

当不想共享某个文件夹或者文件夹共享完毕，可以停止对该文件夹的共享。停止共享后，网络用户就会无法访问该文件夹。

在停止文件夹共享前，要先确定有没有用户连接到该文件夹，否则该用户的数据会丢失。

不是所有用户都能停止文件夹的共享，只有属于 Administrator 组的用户才有权限停止文件夹共享。

方式一介绍如下。

步骤 1：选择需停止共享的文件夹，单击鼠标右键，单击"共享与安全"项，弹出"** 属性"（**代表需停止共享文件夹的名称）对话框，如图 2-26 所示。

步骤 2：选中"不共享此文件夹"单选项，单击"应用"、"确定"按钮，则该文件夹共享取消。

方式二介绍如下。

步骤1：选中【我的电脑】，单击鼠标右键选择【管理】，打开【计算机管理】对话框，展开"共享文件夹"项，单击"共享"，在右边窗格中显示所有共享的项目。

步骤2：选中需要停止共享的文件夹，单击鼠标右键，如图2-27所示。

图2-26 "** 属性"对话框

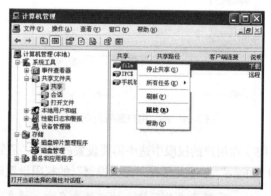

图2-27 停止文件夹共享

步骤2：单击【停止共享】选项，弹出如图2-28所示的确认信息。单击"是（Y）"按钮，则需停止共享的文件夹从右边窗格中去除，该文件夹即停止共享。

图2-28 停止共享
文件夹的操作确认

任务1-5 共享打印机设置

在李飞家中任选一台计算机（选择名为"W"的计算机）来连接打印机，打印机的名称设置为"printer"，其余计算机进行打印时都共享"W"计算机上连接的打印机，禁止用U盘复制文件到"W"计算机上来打印，并且为了节约纸张，保护环境，所有文件的打印稿都应为最终稿，严禁浪费。

1. 共享打印机

步骤1：安装本地打印机。

本地打印机就是连接在用户使用的计算机上的打印机。

打印机的安装包括硬件部分安装和驱动程序安装两个部分。硬件打印机的安装很简单，用信号线将打印机连接到计算机上，再将打印机连上电源就安装成功了。因此，通常所说的打印机安装是指打印机驱动程序的安装。

在未通电的情况下，把打印机的信号线连接到"W"计算机上，保证接口紧密结合，然后开启电源。

其安装步骤如下。

（1）选择"开始"→"设置"→"打印机和传真"命令，如图2-29所示。

图2-29 打开"打印机和传真"对话框

单击"打印机和传真"，打开"打印机和传真"对话框，如图2-30所示。

利用"打印机"文件夹可以管理和设置现有的打印机，也可以添加新的打印机。

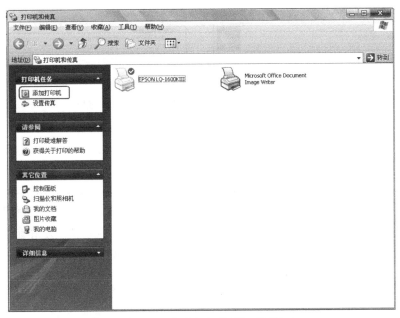

图 2-30 "打印机和传真"对话框

（2）双击"添加打印机"图标，启动"添加打印机"向导，如图 2-31 所示。在"添加打印机"向导的提示和帮助下，用户一般可以正确地安装打印机。启动"添加打印机"向导之后，系统会打开"添加打印机"向导的第一个对话框，提示用户开始安装打印机。

（3）单击"下一步"按钮，进入"选择本地或网络打印机"对话框，如图 2-32 所示。在此对话框中，用户可选择添加本地打印机或者是网络打印机。选择"本地打印机"选项，即可添加本机打印机。

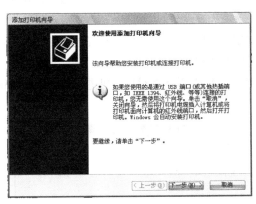

图 2-31 添加打印机向导欢迎界面

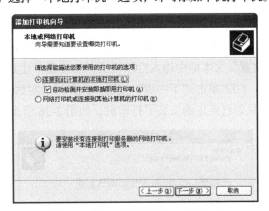

图 2-32 选择"本地打印机"对话框

（4）单击"下一步"按钮，弹出"选择打印机端口"对话框，如图 2-33 所示。在对话框里选择要添加的打印机所在的端口。如果要使用计算机原有的端口，可以选择"使用以下端口"单选项。一般情况下，用户的打印机都安装在计算机的 LPT1 打印机端口上。也有的是使用 USB 接口，因此，要根据打印机的实际情况来选择。

（5）单击"下一步"按钮，弹出"选择打印机型号"对话框，选择打印机的生产厂商和型号。其中，"制造商"列表列出了 Windows 支持的打印机的制造商。如果在"打印机"列表框中没有列出所使用的打印机，说明 Windows 不支持该型号的打印机。一般情况下，打印机都附带有支持 Windows 的打印驱动程序。因此，用户可以单击"从磁盘安装"按钮，安装打印驱动程序即可，如图 2-34 所示。

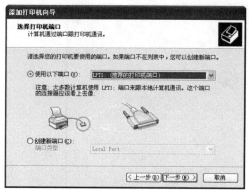

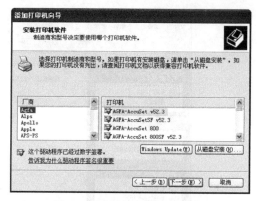

图 2-33　选择打印机端口　　　　　　　图 2-34　选择打印机的厂商和型号

 　如果在打印机列表框中没有列出所使用的打印机，说明系统没有自带该型号的打印机驱动程序。可将购买打印机时附带的驱动程序盘插入驱动器，单击"从磁盘安装"按钮，打开"从磁盘安装"对话框，在"厂商文件复制来源"下拉列表框中输入打印机驱动程序的位置（在打印机说明书中一般都会提示驱动程序在磁盘中的位置）。

（6）单击"下一步"按钮，弹出"命名您的打印机"对话框，如图 2-35 所示。在该对话框中可为打印机命名。

（7）单击"下一步"按钮，弹出"打印机共享"对话框。

这里可以设置是否允许其他计算机共享该打印机的选项。如果选择"不共享这台打印机"单选项，那么用户安装的打印机只能被本机使用，局域网上的其他用户不能使用该打印机。如果允许其他用户使用该打印机，可以选择"共享为"单选项，并在后面的文本框中输入共享时该打印机的名称。这样，该打印机就可以作为网络打印机使用了。这里选择"共享为"单选项，并在后面的文本框中输入共享时该打印机的名称为 printer。

（8）单击"下一步"按钮，在弹出的窗口中要求用户提供打印机的位置和描述信息。可以在"位置"文本框中输入打印机所在的位置，让其他用户方便查看。

（9）单击"下一步"按钮，在弹出的对话框中用户可以选择是否对打印机进行测试，以便证实是否已经正确安装了打印机，如图 2-36 所示。

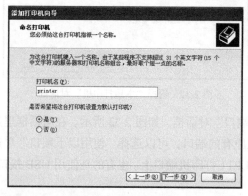

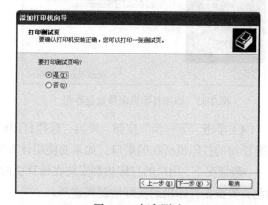

图 2-35　命名打印机　　　　　　　　　图 2-36　打印测试

（10）单击"下一步"按钮，在弹出的"正在完成添加打印机向导"对话框，如图 2-37 所示，其中显示了前几步设置的所有信息。如果需要修改内容，单击"上一步"按钮就可以回到相应的位置修改。

如果确认设置无误，单击"完成"按钮，安装完毕。

步骤 2：设置本地打印机共享。

（1）单击"开始"→"设置"→"打印机和传真"，打开"打印机和传真"对话框，选择需要共享的打印机，单击鼠标右键，如图 2-38 所示。

（2）单击"共享"选项，打开"EPSON LQ-1600K Ⅲ属性"对话框，选中"共享这台打印机"单选项，在共享名文本框中输入 printer，单击"确定"按钮，如图 2-39 所示。

在局域网中已经设置了共享打印机，用户可以利用它进行网络打印，但必须添加网络打印机。

步骤 3：添加网络打印机。

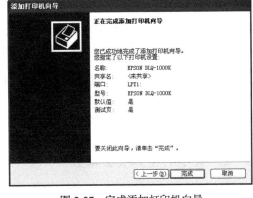

图 2-37　完成添加打印机向导

网络中其他计算机需要使用打印机时，需要添加网络打印机。

（1）单击"开始"→"设置"→"打印机和传真"，进入打印机的安装向导。

（2）单击"下一步"按钮，显示选择打印机类别的对话框，如图 2-40 所示。

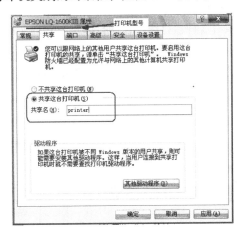

图 2-38　打印共享设置

图 2-39　给共享打印机命名

（3）单击"下一步"按钮，进入"指定打印机"对话框，在"名称"文本框中输入\\打印机所在的计算机名称\打印机共享名称（wangluo 为打印机所在的计算机名称，printer 为打印机共享名称），如图 2-41 所示。本任务中应输入\\W\printer。

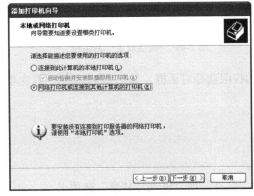

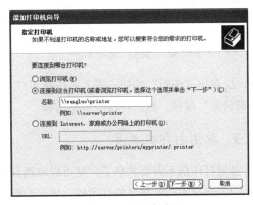

图 2-40　选择网络打印机

图 2-41　指定打印机

（4）单击"下一步"按钮，弹出要求用户确认是否将安装的网络打印机设置为默认打印机的对话框。选择"是"，单击"下一步"按钮，弹出"正在完成添加打印机向导"对话框，单击"完成"，将网络打印机添加到本地计算机上，完成网络打印机的安装。

网络打印机添加完成后，就可以像使用本地打印机一样使用网络打印机了。

> 计算机上都要安装打印机驱动程序。
>
> 实际安装打印机时，不同版本的操作系统，打印机的驱动程序也是不一样的。因此，要注意针对不同的系统安装不同的打印机驱动程序。

2. 共享打印机安全设置

共享打印机的安全设置与文件夹共享权限的设置相似，这里只介绍采用"简单文件共享（推荐）"方式下打印机的安全设置，另一种参考文件夹的设置步骤实现。

"简单文件共享（推荐）"方式下打印机属性对话框如图 2-42 所示，选择"安全"选项卡，可给用户设置不同的权限。

（1）基本权限。

基本权限有 3 种：打印、管理打印机、管理文档，根据实际应用需要设置相应的权限。

（2）特别的权限。

① 如果需要设置特别的权限，则单击"高级"按钮，进入该打印机的高级设置对话框，选中"用户"，单击"编辑"按钮（或用"添加"和"删除"按钮对用户权限做更改），如图 2-43 所示。

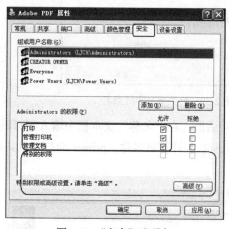

图 2-42 "安全"选项卡

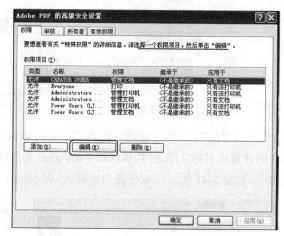

图 2-43 "高级设置"对话框

② 单击"编辑"按钮，进入所选择用户对象的权限选择对话框，如图 2-44 所示，首先单击"全部清除"按钮，然后在权限框中选择。

3. 取消打印机共享

如果打印机不需要共享了，则可以取消其共享。

（1）选择不需要共享的打印机，单击右键选择"共享"项，进入"共享"选项卡。

（2）选择"不共享打印机"单选项，单击"确定"就取消了打印机共享，如图 2-45 所示。

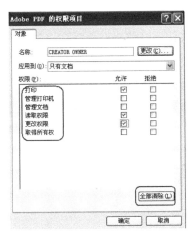

图 2-44 "权限"选择对话框

图 2-45 取消打印机共享

任务 1-6 网络测试

1. 测试两台计算机间能否正常通信

方式一：搜索被测试的计算机。

步骤 1：鼠标右键单击"网上邻居"，选择"搜索计算机"，如图 2-46 所示。

图 2-46 "搜索结果——计算机"界面图

步骤 2：在"计算机名"文本框中输入要查找的计算机名称，单击"搜索"，如能成功搜索到被测试计算机，说明网络连接通畅。

方式二：采用 ping 命令。

步骤 1：选择"开始"→"运行"命令，在"运行"文本框中输入 cmd，如图 2-47 所示，单

击 "确定" 按钮，进入 DOS 提示符窗口。

步骤 2：在命令提示符下，输入 "ping 被测试计算机的 IP 地址或计算机名"。如能 ping 通，如下面例子所示，则表示网络已经连通。一台计算机的 IP 地址为 192.168.1.57，另一台计算机的 IP 地址为 192.168.1.56，在地址为 192.168.1.57 的计算机上 ping 192.168.1.56，命令如下。

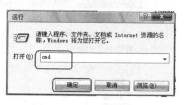

图 2-47 "运行"对话框

C: \ >ping 192.168.1.56

```
Pinging lanzujian.wangluo.com [192.168.1.56] with 32 bytes of data:
Reply from 192.168.1.56: bytes=32 time <10ms TTL=253
Reply from 192.168.1.56: bytes=32 time <10ms TTL=253
Reply from 192.168.1.56: bytes=32 time <10ms TTL=253
Reply from 192.168.1.56: bytes=32 time <10ms TTL=253
Ping statistics for 192.168.1.56:
Packets: Sent = 3, Received = 3, Lost = 0 (0% loss),Approximate round trip times in milli-seconds:
```

Minimum = 0ms, Maximum = 0ms, Average = 0ms

也可以直接在 "运行" 文本框中输入 "ping 被测试计算机的 IP 地址或计算机名"，如果显示的结果为以上信息，表明两台计算机之间是相通的。然后通过共享文件夹中的内容，可发现两台计算机之间能够正常通信。

2. 测试两台计算机能否正常上网

在网络连接好后，分别在两台计算机上打开浏览器，在地址栏中任意输入一个网址，如果能打开相应的网页，则表明都能正常上网。

如果不能正常上网，则可从如下几个方面检查故障。

- 检查物理连接是否正常，如各接口是否接触良好，网线连接是否松动，网口是否结合紧密等。
- 检查 IP 地址设置是否正确，是否在同一网段，如果采用双网卡上网的形式则需查看非直接连接网络计算机的网关是否设置为直连 Internet 计算机的内网卡的地址。
- 检查 DNS 服务器地址是否有误，如果不是非常确定的话就选择自动获取。

3. 测试两台计算机能否正常使用打印机

首先在本地打印机打印资料，看能否正常打印。然后在另一台计算机上实行打印任务，看能否完成打印任务，如果两台计算机都能打印，则说明打印任务设置正确。

任务 2 多机互连网络组建、配置与维护

任务 2-1 多机互连网络组建

1. 组网需求分析

根据李飞家庭的具体情况，前面可以实现两台计算机的上网与共享打印机，但李飞父亲也会

经常在家办公，而且他的是笔记本电脑，移动性比较强。

家庭网络的主要目的是共享账号上网、磁盘共享、打印机共享、文件传输、共同娱乐等。李飞家的网络除了上述要求外，还应该满足笔记本电脑随时随地上网的需求。

2. 组网目标确定

（1）实时文件传输，经常需要使用存放在另一台计算机上的文件。

（2）有线网络与无线网络的连接。

（3）无线网络的安全性设置。

3. 网络结构设计

家庭连接的计算机数目超过 2 台时，任务 1 中所设计的网络结构已经不是很适合，而且，在本任务中还涉及笔记本电脑的连接（随时随地上网需求），因此可选用与任务 1 中方案三相似的设计。拓扑结构如图 2-48 所示。

本结构采用星型拓扑，以路由器（交换机或集线器）为中心节点。在选择路由器或交换机时要考虑连接计算机的数目，而且为了扩展的需求，保证端口数量要有一定富余。另外要考虑房屋装修时是否预留了足够的网线，否则会影响整个房屋的美观，这种情况下可考虑使用无线连接，既不影响家庭装修美观又能实现上网。

图 2-48　网络拓扑结构图

本任务中只有 2 台台式机，1 台笔记本，因此还有 2 个富余的 LAN 口，满足要求。

 现在由于交换机的价格与集线器差不多，因此选用集线器的越来越少。

4. 网络设备选购

（1）根据需求分析和组网目标，在选购设备时选择无线路由器，既保证无线连接，又有 LAN 接口，能连接有线网络。一般无线路由器的 LAN 口为 4 个，如果超过 4 台计算机需要连接，则需另外购买交换机。

（2）每台计算机（有光驱）安装能实现互连的操作系统，如 Windows 2000/XP/ME/2003 等。

（3）每台计算机 1 块网卡，通常为 PCI 总线、RJ-45 接口、10/100 Mbit/s 自适应网卡或集成网卡；笔记本电脑内置或外置无线网卡（一般为内置）。

（4）每台计算机配置 1 根适当长度的 EIA/TIA568A/568B 标准的直通双绞线。

（5）1 台打印机。

（6）1 台调制解调器。

5. 网络硬件连接

参照拓扑结构图将各网络设备连接起来。

任务 2-2　资源共享与文件传输

李飞妈妈的计算机由于时代比较久远，性能不是很好，经常把一些文件和下载的资料放在李飞的新计算机上，天天共享连接很麻烦，如果能像访问自己的驱动器一样的方便就好了。

在任务 1 中介绍了共享文件夹的方式，但如果共享的文件天天更新，需要经常使用的话会有些麻烦，可以将经常使用的文件夹映射为网络驱动器，这样可使文件夹的使用非常方便。

映射网络驱动器是在同一网络中，将别的计算机上设置为共享的硬盘或文件夹，映射为本机上的一块硬盘，如同使用本地硬盘一样。

1. 映射网络驱动器

方式一：

（1）右击"我的电脑"，选择"映射网络驱动器"，打开如图 2-49 所示的对话框。

（2）在"驱动器"下拉列表框中，选择一个本机没有的盘符作为共享文件夹的映射驱动器符号。输入要共享的文件夹名及路径，或者单击"浏览"按钮，在"浏览文件夹"对话框中选择要映射的文件夹。如选择名为"practice"的计算机下的"test"文件夹。

（3）单击"确定"按钮。出现如图 2-50 所示的对话框。

图 2-49 "映射网络驱动器"对话框

图 2-50 网络驱动器选择和文件夹设置

 选择驱动器时应是本计算机上没有的盘符。

如果需要下次登录时自动建立同共享文件夹的连接，则要选择"登录时重新连接"复选框。

（4）单击"完成"按钮，即可完成对共享文件夹到本机的映射。

（5）打开"我的电脑"，发现本机多了一个驱动器符，通过该驱动器符访问该共享文件夹如同访问本机的物理磁盘一样，如图 2-51 所示，"G"驱动器实际上是共享文件夹到本机的一个映射。

方式二：

（1）双机桌面的"网上邻居"，打开"网上邻居"对话框，单击"查看工作组计算机"，找到网络上共享文件夹的计算机，打开该计算机，找到共享文件夹。

（2）鼠标右键单击该共享文件夹，在弹出菜单中，选择"映射网络驱动器"，打开如图 2-50 所示的对话框。

下面的步骤与方式一相同，在此不再赘述。

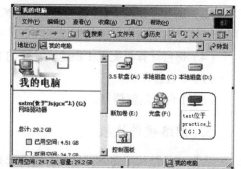

图 2-51 通过映射的驱动器访问共享文件夹

2. 断开网络驱动器

当不再需要使用网络中的共享文件夹的时候，可选择断开网络驱动器。

（1）鼠标右键单击"我的电脑"，选择"断开网络驱动器"，右键单击想要断开的网络驱动器，在弹出的菜单中选择"断开"命令，打开"断开网络驱动器"对话框。

（2）在"请选择您想断开的驱动器"列表中选择要断开映射的驱动器，单击"确定"按钮即可。

任务 2-3　简单无线连接与安全设置

在任务 1 中已经将两台计算机连接组成一个简单网络，可以实现文件传输、打印机共享和上网。现在要将李飞父亲的笔记本连接起来。

方式一：使用 1 根网线将笔记本电脑连接到无线路由器的 LAN 口，IP 地址与台式机的 IP 地址处于同一网段。

方式二：启用笔记本的无线网卡，配置好无线路由器，使用无线连接，这样就保证了笔记本电脑随时随地都能上网的需求。

本任务中采用方式二来配置完成。

1. 连接网络

步骤 1：按拓扑结构图将网络硬件设备连接好。

把调制解调器的一端连接到无线路由器的 WAN 口，另一端连接家里墙上的电信接口，将台式机的网线另一端连接到无线路由器的任一 LAN 口，一般无线路由器都有 4 个 LAN 口。

步骤 2：将调制解调器和无线路由器加电，观察两个设备的指示灯闪烁情况是否正常。

2. 设置 SSID

SSID（Service Set Identifier）用来区分不同的网络，最多可以有 32 个字符。无线网卡设置了不同的 SSID 就可以进入不同网络。SSID 通常由 AP 广播，通过 Windows XP 自带的扫描功能可以查看当前区域内的 SSID。出于安全考虑也可以不广播 SSID，此时用户需要手工设置 SSID 才能进入相应的网络。简单来说，SSID 就是一个局域网的名称，只有设置为相同 SSID 的值的计算机才能互相通信，相当于有线局域网中的 Workgroup，即只有同一个工作组内的计算机才能通信。

　　在客户端（本例的笔记本电脑）中需要将 SSID 设置的与无线路由器中设置的相同。

具体设置步骤如下。

步骤 1：观察设备指示灯。

让设备通电，观察调制解调器和无线路由器两个设备的指示灯闪烁情况是否正常。

　　设备指示灯呈绿色，并处于闪烁状态，说明工作正常。

步骤 2：配置无线路由器。

无线路由器的配置方式有三种，这里采用 Web 方式来配置。

（1）配置台式机的 IP 地址，如图 2-52 所示。

（2）采用 Web 配置方式对无线路由器进行初始化。首先用一条直通电缆把无线路由器的局域网端口与台式机上网卡的局域网端口连接起来。

（3）开启计算机电源和无线路由器电源。

（4）在台式机上启动浏览器，对无线路由器进行配置。

（5）在浏览器地址栏中输入无线路由器的默认 IP 地址 192.168.1.1（不同品牌和型号的 IP 地址可能不一样，这可从说明书中获得。本例无线路由器的管理地址为 192.168.1.1），如图 2-53 所示。

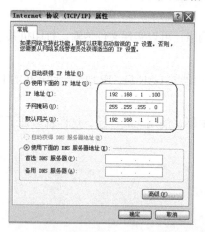

图 2-52　"Internet 协议（TCP/IP）属性"对话框

图 2-53　输入无线路由器管理地址

（6）进入如图 2-54 所示的页面后，要求输入用户名和密码（默认情况下，用户名和密码都是 admin），单击"确定"按钮，进入无线路由器的配置界面。

　　　　　默认情况下，路由器的管理地址为 192.168.1.1,用户名和密码都是 admin。

（7）进入配置页面后，可以采用两种方式进行配置。一种是运行配置向导（见图 2-55），按照向导逐步配置；另一种是采用菜单配置方式，打开界面上的每个菜单进行配置。在配置页面中可对密码、用户名、模式、信道、安全、SSID 等方面进行配置。

图 2-54　无线路由器管理界面

图 2-55　无线路由器的设置向导界面

（8）单击左边窗格中的"设置向导"，如图 2-56 所示。

（9）单击"下一步"按钮，在设置向导对话框中选择合适的单选项，如图 2-57 所示。

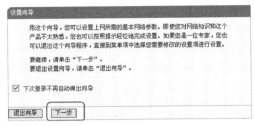

图 2-56　"设置向导"对话框

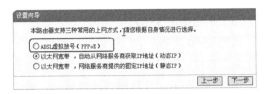

图 2-57　上网方式选择框图

（10）单击"下一步"按钮，输入在电信申请宽带时获得的用户名和密码，如图 2-58 所示。

（11）单击"下一步"按钮，设置无线路由器基本参数，如图 2-59 所示。

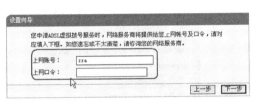

图 2-58　上网账号和密码设置界面图

图 2-59　"无线设置"对话框

（1）图 2-59 所示的频段即信道，无线 AP 默认有 6 个信道，通常采用第 6 信道（默认方式）。但要注意同一无线网络中的 AP 不能设置相同的信道。如果同一无线网络中有几个 AP 的情况，一般采用 1、6、11 或者 2、7、12 或者 3、8、13 这样的组合，目的是避免各 AP 发出的信号出现干扰和冲突。本例配置中无线路由器等同于无线 AP，且该网络中只有一个无线 AP。

（2）无线 AP 的信道、SSID 设置与无线网卡中的参数要保持一致。

（3）同一生产商推出的无线路由器或 AP 都使用了相同的 SSID，一旦那些企图非法连接的攻击者利用通用的初始化字符串来连接无线网络，就极易建立起一条非法的连接，从而给无线网络带来威胁。因此，建议最好能够将 SSID 命名为一些较有个性的名字，当然也可不指定，采用默认的 SSID。

步骤 3：验证网络连接状态，如图 2-60 所示，表示无线路由器设置成功，能正常工作。

3．禁用 SSID

无线路由器一般都会提供"允许 SSID 广播"功能。如果你不想让自己的无线网络被别人通过

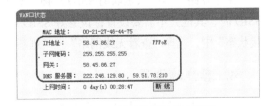

图 2-60　无线路由器设置参数图

SSID 名称搜索到，那么最好禁止 SSID 广播，此时你的无线网络仍然可以使用，只是不会出现在其他人所搜索到的可用网络列表中。

通过禁止 SSID 广播设置后，无线网络的效率会受到一定的影响，但可以提高安全性。由于没有进行 SSID 广播，该无线网络被无线网卡忽略了，尤其是在使用 Windows XP 管理无线网络时，该网络可以不被明显发现。

（1）取消 SSID 广播。

与 SSID 设置项目相同，首先进入路由器设置，选择无线参数，打开如图 2-61 所示的"无线网络基本设置"对话框。其他设置保持不变，将"允许 SSID 广播"复选框中的勾去掉（默认情况下两个复选框都会选中）。

（2）手动指定 SSID。

取消 SSID 广播后，尽管能够防范别人检测到无线网络，但也会使自己无法检测和管理网络，因此需要在自己机器的无线网络配置中手动指定 SSID，本例以笔记本电脑的配置为例说明。

步骤 1：打开"无线网络连接属性"对话框。选择"控制面板"→"网络连接"→鼠标单击"无线网络连接"，鼠标右键单击"属性"，打开如图 2-62 所示的"无线网络连接属性"对话框。

图 2-61 "无线网络基本设置"对话框

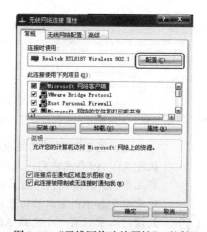

图 2-62 "无线网络连接属性"对话框

步骤 2：设置 SSID。单击"配置"按钮，选择"高级"选项卡，打开如图 2-63 所示的网卡"配置高级选项"对话框，在"属性"框中选择 SSID 项，在右边"值"的下拉框中选择与路由器一样的 SSID，单击"确定"按钮即可。

由于在路由器中只是取消 SSID 广播，其他数据加密并没有设置，因此在无线网络属性中设置SSID 时，其他并不需要设置，设置好 SSID 即可。设置完成后，在如图 2-64 所示的"无线网络连接状态"中，选择"查看无线网络"→"刷新网络"列表，选择搜索到的无线网络，进行连接即可。

4. 客户端设置

（1）检查无线网卡是否安装正确。

单击"我的电脑"→"属性"→"硬件"→"设备管理器"，显示如图 2-65 所示则表明安装成功。

（2）查看网卡属性。

选中无线网卡，单击鼠标右键，单击"属性"，打开"属性"对话框，如图 2-66 所示。

（3）无线网卡属性配置。

Channel：数字 1～6 可供选择，一般设置为 6，与无线路由器中设置的应相同。

网络模式（Network Type）：是组建对等（Ad-Hoc）网络还是集中型（Infrastructure）网络。

在本例中选择 Infrastructure 模式。

图 2-63 网卡"配置高级选项"对话框

图 2-64 "无线网络连接状态"对话框

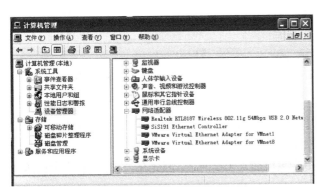

图 2-65 无线网卡成功安装界面图

图 2-66 无线网卡属性对话框

TxRate：当前用于数据发送的速率模式是 11 Mbit/s 还是 5.5 Mbit/s。互连的无线设备设置应相同。

SSID：互连的无线设备设置应相同。

加密方式：WEP 加密。互连的无线设备设置应相同。

验证模式：开放式/共享式/Auto。

 互连的无线设备的各参数设置应相同。

5. 安全设置

WEP（Wired Equivalent Privacy，有线对等保密）协议用来设置专门的安全机制，进行业务流的加密和节点的认证。它主要用于无线局域网中链路层信息数据的保密。

（1）无线路由器安全设置。

进入路由器设置界面，选择无线参数"开启安全设置"（见图 2-67）。

① "安全类型"选择"WEP"。

② "安全选项"选择"共享密钥"。安全选项参数共有三个，分别是自动选择、开放系统、共享密钥，参数可根据需要自行选择。

自动选择——根据主机请求自动选择使用开放系统或共享密钥方式，由路由器自动为无线客户端分配密钥。出于安全考虑，不宜选择该参数，特别是在企业网络中。

开放系统——是指用户端无须输入密钥，直接与无线网络连接的方式。这种方式存在较大的安全隐患，在企业网络中通常不采用。

共享密钥——需要用户端在进行无线连接时输入接入点预设的密钥，只有正确输入密钥的用户才能与无线接入点连接，确保用户的合法性。

③ 密钥格式选择。密钥格式有"16 进制"和"ASCII 码"两种，本例设置为 ASCII 码，然后在"密钥类型"中取消"禁用"，选择需要的位数。密钥内容中按需要输入密码等设置（密钥位数如果为 64 位，ASCII 码密钥格式设置的密钥需要 5 个 ASCII 码字符；如果为 128 位，则需要输入 10 个 ASCII 码字符；如果是 16 进制密钥格式，则 64 位密钥类型需要输入 13 个 16 进制字符，如果为 128 位则需要输入 26 个 16 进制字符），然后单击"保存"按钮即可，确定后路由器会提示重启，只有重启后设置才可起作用。

图 2-67　安全设置图

④ MAC 地址过滤。

步骤 1：无线网络 MAC 地址过滤功能默认情况是关闭的，需要先单击"启用过滤"按钮将该功能启用，如图 2-68 所示选中"开启 MAC 地址过滤"复选框。

步骤 2：一般都是允许自己的几台客户端主机加入无线网络，因此在"过滤规则"中选择"仅允许"，如图 2-68 所示。

步骤 3：单击下方的"添加新条目"按钮，弹出"MAC 地址过滤"对话框，如图 2-69 所示。在该界面中填写刚才记录的 MAC 地址，为了识记方便填上描述信息。在"状态"栏中选择"生效"，单击"保存"按钮。

图 2-68　"开启 MAC 地址过滤"对话框

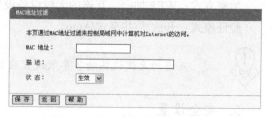

图 2-69　"MAC 地址过滤"对话框

设置完成后，只有在表中的 MAC 地址无线网卡才能接入本 WLAN 中，保证了无线网络的安全。

"ASCII 码"格式就是密钥采用通常所用的字符串。

"16 进制"是由 0～9 之间的数字和 a～f 之间的字符组成，不能采用其他字符。密钥的位数由"密钥类型"确定。各种无线设备所支持的 WEP 密钥类型不一样，有 64 位、128 位、152 位的。密钥位数越多，破解的难度越大，但同时也会增加系统资源的消耗。

⑤ IP 地址过滤设置。

该设置可以通过在过滤规则中设置对应的 IP 地址，从而达到只有你所设置的 IP 地址能使用你的无线连接访问互联网，没有在过滤规则中设置的 IP 地址则不能使用无线网络，从而保证网络安全，同时也避免了不知道账号的用户来使用该网络。

步骤 1：在无线路由器配置界面左边窗格中，单击"安全设置"左侧的"+"，展开相应菜单，单击"防火墙设置"选项，在右侧窗格中打开如图 2-70 所示的对话框。选中"开启 IP 地址过滤"复选框，选中下面的"缺省过滤规则"相应的单选项。

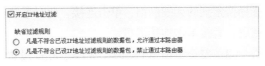

图 2-70　"IP 地址过滤"功能开启对话框

步骤 2：在无线路由器配置左边窗格中，单击"安全设置"左侧的"+"，展开相应菜单，单击"IP 地址过滤"选项，在右侧窗格中打开如图 2-71 所示的对话框。

步骤 3：单击"添加新条目"按钮，打开"IP 地址过滤"对话框来增加新的过滤规则，在如图 2-72 所示的相应文本框中填入允许通过的 IP 地址。

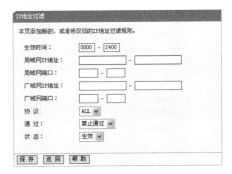

图 2-71　"IP 地址过滤"对话框　　　　　图 2-72　添加"IP 地址过滤"规则

⑥ IP 地址与 MAC 地址绑定。

影响网络安全的因素很多，IP 地址盗用或地址欺骗就是其中一个常见且危害极大的因素。现实中，许多网络应用是基于 IP 的，比如流量统计、账号控制等都将 IP 地址作为标志用户的一个重要的参数。如果有人盗用了合法地址并伪装成合法用户，网络上传输的数据就可能被破坏、窃听，甚至盗用，造成无法弥补的损失。绑定 MAC 地址与 IP 地址就是防止内部 IP 盗用的一个常用的、简单的、有效的措施。

实例：假设 IP 地址是 192.168.56.72，MAC 地址是 00-10-5C-AD-72-E3，怎样实现 IP 地址与 MAC 地址绑定？

单击"开始"—"运行"，打开运行文本框，在该文本框中输入"cmd"，单击"确定"按钮，进入"MS-DOS 方式"或"命令提示符"，在命令提示符下输入命令：ARP -s 192.168.56.72 00-10-5C-AD-72-E3，即可把 MAC 地址和 IP 地址捆绑在一起。这样，就不会出现 IP 地址被盗用而不能正常使用网络的情况。

　　ARP 命令仅对局域网的上网代理服务器有用，而且是针对静态 IP 地址，如果采用 Modem 拨号上网或是动态 IP 地址就不起作用。

（2）无线局域网客户端安全设置。

设置好路由器后，在需要设置的计算机上，选择"控制面板"→"网络连接"，鼠标单击"无线网络连接"，单击鼠标右键选择"属性"，打开"无线网络连接 属性"对话框，选择"无线网络配置"。进入界面后，如果此时在首选网络中已经检测到可用无线网络，只要单击检测到的无线网络名，单击下面的"属性"即可进入设置。如果设置了取消 SSID 广播，且没有检测到可用无线网络，则选择"添加"。进入设置界面，按图 2-73 所示设置好，单击"确定"按钮即可完成设置。

设置完成后，在"无线网络连接状态"对话框中，选择"查看无线网络"→"刷新网络列表"，选择搜索到的无线网络，单击连接，此时系统会提示密钥确认，如图 2-74 所示，由于已经设置好密码，直接单击连接即可。

（3）安全类型 WPA-PSK/WPA2-PSK 设置。

由于 WEP 的局限性及加密的可循环性，因此，破解的可能性比较大，所以不适合用于安全等级高的无线网络中。为了保证无线数据的安全性，最好使用 WPA-PSK/WPA2-PSK 基于共享密钥的 WPA 模式。WPA 是一种基于标准的可互操作的 WLAN 安全性增强解决方案，可大大增强现有以及未来无线局域网系统的数据保护和访问控制水平。WPA 源于正在制定中的 IEEE802.11i 标准，并将与之保持前向兼容。部署适当的话，WPA 可保证 WLAN 用户的数据安全性，并且只有授权的网络用户才可以访问 WLAN 网络。

图 2-73　无线网络的密钥设置

图 2-74　输入网络密钥

进入路由器设置界面，选择无线参数，开启安全设置。在"安全类型"中选择"WPA-PSK/WPA2-PSK"（见图 2-75），"安全选项"中选择"WPA-PSK"，"加密方法"选择"AES"，然后按要求输入正确的密码，设置完成后单击"保存"按钮。

确定后路由器会提示重启，只有重启后设置才可起作用。

设置好路由器后，在需要设置的计算机上，选择"控制面板"→"网络连接"，鼠标单击"无线网络连接"，单击鼠标右键选择"属性"，进入"无线网络连接属性"对话框。选择"无线网络配置"，进入界面后，如果此时在首选网络中已经检测到可用无线网络，只要单击检测到的无线网络名，单击下面的属性即可进入设置。如果设置取消 SSID 广播，且没有检测到可用无线网络，则选择"添加"。进入设置界面按如图 2-76 所示设置好，单击"确定"即可完成设置。

无线网络的安全设置其实很简单，而且路由器在 Web 设置中都有提示，只要按正确的提示进行操作即可。另外需要注意，在使用无线网络设置路由器时，如果无线安全设置出错或计算机无线网卡网络设置不正确，将无法使用无线网络连接路由器，此时只有连接有线网络来重新设置了。

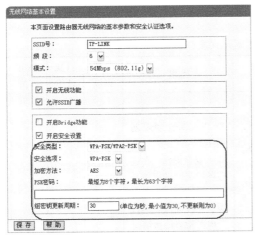

图 2-75　安全类型"WPA-PSK/WPA2-PSK"的设置

图 2-76　无线网络的密钥设置

任务 2-4　网络测试

1. 测试多台计算机能否正常上网

在各台计算机上进行上网操作（在浏览器的地址栏中输入网址，看能否正常显示所需网页），如果能够正常上网则表明该网络实现了共享上网。

2. 测试多台计算机能否正常共享资源

将存放需共享文件的文件夹共享，然后进行映射驱动器操作，检查能否使用映射的驱动器进行文件上传和下载。

3. 测试多台计算机连接网络的安全性能

（1）检查每台计算机针对不同的共享文件夹是否存在不同的权限。
（2）检查每台计算机是否有安全防护软件和设置了相应的安全策略。
（3）检查无线上网的计算机是否采用了加密、MAC 地址过滤等安全措施。

【实施评价】

在家庭局域网网络中，通常都会有 2～3 台甚至更多台计算机，但一般都不会超过 10 台。其目标一般都是希望能快速实现文件传输和共享、打印机共享、共享账号上网等以节省家庭开支，同时又能满足应用需求。另外，笔记本的应用给网络提出了新的需求，除了有线网络的连接外，家庭局域网应该还要考虑无线网络的连接及无线网络安全。

本项目针对不同的规模，从两台计算机互连、三台计算机互连、无线连接进行了组建、配置与维护等方面的介绍与分析，重点在于训练家庭局域网中各台计算机之间实现硬件、软件资源共享、保证网络安全等方面的操作技能，并养成节约成本、安全操作等良好的职业态度。

在单台计算机的配置的基础上，全面考虑应用需求来组建、配置和维护网络。在完成任务后，回顾任务的实施过程，将任务的完成情况认真总结（见表 2-4），一方面巩固操作技能，另一方面改善实施方案。

表 2-4　　　　　　　　　　　　任务实施情况小结

序号	知识	技能	态度	重要程度	自我评价	小组评价	老师评价
1	• 操作系统安装方式 • 常用网络软件的种类 • 文件夹共享的作用 • 本地打印机与网络打印机的区别与联系 • 文件夹权限及其含义	○　正确了解网络组建需求，确定组网目标，选择合适的网络设备，设计合理的拓扑结构图，根据拓扑结构图正确连接网络 ○　检查网络软件的安装情况，如没有安装则正确安装所需的网络软件 ○　熟练设置 Internet 共享 ○　熟练设置文件夹共享及其权限 ○　熟练设置打印机共享并能正常共享打印机实施打印任务	◎　认真合理规划网络 ◎　安全操作，在连接各网络硬件设备时先应关闭所有设备电源，连接完成后再打开电源检查连接情况 ◎　根据实际情况分析处理，熟练完成安全设置并保证正确	★★ ★★ ★			
2	• 对等网络的概念 • 无线网络安全连接机制及其相应标准 • 无线网络中常用的无线设备 • 映射网络驱动器的作用和含义	○　在规定时间内正确完成多机互连网络组建、配置，并设置了相应的安全机制 ○　映射网络驱动器，并能实现共享文件上传和下载 ○　能将笔记本使用无线和有线两种方式连入网络，并实现安全上网	◎　有很强的纪律性，在规定时间内完成规定的任务 ◎　组建网络规范，布线规则、美观 ☆　能积极思考问题，并不断解决问题	★★ ★★ ☆			
任务实施过程中已经解决的问题及其解决方法与过程							
问题描述		解决方法与过程					
任务实施过程中存在的主要问题							

说明：自我评价、小组评价与教师评价的等级分为 A、B、C、D、E 五等，其中：知识与技能掌握 90%及以上，学习积极上进、自觉性强、遵守操作规范、有时间观念、产品美观并完全合乎要求为 A 等；知识与技能掌握了 80%～90%，学习积极上进、自觉性强、遵守操作规范、有时间观念，但产品外观有瑕疵为 B 等；知识与技能掌握 70%～80%，学习积极上进、在教师督促下能自觉完成、遵守操作规范、有时间观念，但产品外观有瑕疵，没有质量问题为 C 等；知识与技能基本掌握 60%～70%，学习主动性不高、需要教师反复督促才能完成、操作过程与规范有不符的地方，但没有造成严重后果的为 D 等；掌握内容不够 60%，学习不认真，不遵守纪律和操作规范，产品存在关键性的问题或缺陷为 E 等。

【知识链接】

【知识链接 1】操作系统安装方式

1. 通过光盘启动计算机全新安装操作系统

（1）检查计算机是否有光驱，光驱是否能正常工作。

（2）将光盘启动方式设置为计算机默认启动方式。

（3）启动计算机，将安装光盘放入计算机光驱中，然后根据计算机的屏幕信息进行相应操作。

2. 在 MS-DOS 方式下安装操作系统

（1）将安装盘放入光驱中。

（2）在命令提示符下键入光盘驱动器的驱动器号，如"I:"。

（3）在 I:\>提示符下键入"CD\I386"，然后单击回车键。

（4）在 I:\I386>提示符下键入"WINNT"，然后单击回车键，然后根据计算机的屏幕信息进行相应操作。

【知识链接 2】网络软件

将计算机硬件部分连接好后，需要安装和配置网络软件，否则计算机间不能进行通信。在 Windows 中，有 4 种启用网络时必须添加到计算机上的不同的网络软件，包括网络适配器、网络客户、协议和服务。

（1）网络适配器。

在安装好网络适配器硬件后，需要安装相应的驱动程序，这在项目 1 中已经介绍，在此不再赘述。

Windows 系统自带有用于网卡的多个软件驱动程序，并列出厂家和网卡的名字。用户可以通过购买网卡时附的软盘或光盘安装，也可以从 Internet 上下载相应的驱动程序，如 www.mydrivers.com。

（2）网络客户。

网络客户是使计算机成为网络中一员的软件，各种类型的网络都有自己专用的客户，如 Windows 的为 Microsoft 客户。

（3）协议。

协议是定义传输和接收数据过程的语言。不同的协议工作在不同的层上。用户必须配置的网络协议是传输协议，它把信息和数据从一台计算机发送到另一台计算机。传输协议包括有：TCP/IP（传输控制协议/网际协议）、IPX/SPX（Internet 数据包交换/顺序数据包交换）、NetBIOS（网络输入输出系统）、NetBEUI（扩展用户接口）。

TCP/IP 是 Internet 最重要的通信协议，它提供了远程登录、文件传输、电子邮件和 WWW 等网络服务。

　　　在网上，一般情况使用一个协议就可以了。但如果一台计算机既要上网，又要玩局域网游戏，就必须同时安装 TCP/IP 与 IPX/SPX 两种通信协议。

　　　NetBEUI、IPX/SPX、TCP/IP 是三种常用的通信协议，NetBEUI 是 Windows 系统默认的协议，一般都要安装，如果在局域网中计算机只安装有 TCP/IP 是不能相互访问的，必须安装 NetBEUI 协议才能互访。

　　　在同一局域网中，每台计算机上的通信协议必须相同。

（4）服务。

Windows 提供的服务用于文件和打印机共享，用户可以选中和网上其他人共享自己的文件和打印机。

【知识链接 3】共享打印与网络打印的区别

共享打印机是在一个局域网内有一台打印机，大家都可以使用，但是如果共享打印机的这台计算机没有开机，大家就都无法使用这台打印机了。

网络打印机是基于 Internet 的网络打印，自己有 IP 地址，相当于一台计算机，不再是一个外设，而是作为网络上的一个节点存在，是一种高端的网络打印，网络打印机通过 EIO 插槽直接连接网络适配卡，能够以网络的速度实现高速打印输出。只要网打开着大家就可以使用它，相对来说，还是网络打印机方便一点。

网络打印中，管理软件与打印服务器并列为其两个核心部件。用户可以远程浏览到打印机各种信息，打印机设置，硒鼓使用情况，各个纸盒纸张状况等，网络打印标准也体现了其极高的可靠性，很少产生故障，即使发生故障也极易排除，这一切都是共享打印所不具备的。

网络打印与共享打印最大的不同是它具有管理性、易用性和高可靠性，其中最核心的是可管理性。

【知识链接4】在文件夹共享过程中，要注意什么问题

1. 在文件夹共享过程中，要注意什么问题

通过给任何文件夹赋予共享文件夹权限，可以限制或允许通过网络访问这些文件夹。通过项目的属性菜单设置共享，默认情况下，在 Windows 2000 中新增一个共享目录时，操作系统会自动将 EveryOne 这个用户组添加到权限模块当中，由于这个组的默认权限是完全控制，结果使得任何人都可以对共享目录进行读写。因此，在新建共享目录之后，要立刻删除 EveryOne 组或者将该组的权限调整为读取。

2. 怎样加强共享文件夹的安全性

文件夹共享后，其安全性将受到影响，最好将共享的文件进行加密，或采取其他安全策略。

【知识链接5】Windows XP 下文件夹的共享设置

在 Windows 2000 下文件夹的共享设置非常方便，用鼠标右键单击需共享的文件夹，选择"属性"，然后切换到"共享"选项卡即可进行设置。

而在 Windows XP 下文件夹共享的设置就没有这么简单，当你选择 NTFS 格式化的磁盘下安装了 Windows XP 系统，则在设置文件夹共享时会出现如图 2-77 所示的"属性"对话框，不能设置共享。那怎么办？是不是 Windows XP 的 NTFS 格式不能设置文件夹共享呢？

都不是，问题是设置上勾选了一个选项。可以按以下操作解决。

（1）进入"资源管理器"，单击"工具"菜单，选择"文件夹选项"（见图 2-78），进入"文件夹选项"对话框（见图 2-79）。

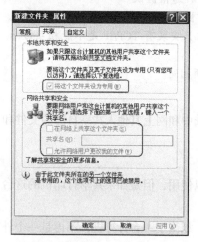

图 2-77 "共享"设置对话框

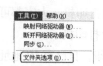

图 2-78 文件夹选项

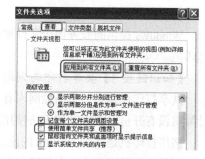

图 2-79 "文件夹选项"对话框

（2）单击"查看"选项卡，在"高级设置"项里，勾选中"使用简单文件共享（推荐）",然后在"文件夹视图"中单击"应用到所有文件夹"按钮，进入"文件夹视图"对话框（见图 2-80),单击"是",然后单击"确定"。

 在"文件夹视图"对话框中单击"是",则系统中所有磁盘分区中的文件都采用当前选用的"简单文件共享"方式，单击"否",只有当前所选文件夹采用"简单文件共享"方式。

（3）选中需设置共享的文件夹，单击鼠标右键选择"共享与安全",进入如图 2-81 所示的对话框。

图 2-80 文件夹视图　　　　图 2-81 勾选"使用简单文件共享（推荐）"复选框后的"共享"选项卡

单击后，进入"启用文件共享"对话框（见图 2-82),有两个单选项，"用向导启用文件共享（推荐）"表明需要使用网络安装向导实现文件共享，速度比较慢，但比较安全。

选中"只启用文件共享",单击"确定"按钮。在"网络共享和安全"项中选择"在网络上共享文件夹"复选框，然后在对应文本框中输入共享的名称。

 这样设置完后，所有共享用户的共享权限为"只读",如果需要修改该文件夹的权限，则需要选择"允许网络用户更改我的文件"复选框。

（4）如果没有勾选"简单文件共享"复选框，同时单击"应用到所有文件夹"按钮，在"文件夹视图"对话框中单击"是",然后再选中需设置共享的文件夹，单击鼠标右键选择"共享与安全",则出现如图 2-83 所示的对话框。

图 2-82 "启用文件共享"对话框　　图 2-83 没勾选"使用简单文件共享（推荐）"复选框后新建文件夹的"共享"设置

在文件夹的共享设置中，有个"缓存"按钮，该项主要可以实现脱机访问。具体操作如下。

单击"缓存"按钮，打开"缓存设置"对话框，如图 2-84 所示。

在"设置"内容中共享文件夹有 3 种可以选择的缓存选项，即手动缓存文档、自动缓存文档、自动缓存程序和文档。各项的具体含义如下。

- "手动缓存文档"：系统只允许访问使用共享文件夹的用户专门（或手动）标识的文件，该选项适合多人访问和修改的情况，这也是默认的设置。
- "自动缓存文档"：从共享文件夹中打开的每个文件均可以脱机使用，不过，该设置并不允许共享文件夹中每个文件均可以脱机使用，而只限于打开的文件，没有打开的文件将不能脱机使用。
- "自动缓存程序和文档"：将提供对包含了那些不能更改的文件的共享文件的脱机访问，该选项适合于使文件可以脱机读取、引用、运行，但在此期间不能进行更改操作。

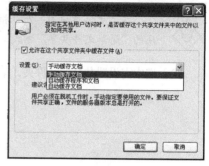

图 2-84 "缓存设置"对话框

【知识链接 6】对等网

1. 对等网的概念

对等网的概念可以从网络中每台计算机之间的关系、资源分布、作业的集中程度这三个方面进行了解。

（1）从网络中计算机的从属关系来看。

对等网中每台计算机都是平等的，没有主从之分。也就是说每台计算机在网络中即是客户机也是服务器。而其他不同类型的局域网中，一般都有一台或者几台计算机作为服务器，其他计算机作为客户机，客户机则是以服务器为中心建立的。

（2）从资源分布情况来看。

对等网中的资源分布是在每一台计算机上的。其他类型的网络中，资源一般分布在服务器上，客户机主要是使用资源而不是提供资源。

（3）从作业的集中角度来看。

对等网中的每一台计算机都是客户机，所以它要完成自身的作业，同时由于它们又都是服务器，就都要满足其他计算机的作业要求。从整体角度来看，对等网中作业也是平均分布的，没有一个作业相对集中的节点。

其他类型网络中，作为中心和资源集中节点的服务器要承担所有其他客户机的作业要求，而客户机不提供资源，相对来说，服务器的作业集中程度远大于客户机

综上所述：对等网就是每一台网络计算机与其他联网的计算机之间的关系对等，没有层次的划分，资源和作业都相对平均分布的局域网类型。

2. 对等网的优点

（1）对等网容易建立和维护。
（2）对等网建立和维护的成本比较低。
（3）对等网可以实现多种服务应用。

3. 对等网的缺点

（1）对等网的管理性差。
（2）对等网络中资源查找困难。
（3）对等网中同步使用的计算机性能下降。

4. 对等网的使用范围

对等网主要用于建立小型网络以及在大型网络中作为一个小的子网络，用在有限信息技术预算和有限信息共享需求的地方，例如：学生宿舍内、住宅区、邻居之间等地方。这些地方建立网络的主要目的是用于实现简单的网络资源共享和信息传输以及联网娱乐等。

5. 什么样的条件下适合组建对等网

并不是任何条件都适合于组建对等网，其组建条件如下。

（1）用户数不超过 10 个。

（2）所有用户在地理位置上都相距较近，之前他们各自管理自己的资源，而这些资源可以共享，或至少部分可以共享。

（3）将进入对等网的用户均有共享资源（如文件、打印机、光驱等）的要求。

（4）用户们的数据安全性要求不高。

（5）使用方便性的需求优先于自定义需求。

【知识链接 7】无线安全机制

采用物理地址过滤的方法保证只允许与会人员的笔记本电脑访问网络，共享网络上的资源。这种方式保证了会议的信息不会被其余的无线用户获取，不会出现信息的泄露。除了这种方法外还有什么方法能保证信息安全，保证无线网络的安全性呢？

目前无线局域网络产品主要采用的是 IEEE 802.11b 国际标准，大多应用 DSSS 通信技术进行数据传输，该技术能有效防止数据在无线传输过程中发生丢失、干扰、信息阻塞及破坏等问题。802.11b 标准的基本安全机制包括服务集标识符（SSID）、物理地址（MAC）地址过滤和有效对等保密（WEP）机制。

目前已广泛应用于局域网络及远程接入等领域的 VPN（Virtual Private Network）安全技术也可用于无线局域网。与 IEEE 802.11b 标准所采用的安全技术不同，VPN 主要采用 DES、3DES 等技术来保障数据传输的安全。对于安全性要求更高的用户，Intel 建议用户建网时，将现有的 VPN 安全技术与 IEEE 802.11b 安全技术结合起来，这是目前较为理想的无线局域网络的安全解决方案。

因此，除了用 MAC 地址过滤外，还可以采用 WEP、SSID 及 VPN 来保证无线局域网的安全。其余的安全技术请参见表 2-5。

表 2-5　　　　　　　　　　　　　无线局域网必要的安全机制

安 全 技 术	说　　　明
认证	提供关于用户身份的保证，目前无线局域网中采用的认证方式主要有 PPPoE 认证、Web 认证和 802.1X 认证
访问控制	其目标是防止任何资源（如计算资源、通信资源或信息资源）被非授权访问（包括未经授权的使用、泄露、修改、销毁以及发布指令等）
加密	保护信息不泄露或不暴露给那些未授权掌握这一信息的实体。加密可细分为两种类型：数据保密业务和业务流保密业务
数据完整性	使接收方能够准确地判断所接收到的消息有没有在传输过程中遭到插入、篡改、重排序等形式的破坏。完善的数据完整性业务不仅能发现完整性是否遭到破坏，还能采取某种措施将其恢复
不可否认性	防止发送方或接收方抵赖所传输的消息的一种安全服务。也就是说，当接收方接收到一条消息后，能够提供足够的证据向第三方证明这条消息的确来自某个发送方，而使得发送方抵赖发送过这条消息的图谋失败。同理，当发送一条消息时，发送方也有足够的证据证明某个接收方的确已经收到这条消息

【知识链接 8】无线网卡

1. 无线网卡的作用

无线网卡的作用类似于以太网中的网卡，作为无线网络的接口，实现与无线网络的连接。

2. 无线网卡的类型

无线网卡根据接口类型的不同，主要分为三种：PCMCIA 无线网卡、PCI 无线网卡和 USB 无线网卡。

笔记本电脑可使用的无线网卡类型如表 2-6 所示。

表 2-6　　　　　　　　　　无线网卡类型表

类　　型	产 品 说 明	图　　示
MiniPCI 无线网卡（内置）	MiniPCI 接口是在台式机 PCI 接口基础上扩展出的适用于笔记本电脑的接口标准。而 MiniPCI 无线网卡本身并不集成天线，靠预置在笔记本电脑机身中的天线来获取信号，所以笔记本电脑上只要有 MiniPCI 插槽和预置天线或预置天线的位置就可升级无线网卡。主流的 Intel PRO/Wireless 2100 Network Connection、Intel 2200BG 11M/54M 双频无线网卡、Intel PRO/Wireless 2915ABG 三频无线网卡等迅驰笔记本内置的无线网卡都是 MiniPCI 接口的产品	
PCI-Express 无线网卡（内置）	基于 PCI-Express x1 接口的 Wi-Fi 无线网卡最大的好处是可以为笔记本电脑节约空间，其尺寸只有微型 PCI 卡（Mini PCI）的一半大小，符合笔记本电脑机体尺寸向更便携的方向发展的趋势	
PCMCIA 无线网卡（外置）	PCMCIA 是一个使用在笔记本电脑上信用卡状的通用转接卡的型式。PCMCIA 定义了三种不同类型的卡，它们的长宽都是 85.6*54mm，只是在厚度方面有所不同。三种类型分别为：Type I，厚 3.3mm，主要用于 RAM 和 ROM；Type II 将厚度增至 5.5mm，适用于大多数的 Modem 和 FaxModem，LAN 适配器和其他电气设备；Type III 则厚度增大到 10.5mm，主要用于旋转式的存储设备（例如硬盘）	
USB（Universal Serial Bus）无线网卡（外置）	USB 的中文含义是"通用串行总线"。主流的 USB 2.0 将设备之间的数据传输速度增加到了 480 Mbit/s，比 USB 1.1 标准快 40 倍左右，完全能满足目前无线网络的需求。目前采用 USB 接口的无线网卡设备也完全具备 USB 的主要特点：可以热插拔；体积小巧，携带方便；标准统一，目前几乎找不出不具备 USB 接口的计算机，USB 接口的无线网卡设备的通用性很强	

3. 无线网卡的应用

若有 2 台计算机，可以选购两块 802.11b 协议的无线网卡直接相互连接，通过 Ad-Hoc 模式进行连接，具有加密功能，防止别人盗用无线网络，比有线网络要方便许多。若有 3 台或者更多的计算机，则可以配合无线 AP 组成无线局域网。

4. 无线网卡的选择

在给笔记本电脑选择无线网卡时，首先要考虑是用内置网卡还是外置网卡。内置网卡不占用额外空间，与笔记本电脑紧密结合在一起，做到了随身移动随时使用。而 PCMCIA 是笔记本电脑的传统接口，在与笔记本电脑配合使用上的性能、功耗和兼容性也很不错。USB 接口无线网卡具备即插即用、安装方便、高速传输等特点，但不适宜经常移动。

然后要考虑无线网卡的性能，在性能接近或相同的情况下，再考虑需要投入的成本，即无线网卡的价格，在性能接近的情况下价格越低越好。

【知识链接 9】IP 地址与 MAC 地址绑定的原理与缺陷

1．IP 地址与 MAC 地址绑定的原理

IP 地址的修改非常容易，而 MAC 地址存储在网卡的 EEPROM 中，而且网卡的 MAC 地址是唯一确定的。因此，为了防止内部人员进行非法 IP 盗用（例如盗用权限更高人员的 IP 地址，以获得权限外的信息），可以将内部网络的 IP 地址与 MAC 地址绑定，盗用者即使修改了 IP 地址，也因 MAC 地址不匹配而盗用失败。而且由于网卡 MAC 地址的唯一确定性，可以根据 MAC 地址查出使用该 MAC 地址的网卡，进而查出非法盗用者。

2．IP 地址与 MAC 地址绑定的缺陷

从表面上看来，绑定 MAC 地址和 IP 地址可以防止内部 IP 地址被盗用，但实际上由于各层协议以及网卡驱动等实现技术，MAC 地址与 IP 地址的绑定存在很大的缺陷，并不能真正防止内部 IP 地址被盗用。

（1）网卡驱动程序支持 MAC 地址的修改。

试验需要修改主机 1 中网卡的 MAC 和 IP 地址为被盗用设备的 MAC 和 IP 地址。首先，在控制面板中选择"网络和拨号连接"，选中对应的网卡并单击鼠标右键，选择"属性"，在属性的"常规"项中单击"配置"按钮，如图 2-85 所示。

在配置属性页中选择"高级"选项卡，再在"属性"栏中选择"Network Address"，在"值"栏中选中输入框，然后在输入框中输入被盗用设备的 MAC 地址，MAC 地址就修改成功了，如图 2-86 所示。

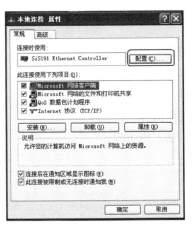

图 2-85　"本地连接 属性"对话框

图 2-86　网卡属性的"高级"选项卡

网卡驱动程序支持 MAC 地址的修改，首先是因为网卡的混杂接收模式，该模式下不管目的地址是否为 MAC 地址，网卡可以接收网络上传输的所有报文；另一方面是网卡驱动程序发送 Ethernet 报文的实现机制：Ethernet 报文中的源 MAC 地址是驱动程序负责填写的，但驱动程序并不从网卡的 EEPROM 中读取 MAC 地址，而是在内存中建立一个 MAC 地址缓存区。网卡初始化

的时候将 EEPROM 中的内容读入到该缓存区。如果将该缓存区中的内容修改为用户设置的 MAC 地址，以后发出去的 Ethernet 报文的源地址就是修改后的 MAC 地址了。

（2）使用的通信协议。

Ethernet 是基于广播的，Ethernet 网卡都能监听到局域网中传输的所有报文，但是网卡只接收那些目的地址与自己的 MAC 地址相匹配的 Ethernet 报文。如果有两台具有相同 MAC 地址的主机分别发出访问请求，而这两个访问请求的响应报文对于这两台主机都是匹配的，那么这两台主机就不只接收到自己需要的内容，而且还会接收到另外一台同 MAC 主机的内容。当主机接收到了多余的报文后仍然还可以工作，没有发现被盗用就是因为网络常用的通信协议为 TCP/IP。

情况一：端口号随机生成。

网络应用程序都运行在 TCP/UDP 之上，在 TCP 或者 UDP 中，标志通信双方的不仅仅是 IP 地址，还包括端口号。在一般的应用中，用户端的端口号并不是预先设置的，而是协议根据一定的规则生成的，具有随机性。UDP 或者 TCP 的端口号为 16 位二进制数，那么两个 16 位的随机数字相等的概率非常小，两台主机尽管 MAC 地址和 IP 地址相同，但是应用端口号不同，接收到的多余数据由于在 TCP/UDP 层找不到匹配的端口号，被当成无用的数据简单地丢弃了，而 TCP/UDP 层的处理对于用户层来说是透明的。所以用户可以"正确无误"地正常使用相应的服务，而不能发现地址被盗用。

情况二：端口号由用户或者应用程序设置。

如果下层使用的协议是 UDP，两个应用将互相干扰无法正常工作。如果使用的协议是 TCP 则仍有可能正常工作。因为 TCP 是面向连接的，为了实现重发机制，保证数据的正确传输，TCP 引入了报文序列号和接收窗口的概念。在上述的端口号匹配的报文中，只有那些序列号的偏差属于接收窗口之内的报文才会被接收，否则，会被认为是过期报文而丢弃。TCP 中的报文的序列号有 32 位，每个应用程序发送的第一个报文的序列号是严格按照随机的原则产生的，以后每个报文的序列号依次加 1。窗口的大小有 16 位，也就是说窗口最大可以是 216，而序列号的范围是 232，主机期望接收的 TCP 数据的序列号正好也处于对方的接收范围之内的概率为 1/216。

【拓展提高】

按照项目任务要求完成后，发现了如下现象，试分析其原因和解决办法。

（1）在"网上邻居"或"资源管理器"中只能找到本机的计算机名。

（2）在"网上邻居"中可以看到别人的计算机名，别人却看不到自己的计算机名。

（3）在"网上邻居"中可以看到计算机名，却没有任何内容。

（4）别人在"网上邻居"中看到了自己的共享资源，却不能访问。

1. 任务拓展完成过程提示

各现象的具体原因和解决办法如表 2-7 所示。

表2-7　　　　　　　　　　　各现象的具体原因和解决办法列表

问题现象	可能原因分析	解决办法
在"网上邻居"或"资源管理器"中只能找到本机的计算机名	一般情况下，这是属于网络通信错误。可能是网线断路、网卡接触不良、交换机接口有问题或接触不良	• 网线断路:更换网线或找到断点将其修复 • 网卡接触不良：拔出网卡，擦干净后重新插入 • 交换机接口接触不良：拔下网线换一个接口；如果交换机有问题，则更换交换机

续表

问题现象	可能原因分析	解决办法
在"网上邻居"中可以看到别人的计算机名，别人却看不到自己的计算机名	在网络上共享文件及其他资源信息，就必须安装相应的"服务器服务"，这个服务在"本地连接"属性中显示为"Microsoft 网络的文件和打印机共享"、"Microsoft 网络客户端"	● 在"本地连接"属性对话框中查看"此连接使用下列项目"中是否安装有"Microsoft 网络的文件和打印机共享""Microsoft 网络客户端"项，如果没有安装则单击下面的"安装"按钮安装这两项
在"网上邻居"中可以看到计算机名，却没有任何内容	能显示计算机名，说明网络连接和基本网络配置正常，问题可能出现在文件共享设置上	● 检查是否安装有"Microsoft 网络的文件和打印机共享"项 ● 检查共享设置
别人在"网上邻居"中看到了自己的共享资源，却不能访问	● 网络连接是正常的，所看到的是即时网络现状，应从其他方面考虑 ● 实际网络连接不通畅	● 网络连接正常："网上邻居"用户访问本机共享资源的用户身份及访问权限。通常通过网上邻居访问其他计算机资源是以"guest"用户访问的，因此应该查看"guest"用户前面的小图标，如果是红叉则表明被禁用了，单击右键打开即可 ● 网络连接不正常：则看到了共享资源是假象，可能是主浏览器缓存中的内容，需要进一步检查

2. 任务拓展评价

任务拓展评价内容如表 2-8 所示。

表 2-8　　　　　　　　　　　　　　任务拓展评价表

拓展任务名称		网络维护	
任务完成方式	【　】小组协作完成　　　　【　】个人独立完成		
任务拓展完成情况评价			
自我评价		小组评价		教师评价	
存在的主要问题			

填写说明：任务为个人完成，则评价方式为"自我评价+教师评价"，如为小组完成，则以"小组评价+教师评价"为主体。

【思考训练】

一、思考题

1. 什么是本地打印机？
2. 什么是网络打印机？
3. 本地打印与网络打印有什么区别？

二、填空选择题

1. 在 Windows 2000 中，不能直接共享_____，只能将某文件夹设为"共享文件夹"，一旦某个文件夹被设为"共享文件夹"以后，其他用户才可以通过其他联网的计算机访问该文件夹下的_____或_____，因此可以通过将需要共享的文件复制或移动到共享文件夹，间接达到共享文件的目的。

2. 为了控制网络用户对共享文件夹的访问，应指定不同的_____。

3. 安装网络打印机就是将网络上的共享打印机与_____相连，安装网络打印机不需要额外的驱动程序，计算机将自动从_____的计算机上下载打印机驱动程序。

4. Windows 2000 Professional 支持_____和_____的文件系统。

5. 在 Windows 2000 Professional 中，允许同时连接到共享文件夹的用户最多不超过_____个。

6. NFS 的中文名称是:_____。

7. 关于 Windows 共享文件夹的说法中，正确的是_____。

    A. 在任何时候在文件菜单中可找到共享命令

    B. 设置成共享的文件夹无变化

    C. 设置成共享的文件夹图表下有一个箭头

    D. 设置成共享的文件夹图表下有一个上托的手掌

8. 要让别人能够浏览自己的文件却不能修改文件，一般将包含这些文件的文件夹共享属性的访问类型设置为_____。

    A. 隐藏   B. 完全   C. 只读   D. 不共享

9. 设置文件夹共享属性时，可以选择的访问类型有完全控制、根据密码访问和_____等。

    A. 共享   B. 只读   C. 不完全   D. 不共享

10. 为了保证系统安全，通常采用_____的格式。

    A. NTFS   B. FAT   C. FAT32   D. FAT16

11. 安装、配置和管理网络打印机是通过_____来进行的。

    A. 添加打印机向导   B. 添加设备向导

    C. 添加驱动程序向导   D. 添加网络向导

12. Windows 2000 支持哪两种不同连接方式的打印设备_____。

    A. 本地打印设备和网络接口打印设备

    B. 本地打印设备和远程打印设备

    C. 网络接口打印设备和远程打印设备

    D. 网络接口打印设备和本机打印设备

三、操作题

1. 建立一个共享文件夹"练习"，并将权限设置为"读取"，拷入一篇文档，从另一台机器上对该文档进行读取、保存、删除等操作，观察结果。

2. 启动应用程序（如 Word 2000），通过网络打印机打印一篇文档。

3. 添加硬件"HP LaserJet 6L"激光打印机，端口为"LPT1:"，不共享，不打印测试页，然后把打印机界面保存到工作文件夹中，命名为"Printer.jpg"。

项目3

宿舍局域网组建、配置与维护

　　如今，在大学宿舍中组建局域网来共享资源、联机游戏、上网冲浪越来越普遍。而在很多大学的新宿舍楼中都已经组建好局域网，但对于一些老宿舍楼来说，学生就需要自己组建局域网了。

　　同时，建立宿舍局域网，还能共享上网、共享打印机和文件、同步播放 DVD 等，甚至可以几个宿舍的计算机连接起来。一方面可以减少硬件和软件设施的投入，节约成本；另一方面可以很方便地共享资源、联机游戏等。

【教学目标】

知识目标	• 了解宿舍局域网的特点，明确建立宿舍局域网的目的和作用 • 明确宿舍局域网建设的设计原则 • 了解宿舍局域网的接入方式和组网模式 • 知道基本的网络防护方法 • 了解宿舍局域网日常维护的工作内容
技能目标	• 学会进行网络规划 • 选择合适的设备组建合乎要求且经济的宿舍局域网 • 熟练创建内部网站，掌握 Web 服务器的配置 • 熟练掌握使用 ASP 服务器创建个人网站 • 能保证宿舍局域网的正常运行
态度目标	• 通过资源共享的方式，节省一些相应的硬件设备，如光驱等，从而节约成本 • 认真分析任务目标，做好整体规划 • 耐心做事，具有严谨的工作态度 • 时间观念强，能按照要求在规定的时间内完成工作任务 • 团队协作，相互配合
准备工作	• 分组：每 7～8 个学生一组，自主选择 1 人为组长 • 给每个组准备 7～8 台没有任何配置但硬件设备齐全的计算机，让学生将这些计算机组成一个简单网络 • ADSL 电信接口、调制解调器、直通电缆、交叉电缆、7～8 块网卡、打印机 1 台 • 外网通畅

续表

考核成绩 A 等标准	• 正确判定计算机当前的配置情况和网络服务安装情况 • 确定合适、经济的组网方案 • 正确建立个人网站并发布信息 • 根据组网方案，正确连接和配置网络 • 各项目组成员间都能相互传送文件，实现资源共享 • 各项目组的任务都在规定的时间内完成，达到了任务书的要求 • 在教师规定的时间内完成了所有的工作任务 • 工作时不大声喧哗，遵守纪律，与同组成员间协作愉快，配合完成了整个工作任务，保持工作环境清洁，任务完成后自动整理、归还工具、关闭电源
评价方式	教师评价+小组评价

【项目描述】

11 级网络班大多数同学都购置了计算机，男生有 3 个宿舍，女生有 2 个宿舍，在学习过程中以小组为单位完成的项目比较多，而小组的同学又恰好不在同一个宿舍；另外，休息的时候大家也希望突破宿舍的墙壁连在一起联网游戏，对音乐、电影等资源共享；建立一个宿舍网站，每个人都可以了解宿舍电费、网络流量等动态信息，进一步巩固和学习网站制作和维护的知识和技能，将该网站发布到互联网上，以展示宿舍风采。

学生都是消费族，经济上不富裕；既要保证能实现大家的要求，又要经济实用。

【项目分解】

从该项目的描述信息来看，同学们组建宿舍网的目的就是要方便在一起学习、交流、娱乐、宣传、共享等，大家自己动手来组建、配置和维护宿舍局域网。由于男女宿舍是分开的，需要组建两个宿舍网络，不过方法是一样的。

小明平时学习非常扎实，对局域网组建部分学习比较深入，他愿意牵头来完成这个工作，但不能完全由他个人来完成，需要一部分同学的配合，因此他先把这个项目进行分解，分解成一个个的小任务，每个任务由 1 个同学负责完成，这样既保证了项目完成质量，又能提高工作效率，在很短的时间内完成。主要分解如表 3-1 所示。

表 3-1　　　　　　　　　　　项目分解表

任　务	子 任 务	具体工作内容
宿舍局域网组建、配置	任务 1　宿舍局域网组建	（1）组网需求分析 （2）组网目标确定 （3）网络结构设计 （4）网络设备选购 （5）网络硬件连接
	任务 2　架设与配置 ASP 服务器	（1）下载 ASP 服务器软件 （2）安装 ASP 服务器软件 （3）配置 ASP 服务器软件 （4）将个人创建的网页连同子目录一并复制到网页安装目录下进行测试
	任务 3　资源共享	（1）创建和添加用户 （2）共享设置 （3）发布共享资源

任　务	子　任　务	具体工作内容
宿舍局域网组建、配置	任务 4　网络测试	（1）测试网络是否通畅 （2）测试资源共享情况 （3）测试 ASP 服务器是否能正常发布网页
宿舍局域网的维护	任务 1　常见故障	了解和排除常见故障
	任务 2　日常维护	（1）共享受限制情况的解决 （2）IP 地址冲突 （3）病毒防治

【任务实施】

每个宿舍有 8 个人，男生共 3 个宿舍，共 24 台计算机；女生 2 个宿舍，共 16 台计算机。因此不管是男生宿舍网还是女生宿舍网，计算机的总数目都不多。

首先应当根据经济、适用、实用的原则设计采用合理的网络拓扑结构，组建好网络，进行适当的配置，才能考虑网站建立与维护，所以，该宿舍网络搭建的任务如下。

任务 1：宿舍局域网组建与配置。

任务 2：宿舍局域网基本维护。

任务 1　宿舍局域网组建与配置

任务 1-1　宿舍局域网组建

1．组网需求分析

宿舍内几乎每个同学都购置了计算机，但型号相同的不多，大家也不再满足于独立使用计算机，而是希望能够共建、共享，这就形成了宿舍局域网。学生宿舍局域网的主要组网需求如下。

（1）局域网内的计算机能够共享同一个账号，在尽可能的情况下节约资金，最大程度的利用 Internet 资源。

（2）实现各种资源共享，包括音乐、视频、学习资源等，避免大容量数据或资源复制的不方便，节省收集、下载资料的时间。

（3）每个学生都是一个独立的个体，学习和生活习惯不尽相同，虽然计算机组成了一个局域网络，但希望计算机都相互独立，不会因为某个同学的计算机没有开机而导致其他同学不能使用网络。

（4）同学们可以通过局域网互通信息、交流经验，尤其是小组项目能在网上进行协调完成。

（5）网速要稳定，尽量不出现时断时通的现象。

（6）上网时间集中，网络流量大。绝大部分学生是在下课以后或双休日在宿舍上网，同时有许多学生有着相同的喜好和需求（如网络游戏、网络影视、BT下载等），这就造成学生上网时间集中、网络流量峰值明显、网络负载重且容易引起网络的拥塞。

（7）有些同学购买的是笔记本电脑，希望在床上也能上网操作，如果使用网线连接可能会出现碰到网线引起计算机损伤等不安全的隐患，希望能使用无线连接。

2. 组网目标确定

根据上述需求分析，小明要组建的宿舍网络主要需要实现如下几个目标。

（1）同宿舍和班级另外两个宿舍的计算机能共享同一个账号上网，且任何一台计算机都能够独立上网，不受其他计算机是否开机的影响。

（2）在不连接 Internet 的情况下，同学之间仍然能够互通信息、组织讨论、交流经验等。

（3）建立宿舍网站，展示个人和宿舍风采。

（4）可以联机游戏、共同观看视频等。

3. 网络结构设计

（1）拓扑结构设计。

为了实现宿舍网络的组网目标，满足"能通就好"的组网基本要求，小明提出可以选择的组网方式有以下三种。

① 交叉双绞线连接。

一般用于两台计算机。

② 总线型。

具有"一通到底"的特性。用一条公用的网线来连接所有的计算机。

③ 星型。

它是以集线器或交换机、路由器为中心向外成放射状，是通过中心设备在各计算机之间传递信息。

三种组网方式的对比见表3-2。

表3-2　　　　　　　　　　　　　　组网方式对比

组网方式	设备要求	成本投入与功能实现情况	优缺点
双绞线连接	（1）两台计算机（有光驱）安装能实现双机互连的操作系统，如 Windows 2000/XP/ME/2003 等 （2）网卡两块，通常为 PCI 总线、RJ-45 接口、10/100 Mbit/s 自适应网卡或集成网卡 （3）一条适当长度的 EIA/TIA568A/568B 标准的双绞线	成本投入最少 只能连接两台计算机实现磁盘共享和数据传输	是连接两台计算机的临时性解决方法，一旦有三台或三台以上的计算机，这种方法就行不通了，并且完全不能扩展网络规模
总线型	（1）若干台需要连接的计算机 （2）每台计算机 1 块网卡，通常为 PCI 总线、RJ-45 接口、10/100 Mbit/s 自适应网卡或集成网卡 （3）一条足够长的网线，保证能连接到所有计算机	网线需要足够长 布线简单 由主干网线连接到各计算机时需要增加1个接头 除了能实现磁盘共享和数据传输外，还能上网	优点：成本低廉、布线简单 缺点：只要网络中任何一段线路发生故障，整个网络就瘫痪了，而且在查找故障线路时比较麻烦；要加入或减少一台计算机时，也会使网络暂时中断，扩展性差

续表

组网方式	设备要求	成本投入与功能实现情况	优　缺　点
星型	（1）若干台需要连接的计算机 （2）每台计算机 1 块网卡，通常为 PCI 总线、RJ-45 接口、10/100 Mbit/s 自适应网卡或集成网卡 （3）若干条网线 （4）1 台集线器、交换机或路由器	增加 1 台集线器、交换机或路由器 能实现磁盘共享和数据传输，还能上网，且各计算机是相互独立的，不受影响	优点： （1）在中心设备没有故障的情况下，局部线路故障只会影响到局部区域，不会导致整个网络的瘫痪 （2）追查故障点时相当方便，通常从中心设备的指示灯便能很快得知故障点 （3）在增加或减少计算机时，不会造成网络中断，扩展性非常好 缺点：必须增加一笔购买集线器、交换机或路由器等中心设备的成本；中心设备的性能会影响整个网络，一旦中心设备出现问题就导致整个网络瘫痪

综合比较小明提出的这几种结构，大家一致认为星型结构比较理想。采用星型结构的网络共享连接到 Internet 常用的有两种方式：一种方式是通过代理服务共享上网，另一种方式是通过宽带路由器共享上网。两种方式都可行，但通过代理服务共享上网则需要有一台计算机作为代理服务器，而且该服务器需要两块网卡。

方式一的拓扑结构图如图 3-1 所示。该方式需要一台专用的服务器做代理服务器，费用相对较高，而且，如果代理服务器出现问题，整个局域网中的计算机都将不能共享上网。

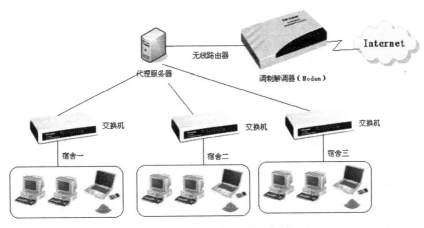

图 3-1　通过代理方式共享上网的宿舍局域网拓扑结构图

方式二的拓扑结构图如图 3-2 所示。该方式购买设备的成本较低，一般在 300 元左右，实施比较方便，而且比较实用。

（2）操作系统选择与安装：因为都是需要相互独立的个人计算机，大家都安装 Windows XP 或 Windows 2000 Professional。

（3）文件系统：为了提高安全性，需共享的磁盘建议采用 NTFS 文件系统。

（4）共享账号上网：通过路由器实现共享账号连接到 Internet。

（5）建立宿舍网站。

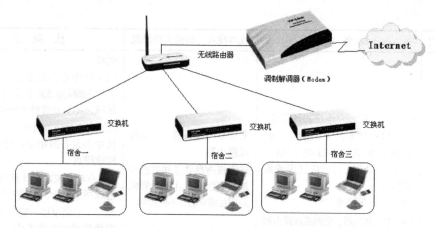

图 3-2　通过宽带路由共享上网的宿舍局域网拓扑结构图

（6）网络安全措施：安装防火墙、杀毒软件。

（7）基本维护：利用 Ghost 快速维护计算机。

（8）接入方式选择。

就目前情况而言，通常可选用的接入 Internet 的方式有三种：一种是直接接入学校的校园网络，另一种是选择电信的 ADSL 宽带接入，第三种接入方式为利用 Cable Modem 接入。三种接入方式优缺点如表 3-3 所示。

表3-3　　　　　　　　　　　　　　　　接入方式比较

接入方式	优　　点	缺　　点
接入校园网	提供了许多具有针对性的学习资料，方便进行网上选课、网上评课、成绩查询、了解校园动态信息等	网速较慢，受校园网络影响
ADSL 宽带接入	网速由用户购买的速率控制，基本能得到保证；建设周期短，组网方便，建网成本低；下载速度快	校园网的信息不一定能够访问
Cable Modem 接入	通过有线电视的某个传输频带进行调制解调	网络结构为总线型，网络用户要共同分享网络带宽；需要一个特殊的设备来完成模拟信号和数字信号的转换

在这三种方式中，小明组织的项目组同学认为：结合具体条件，在目前情况下学校并没有将校园网的线路铺进宿舍，要重新布线还需要一定时日，也不能够说想组建网络就动手开始组建；如果利用 Cable Modem 接入是通过有线电视的某个传输频带进行信号传输，校园宿舍中没有有线电视，而且采用的是总线型结构，不可行；利用 ADSL 宽带接入，每个宿舍都有电话，布置了电话线，到电信公司申请即可，而且网速能够得到保证。

因此，大家选择通过 ADSL 宽带接入 Internet。

4. 设备选购

根据设计的拓扑结构和选择的接入方式，除了每个同学购买的计算机外，还需要一些其他的设备，如中心连接设备，一般为集线器、交换机或路由器等。要增加额外的设备，应考虑硬件设备的经济性和实用性，在保证性能的前提下选择价格相对便宜的设备。

目前各宿舍中，除了大家购买的计算机外，没有其他任何设备，所有组网需要的设备都需要临时购买。

（1）连接设备选择。

连接设备包括局域网中心连接设备和接入设备。

① 中心连接设备选择。

根据前面设计的拓扑结构——星型拓扑，需要一台中心连接设备。宿舍局域网是准备采用电信 ADSL 接入，还有部分无线设备连接用户，因此可以考虑采用无线路由器作为中心连接设备。

一方面无线路由器满足了无线用户连接需求，另外无线路由器还有 LAN 口，可以连接各宿舍的接入设备。

很多时候电信在登记宽带业务时都会赠送调制解调器（Modem）设备，可以不需单独购买，如果嫌赠送的设备不太好的话，可以考虑购买路由与 Modem 集成于一体的设备，如 LINKSYS，如图所示，分别为该设备外观正面图（见图 3-3）和背面图（见图 3-4）。

图 3-3　Modem 正面　　　　　　　　图 3-4　Modem 背面

还可以考虑集无线路由、调制解调、交换机、防火墙于一体的设备，价格在 200 元左右，性能较为稳定，如腾达 W300D 300M。

本连接拟采用 TP-LINK TL-WR340G+的无线路由器，价格在 100 元左右，独立安装的调制解调器（电信赠送），该无线路由器产品的价格相对比较便宜，能满足网络连接和网络安全设置的需要。其具体参数如表 3-4 所示，可以实现宿舍局域网的要求。

表 3-4　　　　　　　　　　TP-LINK TL-WR340G+的无线路由器参数表

性能指标	值	性能指标	值
频率范围	单频（2.4~2.4835 GHz）	最高传输速率	54 Mbit/s
网络标准	无线标准：IEEE 802.11g、IEEE 802.11b 有线标准：IEEE 802.3、IEEE 802.3u	VPN 支持	支持
网络接口	1 个 10/100 Mbit/s WAN 口；4 个 10/100 Mbit/s LAN 口	防火墙功能	内置防火墙
无线安全	无线 MAC 地址过滤，无线安全功能开关，64/128/152 位 WEP 加密，WPA-PSK/WPA2-PSK、WPA/WPA2 安全机制	WDS 功能	支持 WDS 无线桥接
网络协议	CSMA/CA、CSMA/CD、TCP/IP、DHCP、ICMP、NAT、PPPoE	信道数	13
网络管理	支持远程和 Web 管理，全中文配置界面	覆盖范围	室内最远 100m
天线	1 根外置全向天线，天线增益：5dBi	其他	无线接入器、有线路由器合而为一

② 接入设备选择。

小明他们准备组建的宿舍局域网包括男生宿舍楼 1 个，女生宿舍楼 1 个，由于建筑物分开较远，考虑组建 2 个单独的局域网。

男生的宿舍局域网需要连接 3 个男生宿舍，女生宿舍局域网需要连接 2 个女生宿舍，每个宿舍都有 7~8 个人，因此在每个宿舍需要 1 台接入设备。

● 设备类型选择。

接入设备可以选择集线器或者交换机。但由于集线器与交换机的工作原理（见【知识链接 4】）不同，集线器容易引发广播风暴，而且两者的价格基本没什么差别，因此一般选择交换机。

● 设备型号选择。

每个宿舍一般是 7～8 个人，还有的同学使用的是笔记本电脑，因此可以选择 8 口的交换机。

本案例中选择 TP-Link 的设备，该设备操作简单，稳定可靠，价钱便宜，只需 75 元/台，5 个宿舍总共才 375 元，上网速度快，很稳定。其具体参数如表 3-5 所示。

表 3-5   TP-LINK TL-SF1008+的交换机参数表

性能指标	值	性能指标	值
包转发率	10 Mbit/s：14 800 pps；100Mbit/s：148 800 pps	应用层级	二层
端口描述	8 个 10/100M 自适应 RJ45 端口	交换方式	存储-转发
接口介质	10Base-T：3 类或 3 类以上 UTP 100Base-TX：5 类 UTP	背板带宽	1.6 Gbit/s
传输模式	全双工/半双工自适应	端口结构	非模块化
网络标准	IEEE 802.3，IEEE 802.3u，IEEE 802.3x	MAC 地址表	1K

（2）传输介质选择。

在宿舍局域网组建过程中，主要是连接计算机和交换机、交换机和无线路由器，连接距离不是很远，不超过 100m，因此选用 UTP 双绞线就可以了。

5. 网络硬件连接

设备选购完成后，将相应的设备准备好，然后根据拓扑结构图连接起来。在连接过程中应考虑宿舍中各设备的摆放位置和周围设施情况。在实现性能的基础上，保证不影响宿舍整体美观，连接到每个学生的位置上都非常方便。

① 确认每台计算机的具体位置。

② 确定 Internet 入口即电信电话口的位置，然后根据计算机在整个宿舍中的摆放情况和路由器到 Internet 入口的连接距离、宿舍与宿舍间的距离来确定路由器的摆放位置，如果三个宿舍紧邻着，建议将路由器放置在中间宿舍或三个宿舍中间的位置。

③ 确定每个宿舍中交换机的位置，交换机的放置除了考虑宿舍的整体规划外，还应注意能连接到每一台计算机。建议连接线都靠墙走，或者从床下走，避免轻易被碰到。

④ 每一个宿舍使用一根双绞线将本宿舍的交换机连接到路由器的 LAN 口，本网络所选用的路由器有 4 个 LAN 口，接口数足够。

任务 1-2 网络软件安装与配置

1. 检查各设备安装情况

在各硬件设备连接完成后，先检查各设备是否已经正常驱动，即驱动程序是否安装或安装是否正常，如果不正常，则需卸载后重新安装。

2. 操作系统选择

宿舍局域网对系统要求不是很高，并且 Windows XP 使用广泛，所以选择 Windows XP 操作

系统作为宿舍网络的操作系统

3. 检查网络协议安装情况

目前常用的网络通信协议为 TCP/IP，检查是否已经安装，该协议通常是随着操作系统一起安装的，然后配置该协议属性，包括 IP 地址、DNS、网关等。

（1）IP 地址配置。

小明所组建的局域网是通过电信电话线接入的网络，其公用地址由电信统一分配，局域网使用的是内部地址，一般是 192.168.1.0 网段的地址，这需要与路由器的地址处于同一网段。如果路由器的地址设置为 192.168.1.1，则连接到这个网络的所有计算机的 IP 地址都使用 192.168.1.0 网段的地址。

IP 地址有两种配置方式，一种方式为自动获取方式，只需选择 IP 地址属性对话框中"自动获得 IP 地址"单选按钮就行，然后计算机会从网络中的 DHCP 服务器自动获得地址；另一种方式是手动配置，需要根据网络整体规划进行手动设置。在本网络中，选择手动配置。

（2）DNS。

由当地电信确定。在"首选 DNS 服务器"文本框中输入网络服务商提供给用户的 DNS 服务器地址。

（3）网关地址。

本网络是通过路由器与 Internet 连接的，所以其地址就是这个网络的网关地址，通常为 192.168.1.1。

4. 配置计算机名

为了方便计算机在网络中能相互访问，要给网络中的每一台计算机设立一个独立的名称。以"W"计算机名称的修改为例进行介绍。

步骤 1：右键单击"我的电脑"，从弹出的快捷菜单中选择"属性"菜单命令，打开"系统属性"对话框，如图 3-5 所示。

步骤 2：选中"计算机名"选项卡→单击"更改"按钮，打开"计算机名称更改"对话框，如图 3-6 所示。在"计算机名"文本框中输入计算机名称，在"隶属于"项中选择"工作组"或"域"的单选项就可以更改计算机名称和所属工作组。

 在"计算机名"选项卡中可以为计算机配置网络中唯一的计算机名。

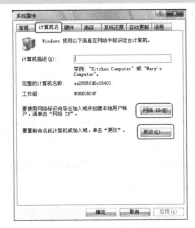

图 3-5　"系统属性"对话框

图 3-6　"计算机名称更改"对话框

在同一工作组中，计算机名称的设置要唯一。要互连的计算机，要设置成相同的工作组，或者说是互连的计算机必须在同一工作组中。

步骤 3：单击图 3-6 所示的"确定"按钮后，则更改了该计算机的名称和所在的工作组。重新启动计算机后，所设置的计算机名和工作组就开始生效了。

步骤 4：测试。

如果在当前计算机上能够查找到其他计算机，则一方面可证明网络是通畅的，另一方面也表明计算机名和工作组设置正确。

鼠标右键单击"网上邻居"图标，从弹出的快捷菜单（见图 3-7）中选择"搜索计算机"菜单，打开如图 3-8 所示的"搜索结果-计算机"对话框，在"计算机名"文本框中输入要查找的计算机名称，单击"立即搜索"按钮，如果该计算机与你计算机处于同一个工作组，则在右边窗格中就会显示所查找的计算机名称和工作组名称。

图 3-7 "网上邻居"右键快捷菜单

图 3-8 "搜索结果-计算机"对话框

5. 代理服务器软件安装与配置

如果使用代理服务器共享的方式来组建宿舍局域网，则需要安装和配置代理服务器软件。代理服务在实现 Internet 连接共享时，可隐藏局域网内部的计算机，节约 IP 地址，降低 Internet 接入成本，提高网络访问速度。

常见的代理服务器软件有 Sygate、CCProxy、Eyou Proxy 和 WinGate 等。

（1）代理服务器软件安装。

以 WinGate 为例说明整个安装过程。

● WinGate 代理服务器软件介绍。

WinGate 是一种运行于 Win95/NT 环境下的基于客户机/服务器方式的应用软件，它可以使多个用户通过一个连接（Modem、ISDN 等多种方式）、一根电话线及一个 Internet 账户同时访问 Internet，并支持大多数的 Internet 应用软件，如 Netscape Navigator、Microsoft Internet Explorer、Eudora、Netscape Mail 以及常见的各种 Telnet 和 FTP 工具。这样，通过一个连接，就可以使现有 LAN 上所有的计算机分享 WWW 浏览、FTP 电子邮件的收发、Telnet 等 Internet 的绝大部分服务了。WinGate 是一个局域网共享一个互联网出口的代理服务器型软件。

● WinGate 代理服务器软件下载。

该软件可到 http://www.wingate.com.cn/下载，下载完成后如图标 所示。本次安装以 7.2

版为例说明。

● 安装准备。

安装 WinGate 之前，必须确保计算机已经正确安装了 TCP/IP，并且与 Internet 正常连通。此
外，需要准备一台与互联网连接的主计算机，并安装
了两块网卡，一块外连 Internet，一块内连局域网。分
别设置 IP 为 Internet 地址和内部局域网的地址，如：
219.220.235.199，192.168.4.1。禁用 WINS 服务，启
用 DNS 服务。而其他作为客户端的计算机可以通过
网卡正确的连接到主计算机。

● 安装步骤。

步骤 1：在代理服务器上，运行 WinGate 的安装程
序 WinGateSetup.exe，打开如图 3-9 所示的安装欢迎界面。

步骤 2：单击"Next"按钮，打开如图 3-10 所示

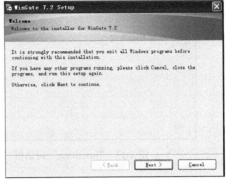

图 3-9　"安装欢迎"对话框

的"License Agreement"对话框，选中"I agree to the terms of this license agreement"单选按钮。

步骤 3：单击"Next"按钮，打开如图 3-11 所示的"Installation Folder"对话框，单击右侧
"Change"按钮，选择安装目录。

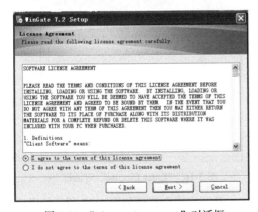

图 3-10　"License Agreement"对话框

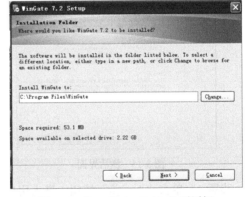

图 3-11　"Installation Folder"对话框

步骤 4：单击"Next"按钮，打开如图 3-12 所示的"Select Packages"对话框，在左侧选择需
要安装的项目。

步骤 5：单击"Next"按钮，打开如图 3-13 所示的
"Installing"对话框，等待安装进程完成。待安装完成
后，会显示"完成"按钮，单击该按钮，则该软件安装
完成。系统会提示需要重新启动计算机才会生效。在此
情况下，保存所有其他操作，重新启动计算机。

重新启动计算机后，会在桌面右下角出现 的图标。

（2）代理服务器软件配置。

图 3-12　"Select Packages"对话框

步骤 1：双击桌面右下角出现 的图标，打开
"Management"窗口，会显示如图 3-14 所示"Connect to WinGate"。

步骤 2：单击"Connect"按钮，打开激活界面，如图 3-15 所示，选择"Online（recommend）"

单选项。

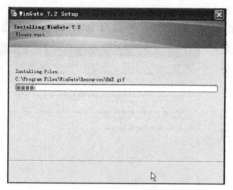

图 3-13 "Installing" 对话框

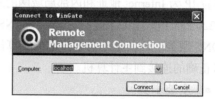

图 3-14 "Connect to WinGate" 对话框

步骤 3：单击"下一步"按钮，打开如图 3-16 所示的"Enter License"对话框，根据实际情况选择相应的单选项。如果是"Activate a purchased license"则需是已经购买了 key 的用户；"Activate a free fully-featured"适合于试用用户，该证书只在试用期内有效；"Activate a free license"是使用免费的 key。在此选择"Activate a free fully-featured"单选项。

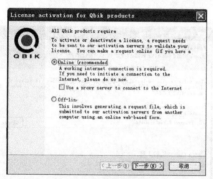

图 3-15 激活界面

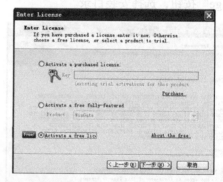

图 3-16 "Enter License" 对话框

步骤 4：单击"下一步"按钮，进入用户验证阶段，验证完毕会打开如图 3-17 所示的已激活界面。同时，会看到"WinGate Restart"的提示框，在提示框中单击"Yes"按钮。

图 3-17 已激活的界面

 此处重启的是 WinGate，而不是计算机。

步骤 5：WinGate 重新启动后，会弹出如图 3-18 所示的"Select a User Database provider"对

话框，单击"Provider"右侧的下拉框，在下拉菜单中选择所需选项，本例中选择"WinGate user database engine"项。

步骤 6：单击"下一步"按钮，打开如图 3-19 所示的"Logging into WinGate"对话框，提示下次登录时使用的用户名为"Administrator"，密码没有设置。

图 3-18 "Select a User Database provider"对话框

图 3-19 "Logging into WinGate"对话框

步骤 7：单击"完成"按钮，提示 WinGate 需要重启动，如图 3-20 所示。

步骤 8：单击"OK"按钮，重新启动 WinGate，进入如图 3-21 所示的连接成功界面。在该界面中左侧为配置项目，右边为左侧配置项目的说明和解释。

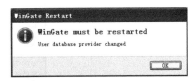

图 3-20 "WinGate Restart"界面

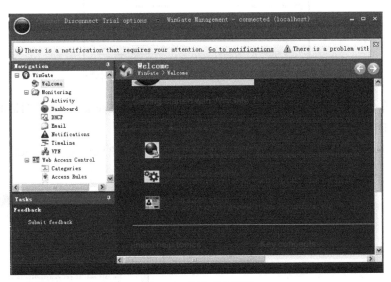

图 3-21 连接成功界面

在使用之前需要配置好网络适配器（网卡）的相应参数。

步骤 9：在服务器上配置对 DHCP 的管理项，选择左侧的"DHCP"项，中间界面会提示 DHCP 服务没有安装，单击进行安装，在右侧对 DHCP 服务的内容进行解释，如图 3-22 所示。

步骤 10：单击"Click to install"处，弹出如图 3-23 所示的"Select a type of service to install"对话框，从中选择服务类型，本例中选择"DHCP Service"项。

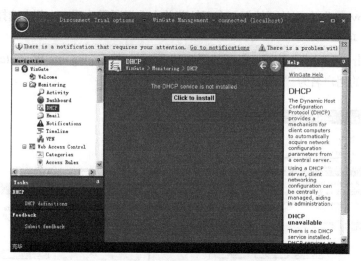

图 3-22　DHCP 选项卡

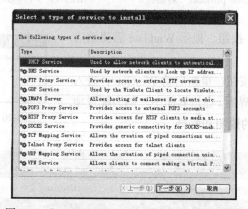

图 3-23　"Select a type of service to install" 对话框

步骤 11：单击"下一步"按钮，打开如图 3-24 所示的"New Service Name"对话框，在"Name"文本框中输入 DHCP 服务的名字。

步骤 12：单击"完成"按钮，打开如图 3-25 所示的"DHCP Service properties"对话框，配置各个选项卡。

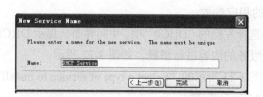

图 3-24　"New Service Name"对话框

图 3-25　"DHCP Service properties"对话框

WinGate 就如一个小型的操作系统，提供有 Administrator、Guest 等用户，还可以新建其他用户，根据各网络要求进行个性化设置用户，如图 3-26 所示。

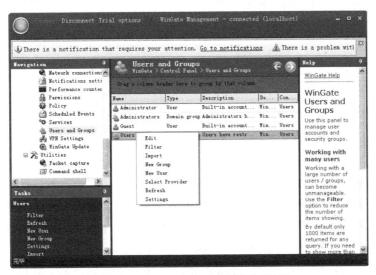

图 3-26 "Users and Groups"设置对话框

图 3-26 所示界面左侧还有"VPN Setting"项，该项把 VPN 加密和其他一些具有访问权限管理功能的安全性技术有机结合在一起，实现了低成本的、可分级的 VPN 解决方案，并且这种解决方案能够兼容于实际中任何一种网络组成。

还可以单击"开始"→"程序"→"WinGate"，打开下拉菜单，单击菜单中的"WinGate Advanced Options"项，打开如图 3-27 所示的"WinGate Advanced Options"对话框。对"性能"、"协议"、"安全性"等项目进行配置。配置完成后，单击"OK"按钮确定。

步骤 13：在各选项卡配置完成后，单击"应用"按钮，则配置完成。在重新登录 WinGate 时，会显示如图 3-28 所示的第一次登录界面，输入相应的用户名与密码，然后进入 WinGate 管理界面对所有的计算机进行管理和监控。

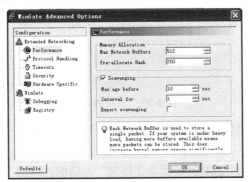

图 3-27 "WinGate Advanced Options"对话框

图 3-28 登录界面

这里输入的密码并不是计算机或服务器的系统密码，而是 WinGate 软件的管理密码，初始密码为"空"，用户名默认为"Administrator"，也可以选择属于同一个工作组的其他用户，要与前面初始化配置的用户一致。

客户端除了必要的 IP 地址、服务器名称、端口号设置外，不需要其他的配置。每次启动浏览器，WinGate 客户端服务程序将自动启动，通过 WinGate 代理服务，连接 Internet。

6. 配置宽带路由器实现共享上网

根据网络结构设计的第二种方式，是通过路由器连接 Internet 的，网内的计算机通过路由器共享上网。

宽带路由器的详细配置参见项目 2，此项目中不再赘述。

7. ASP 服务器软件创建网站

在宿舍网络中，同学们大多使用的是 Windows XP 系统，如果要创建内部网站，系统并没有自带 IIS，需要另外安装，而且 IIS 存在一些漏洞，因此可以考虑使用 ASP 服务器软件。

（1）ASP 服务器软件介绍。

该软件是由 lamp 开发的一套强大的 ASP Web 服务器，使用这个软件可以完成体积庞大的 WINNT、WIN2000 服务器系统及漏洞百出的 IIS 的功能，可以在任何一个系统上调试和发布你的 ASP 程序。目前测试通过的操作系统为：Windows 98、Windows 98 SE、Windows ME、Windows NT+IE4、Windows 2000、Windows XP、Windows .NET Server。现在完全支持 ACCESS、SQL 数据库。

（2）ASP 服务器软件安装与配置。

● ASP 服务器软件安装步骤。

步骤 1：下载 ASP 服务器 1.0V 软件。

步骤 2：双击该安装文件打开如图 3-29 所示的"欢迎使用 ASP 服务器安装向导"对话框。

步骤 3：单击"下一步"按钮，打开如图 3-30 所示的"许可协议"对话框，选择"我同意此协议"单选项。

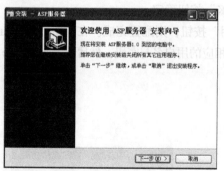

图 3-29 "欢迎使用 ASP 服务器安装向导"对话框

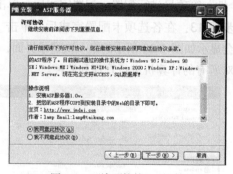

图 3-30 "许可协议"对话框

步骤 4：单击"下一步"按钮，打开如图 3-31 所示"选择目标位置"对话框，单击"浏览"按钮，选择 ASP 服务器安装的文件夹。

单击"下一步"按钮，打开如图 3-32 所示的"选择开始菜单文件夹"对话框，单击"浏览"按钮，选择放置快捷方式的文件夹。

然后单击"下一步"按钮，打开如图 3-33 所示的"选择附加任务"对话框，"创建桌面快捷方式"复选框根据个人使用习惯而设定，可以选择也可以不选择。

步骤 5：单击"下一步"按钮，打开如图 3-34 所示的"准备安装"对话框，检查前面的设置是否正确，如果不对还可以单击"上一步"按钮退回前面的步骤进行更改。如果设置都正确，则单击"安装"按钮，进入"正在安装"对话框，等待安装完成。

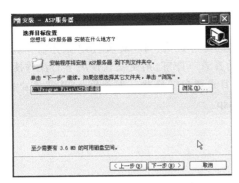

图 3-31　"选择目标位置"对话框

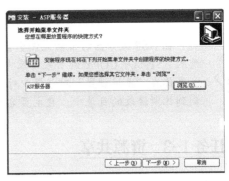

图 3-32　"选择开始菜单文件夹"对话框

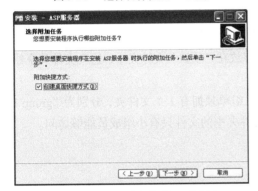

图 3-33　"选择附加任务"对话框

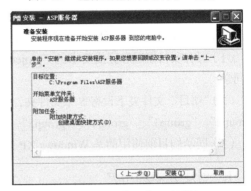

图 3-34　"准备安装"对话框

步骤 6：安装进程完成后，会显示如图 3-35 所示的"ASP 服务器安装向导完成"对话框，如果需要马上运行 ASP 服务器的话，则勾选中"运行 ASP 服务器"复选框，如现在不运行，则不选中该复选框。单击"完成"按钮，整个 ASP 服务器软件安装完成。

- ASP 服务器软件配置。

步骤 1：运行 ASP 服务器，弹出如图 3-36 所示的运行界面。

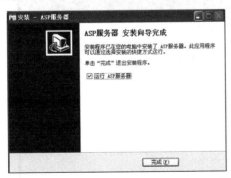

图 3-35　"ASP 服务器 安装向导完成"对话框

图 3-36　运行界面

步骤 2：该服务器控制台只包含"启动服务"、"系统设置"、"系统帮助"、"退出系统"4 个菜单。

"启动服务"——单击该项，则 ASP 服务器开始工作。

"系统设置"——单击该项，显示如图 3-37 所示的"系统设置"对话框，设置对应的端口号和网页存放目录。

"系统帮助"——单击该项，显示帮助信息。

图 3-37　"系统设置"对话框

"退出系统"——单击该项，关闭服务。

 　在 ASP 服务器的帮助文件中会显示这样的操作说明：1. 安装 ASP 服务器；2. 把您的 ASP 程序 COPY 到安装目录中的 Web 的目录下即可。则是默认情况下的操作情况，如果你在"系统设置"对话框中对网页存放目录进行了修改，则你的 ASP 程序应当复制到你所修改的目录中，且主页名为 index.asp。

任务 1-3　资源共享

在课外拓展项目中，并不是所有成员都在同一个宿舍中，在项目上交汇报前，各项目组对项目的准备情况和完成情况对其他项目组来说是保密的，因此在网上交流既需要保证本项目组成员全部知晓，又要确保其他项目组的成员无法读到。具体情况如下。

（1）写有项目概况和完成要求的"project.doc"存放在"项目"文件夹中，这个文件共享给所有同学。

（2）"项目"文件夹下设有 5 个文件夹，每个项目组单独拥有 1 个文件夹，分别为"group 1"、"group2"、"group3"、"group4"、"group5"，这些文件夹中的文件只有小组成员能够访问。

（3）同学们目前使用的是 Windows XP 系统。

1.　创建并添加用户

要使组内其他用户能够共享资源，则需要先给其他用户设置用户账号，以设置"w"为例说明。

步骤 1：鼠标右键单击"我的电脑"，展开如图 3-38 所示的菜单。

步骤 2：单击上图菜单中的"管理"项，打开如图 3-39 所示的"计算机管理"对话框，展开左侧"本地用户和组"，在右侧窗格中可以看到该计算机上的用户和组的设置情况。右键展开"用户"项，看到如图 5-39 所示的菜单。

图 3-38　"我的电脑"鼠标右键菜单

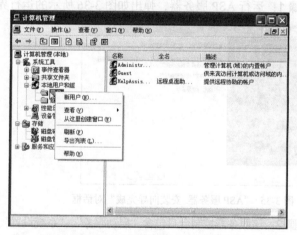

图 3-39　"计算机管理"对话框

步骤 3：单击图 3-39 菜单中的"新用户"项，打开如图 3-40 所示的"新用户"对话框，在各文本框中输入相应的内容。设置完毕后，单击"创建"按钮，关闭"新用户"对话框。

返回如图 3-41 所示的"计算机管理"对话框，可以看到刚才添加的新的用户，说明新用户添加成功，其余各用户按此方法同样创建。

图 3-40　"新用户"对话框

图 3-41　"计算机管理"对话框

2. 资源共享

步骤 1：找到需共享的资源如"项目"文件夹，鼠标右键选择"属性"，打开如图 3-42 所示的"项目 属性"对话框，单击"共享"选项卡，选中"共享文件夹"单选项，填写注释信息，单击"应用"→"确定"按钮。则会出现🗂项目 的图示，说明共享成功。网络上的用户都可以访问该文件夹。

步骤 2：按照步骤 1 的方式设置 group1 的共享后，单击"权限"按钮，打开如图 3-43 所示的"group1 的权限"对话框，从该对话框中可以发现，该文件夹对所有用户都是可读的。如果只允许"wxw"用户看到、更改的话需要进行更进一步的设置。

图 3-42　"项目 属性"对话框

图 3-43　"group1 的权限"对话框

首先选中"everyone"用户，单击"删除"按钮，删除"everyone"用户，然后单击"添加"按钮，打开如图 3-44 所示的"选择用户或组"对话框。

步骤 3：单击图 3-44 中的"高级"按钮，打开如图 3-45 所示的"选择用户或组"对话框，单击"立即查找"按钮，在下面窗格中会显示所有用户和组，在其中选中运行访问的用户，如"wxw"，单击"确定"按钮。

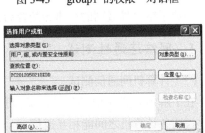

图 3-44　"选择用户或组"对话框

则"wxw"用户添加到用户和组中，如图 3-46 所示。

步骤 4：在图 3-46 中单击"确定"按钮，则返回"group1 的权限"对话框，给该用户设定相应的权限，如图 3-47 所示。单击"应用"→"确定"，权限设置成功，如图 3-47 所示的设置说明"wxw"用户具有"读取"和"更改"的权限。

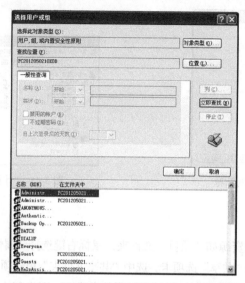

图 3-45　查找用户的"选择用户或组"对话框

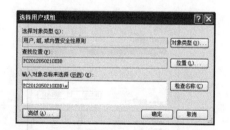

图 3-46　添加用户的"选择用户或组"对话框

图 3-47　"group1 的权限"设置对话框

任务 1-4　网络测试

完成了宿舍局域网的组建和配置后，通过测试来确定网络组建是否成功。

1. 网络连通性测试

（1）计算机间通信测试。

在了解各计算机 IP 地址的情况，可直接采用 ping 命令来测试相互之间的连通性，如果能 ping 通，说明各计算机之间能相互通信。

（2）与互联网的连通性。

各计算机直接访问互联网，如在 IE 浏览器地址栏中输入 http://www.baidu.com，如果能够正常访问，说明网络通畅。

2. 资源共享测试

访问共享资源通常采取两种方式。一种方式是通过 IP 地址或计算机名称查找，另一种方式是通过"网上邻居"来查找。

（1）通过 IP 地址查找网上计算机的共享资源。

步骤 1：单击 按钮，打开如图 3-48 所示的"按下面任何或所有标准进行搜索"搜索窗口。

步骤 2：在图 3-48 所示的窗口中，单击"其他搜索选项"，打开如图 3-49 所示的"您要查找什么"搜索窗口。

步骤 3：在图 3-49 所示的窗口中，单击"计算机或人"，打开如图 3-50 所示的"您在查找什么"搜索窗口。

图 3-48　"按下面任何或所有标准进行搜索"搜索窗口　　　图 3-49　"您要查找什么"搜索窗口

步骤 4：在图 3-50 所示的窗口中，单击"网络上的一个计算机"，打开如图 3-51 所示的"您在查找哪台计算机"搜索窗口。

图 3-50　"您在查找什么"搜索窗口　　　图 3-51　"您在查找哪台计算机"搜索窗口

（2）通过网上邻居查找网上计算机的共享资源。

> 一般来说，计算机是通过 NetBIOS 协议来发现网上邻居的，因此通过"网上邻居"查找网上计算机需要安装 NetBIOS 兼容协议或启用 TCP/IP 的 NetBIOS 协议。

步骤 1：检查是否安装了 NetBIOS 协议，如果没有安装则需要安装此协议，安装过程请参照项目 1 的协议安装过程，在此不再赘述。

步骤 2：双击桌面上的网络邻居，打开"网上邻居"对话框，单击左侧窗格中"网络任务"中的"查看工作组计算机"项，稍等一会儿，在该对话框的右侧会显示所有处于同一个工作组中的计算机。

步骤 3：双击要访问的目标计算机，会弹出一个对话框，要求输入需访问目标计算机的用户名和密码，验证正确后就会显示所需要访问的共享资源，如图 3-52 所示。然后根据设置的权限情况，可以访问文件夹内具体的文件。

图 3-52　访问的目标计算机的共享资源

123

任务2 宿舍局域网基本维护

任务 2-1 宿舍局域网常见故障排除

宿舍局域网采用的星型拓扑结构，该结构的网络通常出现网络不通畅的原因主要包括：网卡设置错误，RJ-45 接头、网卡及其他设备出现故障。这些故障往往是很少引起人们注意的，因此排除这些故障需要耐心细致，不断尝试。

通常采用的如下方法进行排除。

（1）观察网卡等设备上的指示灯。

不管是网卡还是路由器、交换机、调制解调器等都会有指示灯，指示灯显示、闪烁正常就表明工作正常。如果出现灯亮，但不闪烁，或者与正常工作状态不同则说明该设备发生了故障。

（2）传输介质测试。

可首先目测传输介质是否有物理上的破损、是否出现松动等现象；另外，可通过仪器进行通畅性测试，检查传输介质是否工作正常；如果身边没有可用的仪器，则可采用替换法，用一根正常的传输介质来进行替代，如果能使整个网络工作正常，则说明原来的介质存在故障。

（3）地址冲突。

每台计算机固定使用一个 IP 地址，还可以采用项目 2 的方式将 IP 地址与 MAC 地址绑定，以防止地址冲突而不能上网。

任务 2-2 宿舍局域网日常维护

1. 解除 Windows XP 系统的文件共享限制

现象：宿舍中一台计算机安装的是 Windows XP 系统，另一台计算机的用户无法访问该计算机，尽管两台计算机的 IP 地址处于同一网段，135、137、138、139 等端口都是开启的，NetBIOS 也启用了，网络连接和共享设置都是正确的。

原因：默认情况下，Windows XP 操作系统的本地安全设置要求进行网络访问的用户全部采用来宾方式，而安全策略的用户权利指派中又禁止 Guest 用户通过网络访问系统，这两条安全策略是相互矛盾的，因此导致了网络内其他用户无法通过网络访问使用 Windows XP 的计算机。

解决办法如下。

（1）解除禁用 Guest 账号。

单击"开始"—"运行"按钮，打开"运行"文本框，在该文本框中输入"GPEDIT.MSC"，打开组策略编辑器，如图 3-53 所示。

在该对话框中，依次展开"计算机配置→Windows 设置→安全设置→本地策略→用户权利指派"。

然后双击"拒绝从网络访问这台计算机"策略，打开"从网络访问此计算机 属性"对话框，如图 3-54 所示。在该对话框中选中 Guest 用户，单击"删除"按钮，将 guest 用户删除，然后单击最下方的"确定"按钮，即可解决文件共享受到限制的问题。

图 3-53 "组策略"对话框

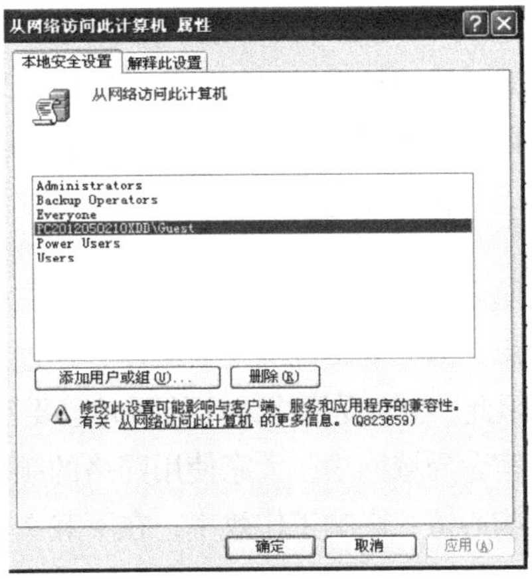

图 3-54 "从网络访问此计算机 属性"对话框

（2）更改网络访问模式。

依据上面的方法打开组策略编辑器，依次展开"计算机配置→Windows 设置→安全设置→本地策略→安全选项"，如图 3-55 所示。

双击"网络访问：本地账号的共享和安全模式"策略，将默认设置"仅来宾-本地用户以来宾身份验证"更改为"经典-本地用户以自己的身份验证"，如图 3-56 所示。

这样其他用户就可以通过网络访问使用 Windows XP 的计算机。当建立了账号且密码正确的情况下，就可以使用设立的账号进行登录了。但是如果没有设置密码，即用户的口令为空的情况下，

图 3-55 "组策略"对话框

访问仍然会被拒绝，这可以停用"账户：使用空白密码的本地账户只运行进行控制台登录"策略。因为如图 3-57 所示，在组策略的"安全选项"中，"账户：使用空白密码的本地账户只运行进行控制台登录"策略默认情况下是启用的，根据 Windows XP 安全策略中拒绝优先的原则，密码为空的用户当然会被禁止，要让没有设置密码的计算机能够访问 Windwos XP，则需要禁止该策略。

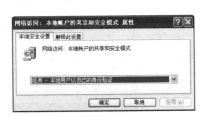

图 3-56 "网络访问：本地账户的共享和安全模式"对话框

图 3-57 "组策略"对话框

2. 解决 IP 地址冲突

宿舍局域网的用户都在同一网段，而且为了节约成本和简单起见，一般不会使用服务器设备，

因此造成 IP 地址冲突的概率比较大，一旦 IP 地址冲突就会造成计算机无法上网，查找起来也比较困难，最好是在组建网络的时候就规划好 IP 地址，与计算机形成对应关系，这种关系确定后就不要随意进行修改，每台计算机就使用这个分配好的固定的 IP 地址，以免造成麻烦。

3. 病毒防护

随着网络技术的飞速发展，网络在带给人们生活、工作便利的同时，也带来了安全威胁和安全隐患，部分病毒以网络为载体，通过网络传播，在很短的时间内使整个计算机网络处于瘫痪状态，因此，在享受网络快捷的同时也要不忘网络安全，对病毒的防护比发现和消除病毒更为重要。

宿舍局域网中，大家使用网络的频率非常高，甚至有严重的依赖，一旦遇上网络不通畅，则会影响心情、影响工作效率，在下载文件和使用过程中需要有效辨别病毒行为与正常程序行为，制定严格的防病毒体系。

防病毒体系不是单纯由某一台计算机确定，而是建立在局域网的每个防病毒系统上，可以从以下几个方面重点考虑。

（1）选择合适的杀毒软件。

杀毒软件的选择，需要从以下几个方面考虑。

- 界面是否友好、方便。
- 能否实现远程控制、集中管理。
- 杀毒软件病毒库的更新是否方便、及时。

（2）提高防病毒意识。

"三分靠技术，七分靠管理"，要提高人员的安全防范意识，对日常工作中如文件复制、不明文件下载等都应该考虑是否存在病毒，安装网络版或者个人版的杀毒软件，定时查杀病毒，减少共享文件夹的数量。

4. 信息发送

（1）信使服务。

在 Windows XP 中，"信使服务"在服务列表中名称为"Messenger"，该服务用来传输客户端和服务器之间的 Net Send 和 Alerter（报警器）服务消息。

 　"信使服务"只有在 XP SP2 及其以前版本才存在，从 SP2 之后微软就取消了，Vista 和 Win7 上根本就不存在了。

默认情况下，"信使服务"是打开的，所以当 Windows XP 操作系统的计算机连接到 Internet 上时，一些网站（包括厂商网站）可以通过该服务发送一些信息，在目标用户的计算机上会弹出一个名为"信使服务"的对话框。往往很多信息会是厂商发送的垃圾广告信息，干扰用户的正常工作。而有时候宿舍同学之间为了方便起见，也可以使用它来进行消息交互。在需要的时候需要开启该功能，而不需要的时候就要关闭该功能。

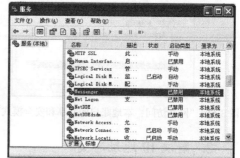

① 打开信使服务，发送信息。

依次打开"控制面板"→"管理工具"→"服务"，

图 3-58　"服务"对话框

打开如图 3-58 所示"服务"对话框，选中"messenger"服务，鼠标右键选择"属性"。

单击"属性"项，打开如图 3-59 所示"Messenger 的属性（本地计算机）"对话框，单击"启动类型"右侧的下拉菜单，将启动类型设置为"自动"或"手动"，然后单击下方的"应用"→"确定"按钮。返回"服务"对话框，右键并单击"启动"按钮。

命令"Net Send"来实现局域网内的消息传递，这个命令的具体格式为：

net send {name | * | /domain[:name] | /users message}，各参数的含义如下。

图 3-59 "Messenger 的属性
（本地计算机）"对话框

"names"——接收消息的用户名、计算机名。

"*"——将消息发送给在你域或工作组中的所有名称。

"/domain[:name]"——将消息发送给域中的所有计算机。

"/users"——将消息发送给所有连接服务器的用户。

"message"——将文本作为消息发送。

例如：想要发送消息给网络上名为"w"的计算机，在命令提示符下输入"net send w"速到系办开会！""，单击"回车"，这时计算机 w 就会收到消息并弹出一个信使服务窗口。也可以将命令中"w"计算机名称改成它的 IP 地址，如"net send 192.168.1.126 速到系办开会"，该信息就会成功发送到目标计算机。

② 关闭信使服务。

单击"开始"菜单，单击"运行"。在文本框中，键入"net stop messenger"。单击"确定"按钮则关闭了信使服务。也可以在图 3-59 的对话框中将"启动类型"设置为"已禁用"。

（2）Windows XP 系统发送消息。

在 Windows XP 系统下发送消息，不必预先启动应用程序，比较简便，即使在不能使用 Internet 的情况下也能使用，方便快捷。

步骤 1：依次打开"控制面板"→"管理工具"→"服务"，打开如图 3-60 所示的"服务"对话框，单击"操作"菜单，选中"所有任务"项，单击"发送控制台消息"。

步骤 2：打开如图 3-61 所示的"发送控制台消息"对话框，在"消息"文本框中输入要传送的消息内容，单击"添加"按钮。

步骤 3：打开如图 3-62 所示的"选择计算机"对话框，单击"高级"按钮，查找你需要发送消息的目标计算机，如果需

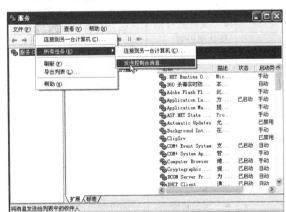

图 3-60 "服务"对话框

要发给几台计算机，则分别添加相应的计算机。单击"确定"按钮，则计算机就添加到了如图 3-61 所示的"收件人"中。然后单击右侧的"发送"按钮，消息就可以发送到目标计算机。

图 3-61 "发送控制台消息"对话框

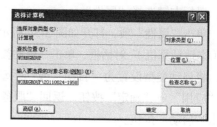

图 3-62 "选择计算机"对话框

【实施评价】

在宿舍局域网网络中，通常都会有 7～8 台计算机，但一般都不会超过 10 台。其目标一般都是希望能快速实现文件传输和共享、共享账号上网等以节省开支，同时又能满足上网速度快、文件传输频繁等应用需求。另外，笔记本的应用给网络提出了新的需求，除了有线网络的连接外，宿舍局域网应该还要考虑无线网络的连接及无线网络安全。此次任务的总结见表 3-6。

表3-6   任务实施情况小结

序 号	知 识	技 能	态 度	重要程度	自我评价	小组评价	老师评价
1	• 拓扑结构 • 连接设备工作原理 • 接入 Internet 的方式 • 局域网设计原则 • 文件夹权限及共享设置	○正确了解网络组建需求，确定组网目标，选择合适的网络设备，设计合理的拓扑结构图，根据拓扑结构图正确连接网络 ○检查网络软件的安装情况，如没有安装则正确安装所需的网络软件 ○熟练设置通过代理服务器实现 Internet 共享 ○熟练设置通过路由器实现 Internet 共享 ○熟练测试网络连通性、软件配置和安装情况	◎认真合理规划网络 ◎安全操作，在连接各网络硬件设备时先应关闭所有设备电源，连接完成后再打开电源检查连接情况 ◎根据实际情况分析处理，熟练完成安全设置并保证正确	★★ ★★ ★			
2	• 无线网络与有线网络的安全常识 • 常见故障 • 常用设备性能参数 • 安全防御体系	○在规定时间内正确完成多机互连网络组建、配置，并设置了相应的安全机制 ○正确添加用户并成功实现资源共享 ○能排除常见故障	◎有很强的纪律性，在规定时间内完成规定的任务 ◎组建网络规范，布线规则、美观 ◎能积极思考问题，并不断解决问题	★★ ★★ ☆			
任务实施过程中已经解决的问题及其解决方法与过程							
问题描述				解决方法与过程			

序　号	知　识	技　能	态　度	重要程度	自我评价	小组评价	老师评价
		任务实施过程中存在的主要问题					

说明：自我评价、小组评价与教师评价的等级分为 A、B、C、D、E 五等，其中：知识与技能掌握 90%及以上、学习积极上进、自觉性强、遵守操作规范、有时间观念、产品美观并完全合乎要求为 A 等；知识与技能掌握了 80%～90%，学习积极上进、自觉性强、遵守操作规范、有时间观念，但产品外观有瑕疵为 B 等；知识与技能掌握 70%～80%，学习积极上进、在教师督促下能自觉完成、遵守操作规范、有时间观念，但产品外观有瑕疵，没有质量问题为 C 等；知识与技能基本掌握 60%～70%，学习主动性不高、需要教师反复督促才能完成、操作过程与规范有不符的地方，但没有造成严重后果的为 D 等；掌握内容不够 60%，学习不认真，不遵守纪律和操作规范，产品存在关键性的问题或缺陷为 E 等。

【知识链接】

【知识链接 1】小型局域网常用的拓扑结构

由于宿舍局域网中的计算机数量一般都不多，因此宿舍局域网也是一种小型局域网。目前小型局域网常采用以下 3 种拓扑结构，即双绞线直连、总线型网络、星型网络。为了增强使用的方便性和保证高效性，一般会选择使用星型网络拓扑结构。

【知识链接 2】校园宿舍网的设计原则

建立宿舍局域网需具有一定的先进性和开放性，良好的安全性和可靠性，设计符合标准化、可扩展、易管理、能运行。具体如下。

（1）安全性。

对网络安全要有整体的考虑，包括病毒防范、网络风暴阻止、环路检测等。因为学生都年轻，好奇心重，而且喜欢尝试；另一方面在校学生中部分"高手"喜欢尝试破解网络服务器密码，进行网络扫描及网络攻击行为；还有很多学生对计算机的维护与安全不够重视，导致网络病毒泛滥，对网络性能造成较严重影响，甚至网络瘫痪。

（2）实用性，高性能。

网络整体性能良好，不会因特殊时段产生的大流量和 BT 疯狂下载等不良使用对网络性能产生明显影响，而且要能满足学习需求。

（3）先进性与开放性。

确保在将来的网络扩建中，能够充分地保护现有设备和技术投资。

（4）经济性。

学生经济不是很宽裕，在相同性能代价下考虑经济性。

【知识链接 3】ADSL 接入方式

1. ADSL 简介

ADSL 是英文 Asymmetrical Digital Subscriber Loop（非对称数字用户环路）的缩写，ADSL 技术是运行在原有普通电话线上的一种新的高速宽带技术，它利用现有的一对电话铜线，为用户提供上、下行非对称的传输速率（带宽）。

非对称主要体现在上行速率（最高 640 kbit/s）和下行速率（最高 8 Mbit/s）的非对称性上。上行（从用户到网络）为低速的传输，可达 640kbit/s；下行（从网络到用户）为高速传输，可达

8 Mbit/s。它最初主要是针对视频点播业务开发的，随着技术的发展，逐步成为了一种较方便的宽带接入技术，为电信部门所重视。

2. ADSL 工作原理

ADSL 接入 Internet 的工作原理如图 3-63 所示。

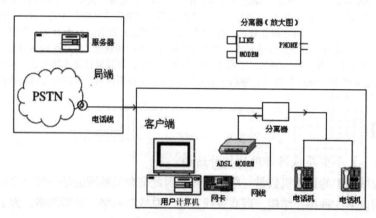

图 3-63　ADSL 接入 Internet 的工作原理图

信号分离器分离低频的语音信号和高频的数据信号，使它们在接收端互不干扰。分离器的 Phone 端口接电话机，Line 端口接电话线。ADSL Modem 上如果不接分离器也可以直接接电话线。如果接分离器，则需要通过 RJ-12 电话线接入分离器的 Modem 端口。

ADSL 网络结构包括 4 个子网部分：客户端网络、通信线路、局端接入网以及服务提供商网络。

3. ADSL 接入类型

ADSL 接入方式包括两种，一种是专用入网方式，即用户获分配固定的静态 IP 地址，用户 24 小时在线；另一种是虚拟拨号入网方式，该方式是用户输入账号、密码，而非真正的电话拨号，通过身份验证后，获得一个动态的 IP 地址，可以掌握上网的主动性。

4. ADSL Modem 的分类

ADSL Modem 可分为内置 ADSL Modem、USB ADSL Modem、以太网接口 ADSL Modem（路由和桥式）和无线 ADSL Modem4 种。

各种类的设备图片和接入示意图如表 3-7 所示。

表 3-7　　　　　　　　　　　　　　　　ADSL Modem 分类表

种类	特　点	设　备　图　片	接入示意图
内置 ADSL Modem	（1）内置 PCI 供电，无需外接电源 （2）标准 PCI 工业总线接口 （3）工业标准设计、高灵敏度、低功耗		

种类	特点	设备图片	接入示意图
USB ADSL Modem	（1）低功耗、USB 总线直接供电，无需外接电源。高性能、低价格、基于标准且可以同普通电话线连接 （2）即插即用，PC 与笔记本通用 （3）安装简单，无需开机箱		
以太网接口 ADSL Modem	（1）提供以太接口，具有 Modem+路由器功能，在 Modem 上配置公网 IP 地址 （2）只需一台 ADSL Modem 就能把以太网计算机连接到互联网		
无线 ADSL Modem	是无线接入点 AP 与 ADSLModem 的集成，允许 ADSL 链路上同时连接 25 个有线用户和 16 个无线用户上网		

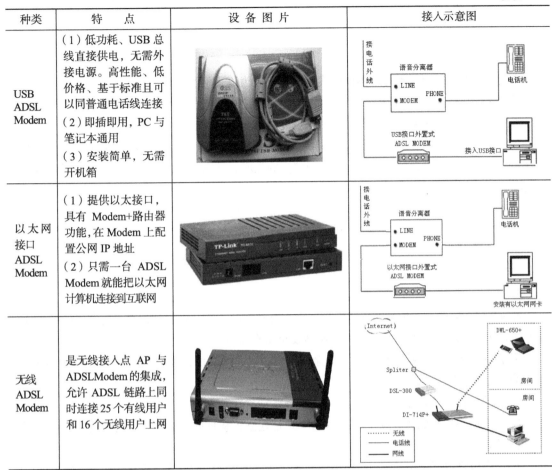

【知识链接 4】集线器、交换机工作原理

1. 集线器（HUB）工作原理

Ethernet HUB 的中文名称叫做以太网集线器，其基本工作原理是广播技术（broadcast），也就是 HUB 从任何一个端口收到一个 Ethernet 信息包后，它都将此 Ethernet 信息包广播到其他所有端口，HUB 不记忆哪一个 MAC 地址挂在哪一个端口。

Ethernet 信息包中含有源 MAC 地址和目的 MAC 地址（网卡 NIC 的 Ethernet 地址，48 位长），与上述 Ethernet 信息包中目的 MAC 地址相同的计算机执行该包中所要求的动作。对于目的 MAC 地址不存在或没有响应等情况，Ethernet HUB 既不知道也不处理。这个过程就像邮递员只根据信封上的地址传递信件，而不管信中的内容以及收信人是否回信，或收信人由于某种原因没有回信，而导致发信人着急。不同的仅是邮递员在找不到该地址时会将信退回，而 Ethernet HUB 不管退信，只负责转发。

实例：在 Windows 95/98 中，当用户 A 双击"网上邻居"时，相当于生成了一个 Ethernet 广播包，此包中的目的 MAC 地址为全 1，该包要求执行的命令是："请告诉我你们的名字！"。请注意，Ethernet HUB 不知道此命令是什么意思，也不做任何处理，只负责将此信息包广播到所有其他端口，仅此而已。而与 HUB 相连的计算机的网卡 NIC 在收到广播包后将包中的数据域内容传送给上层软件即 Windows 95/98，上层软件根据广播包中的源 MAC 地址向其返回自己在网络中的计算机名称，用户 A

在收到各个计算机回送的响应信息包后便得知网络上都有哪些用户，并显示在"网上邻居"图标中。

2. 交换机工作原理

（1）交换机的分类。

依照交换机处理帧时不同的操作模式，主要可分为以下两类。

① 存储转发：交换机在转发之前必须接收整个帧，并进行错误校检，如无错误再将这一帧发往目的地址。帧通过交换机的转发时延随帧长度的不同而变化。

② 直通式：交换机只要检查到帧头中所包含的目的地址就立即转发该帧，而无需等待帧的全部被接收，也不进行错误校验。由于以太网帧头的长度总是固定的，因此帧通过交换机的转发时延也保持不变。

（2）交换机的主要功能。

① 缓存地址表。

以太网交换机了解每一端口相连设备的 MAC 地址，并将地址同相应的端口映射起来存放在交换机缓存中的 MAC 地址表中。

② 转发/过滤。

当一个数据帧的目的地址在 MAC 地址表中有映射时，它被转发到连接目的节点的端口而不是所有端口（如该数据帧为广播/多播帧则转发至所有端口）。

③ 消除回路：当交换机包括一个冗余回路时，以太网交换机通过生成树协议避免回路的产生，同时允许存在后备路径。

（3）交换机的工作原理。

① 交换机根据收到数据帧中的源 MAC 地址建立该地址同交换机端口的映射，并将其写入 MAC 地址表中。

② 交换机将数据帧中的目的 MAC 地址同已建立的 MAC 地址表进行比较，以决定由哪个端口进行转发。

③ 如数据帧中的目的 MAC 地址不在 MAC 地址表中，则向所有端口转发，这一过程称为泛洪（flood）。

④ 广播帧和多播帧向所有的端口转发。

（4）交换机的工作特性。

① 交换机的每一个端口所连接的网段都是一个独立的冲突域。

② 交换机所连接的设备仍然在同一个广播域内，也就是说，交换机不隔绝广播（唯一的例外是在配有 VLAN 的环境中）。

③ 交换机依据帧头的信息进行转发，因此说交换机是工作在数据链路层的网络设备（此处所述交换机仅指传统的二层交换设备）。

【知识链接 5】代理服务器技术

1. 什么是代理服务器

代理服务器的英文全称是 Proxy Server，其功能是代理网络用户去获取网络信息。它介于浏览器和 Web 服务器之间。代理服务器一般都具有缓冲功能，不断地将新取得的数据存储到代理服务器所在计算机的存储器上。

2. 代理服务器工作过程

如图 3-64 所示，浏览器首先向代理服务器发出请求，如果所请求的数据在代理服务器所在的存储器上存在而且是最新的，就直接将数据传送给浏览器，这样能显著提高浏览速度和效率；如果所请求的数据不在存储器上或者不是最新的，那么代理服务器就从 Web 服务器取回信号，然后再通过代理服务器传送给浏览器。代理服务器就相当于信息的中转站。

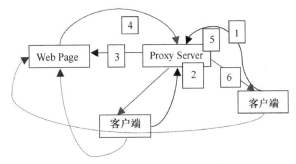

图 3-64 代理服务器工作过程示意图

工作过程：① 客户端（Client）提出要求。

② Proxy Server 本身是否有所需资料，若有则跳至⑥。

③ 向真正的 Web Server 提出索取资料需求。

④ 真正的 Web Server 响应资料。

⑤ Proxy Server 储存 Web Server 响应的资料。

⑥ Proxy 响应客户端（Client）需求。

3. 代理方式

（1）代理方式分类。

代理方式可分为 Squid 传统代理、透明代理、plug-gw、Apache 反向代理、IP 伪装和端口转发 6 种。

（2）各代理方式的作用。

通常情况下 IP 伪装、Squid 传统代理和透明代理适合于无真实 IP 地址的用户访问 Internet。而其他三种则适合于外部用户访问局域网内无真实 IP 地址的服务器。各代理方式的优缺点如表 3-8 所示。

表 3-8 代理方式比较

代理方式	优 点	缺 点
Squid 传统代理	对客户端要求很少，只要能连通 squid 服务器即可	每台机器都设置代理服务器的 IP 地址和端口号
Squid 透明代理	不需要每个客户机都设置代理地址和端口，简化了用户端配置	每台客户机的默认网关都设为 squid 代理服务器，且需要客户端来做 DNS 解析
IP 伪装	适合大多数应用层服务，不像 squid 仅支持 HTTP 和 FTP	需要客户的默认网关设为防火墙的地址。且不像 squid 有 cache 功能
plug-gw	可代理各种服务器如 HTTP、POP3 等	
Apache 反向代理		只能代理 HTTP 反向请求
端口转发	适合大多数服务；与具体的应用无关；速度快；在内核 IP 层实现，无需要特别的应用层服务在运行	可能需要重新编译内核

4. 使用代理服务器的好处

（1）连接 Internet 与 Intranet 充当 firewall（防火墙）。

（2）节省 IP 开销。所有用户对外只占用一个 IP，所以不必租用过多的 IP 地址，降低网络的维护成本。

（3）提高访问速度。

5. 代理服务器的功能

（1）设置用户验证和记账功能，可按用户进行记账，没有登记的用户无权通过代理服务器访问 Internet 网，并对用户的访问时间、访问地点、信息流量进行统计。

（2）对用户进行分级管理，设置不同用户的访问权限，对外界或内部的 Internet 地址进行过滤，设置不同的访问权限。

（3）增加缓冲器（Cache），提高访问速度，对经常访问的地址创建缓冲区，大大提高热门站点的访问效率。通常代理服务器都设置一个较大的硬盘缓冲区（可能高达几个 GB 或更大），当有外界的信息通过时，同时也将其保存到缓冲区中，当其他用户再访问相同的信息时，则直接由缓冲区中取出信息，传给用户，以提高访问速度。

（4）连接内网与 Internet，充当防火墙（firewall）。因为所有内部网的用户通过代理服务器访问外界时，只映射为一个 IP 地址，所以外界不能直接访问到内部网；同时可以设置 IP 地址过滤，限制内部网对外部的访问权限。

（5）节省 IP 开销。代理服务器允许使用大量的伪 IP 地址，节约网上资源，即用代理服务器可以减少对 IP 地址的需求，对于使用局域网方式接入 Internet，如果为局域网（LAN）内的每一个用户都申请一个 IP 地址，其费用可想而知。但使用代理服务器后，只需代理服务器上有一个合法的 IP 地址，LAN 内其他用户可以使用 10.*.*.*这样的私有 IP 地址，这样可以节约大量的 IP，降低网络的维护成本。

【拓展提高】

Windows XP 系统能很快实现资源共享，操作简单，操作界面清晰，得到了非常广泛的应用。但也存在一些安全隐患，如所有驱动器都默认为自动共享，但不会显示共享的手型标记，往往为用户所忽略。怎样才能避免这个隐患呢？

1. 任务拓展完成过程提示

步骤 1：查看计算机中的共享资源，找到共享目录。

方法一：单击"开始"→"运行"，打开"运行"文本框，在运行文本框中输入"cmd"命令，单击"确定"按钮。进入 DOS 命令提示符窗口，在提示符后输入 net share 命令，然后回车，就可以看到计算机中的共享目录。

方法二：依次打开"控制面板→管理工具→计算机管理→共享文件夹"，查看计算机中所有的共享资源，如图 3-65 所示。

步骤 2：删除共享。

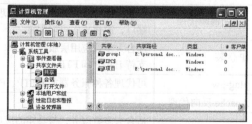

图 3-65　查看共享目录

确保以 Administrator 或 Power Users 组的成员身份登录系统。

（1）依次打开"开始菜单→控制面板→管理工具→服务"，找到"Server"服务，如图 3-66 所示。

选中该服务，鼠标右键单击"属性"项，打开如图 3-67 所示"Server 的属性（本地计算机）"对话框。单击"启动类型"右侧的下拉菜单，将"启动类型"设置为"手动"或"已禁用"。 单击下方的"应用"→"确定"按钮，即可更改 Server 服务的启动类型。

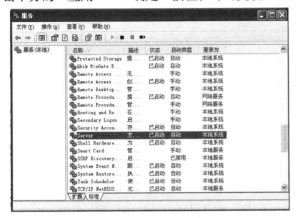

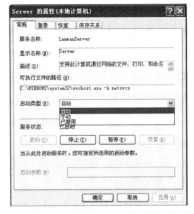

图 3-66　"服务"对话框　　　　　　　图 3-67　"Server 的属性（本地计算机）"对话框

（2）修改注册表。

依次打开"开始"→"运行"，输入 regedit 进入"注册表编辑器"，找到 HEKY_ LOCAL_MacHINE\ System\CurrentControlSet\Services\LanmanServer\Paramaters 子键，在右侧的窗口中分别新建一个名为"AutoShareWks"和一个名为"AutoShareServer"的双字节键值，并且将值设置为"0"。

（3）命令方式。

在 DOS 命令提示符下，键入 net share ipc$ /del 命令，然后回车即可删除 ipc$的共享目录。

2. 任务拓展评价

任务拓展评价内容如表 3-9 所示。

表 3-9　　　　　　　　　　　　　　任务拓展评价表

拓展任务名称		删除共享目录	
任务完成方式	【　】小组协作完成	【　】个人独立完成	
任务拓展完成情况评价			
自我评价		小组评价	教师评价
存在的主要问题			

填写说明：任务为个人完成，则评价方式为"自我评价+教师评价"，如为小组完成，则以"小组评价+教师评价"为主体。

【思考训练】

一、思考题

1. 现在通信广泛使用 TCP/IP 通信协议，获取 IP 地址的方式主要有几种？分别是什么？

2. 为了节省公用 IP 地址，往往局域网的内网要上网都采用共享上网的方式，常用的共享上网方式有哪几种？

二、填空选择题

1. 在设置共享资源时，如果允许某个用户共享，则应该为该用户添加一个_____。

2. 网络用户对共享资源的权限包括_____、_____、_____三种。

3. Internet 上的各计算机之间使用协议_____通信，有时候在通过"网上邻居"找不到网络上的计算机，可能是因为没有安装或启用_____协议。

4. 常用的代理服务器软件有_____、_____、_____、_____等。

5. 默认安装完 ASP 服务器软件后，要检查 ASP 网页的情况，需要将 ASP 程序复制到_____目录下。

6. 在 Windows 2000/XP 中，"信使服务"在服务器列表中名称为"_____"，该服务用来传输客户端和服务器之间的_____和_____服务消息。

    A. messenge　net send　alter　　　　　B. messenger　net send　alter

    C. Messenger　net send　alerter　　　　D. messenger　net send　alerter

7. 如果在你使用计算机时突然出现"信使服务"会干扰工作，需要关闭，但在通信时又需要开启，使用命令方式操作比较简便，使用的命令分别是：_____、_____。

    A. net stop messenge net start messenge　　B. net stop messenge net begin messenge

    C. net stop messenger net begin messenger　D. net stop messenger net start messenger

8. 局域网中的计算机要能够相互访问，需要处于同一个_____中。

三、操作题

1. 使用 Windows XP 系统给吴军的计算机发送消息"周五上午上交项目报告"。

2. 调查学校至少 5 个宿舍的 Internet 接入方式，列出所用的设备，计算网络组建成本，比较分析哪种方式更经济更实惠。

项目4
办公局域网组建、配置与维护

随着计算机、局域网应用的不断深入，办公自动化水平不断提高，办公室使用的计算机数目越来越多，各部门间的信息交换越来越频繁，甚至有的部门已经实现了无纸化办公，另外，一些办公设备如打印机、传真机和扫描仪等也是办公用户所必须使用的。

为了实现更准确、可靠、快捷的数据和信息交换，充分发挥公司内已有硬件设备的功能，提高工作效率，减少投入成本，实现资源共享，最好的解决办法就是组建一个办公室局域网，共享这些软、硬件资源。

【教学目标】

知识目标	<ul><li>了解办公局域网的特点和组建原则</li><li>知道共享文件夹、共享打印机的作用</li><li>了解办公局域网的基本安全设置</li><li>知道 VLAN 和 VPN 的作用、基本设置方法、概念</li><li>掌握 FTP、Web 服务的功能</li><li>明确数据备份与恢复的重要性和必要性</li></ul>
技能目标	<ul><li>学会安装和配置 FTP、Web、电子邮件服务</li><li>熟悉办公局域网的常用安全技术和配置</li><li>熟练掌握实时交流软件的使用，能应用该软件进行沟通交流</li><li>熟悉活动目录的安装与配置</li><li>熟练掌握资源共享方法并顺利完成资源共享</li></ul>
态度目标	<ul><li>通过资源共享的方式，节省一些相应的硬件设备，如打印机、硬盘等，从而节约成本</li><li>认真分析任务目标，做好整体规划</li><li>耐心做事，做好简单的事情，想想复杂网络与简单网络的联系</li><li>团队协作，相互配合</li></ul>
准备工作	<ul><li>分组：每 6~7 个学生一组，自主选择 1 人为组长</li><li>给每个组准备 6~7 台没有任何配置但硬件设备齐全的计算机，让学生将这些计算机组成一个简单网络</li></ul>

续表

准备工作	• 每个组服务器 1 台 • 网线若干，水晶头若干 • 每个组交换机 1 台
考核成绩 A 等标准	• 正确判定计算机当前的配置情况和网络服务安装情况 • 熟练选择、使用工具制作通畅的网线，达到"会、熟、快、美"的要求，符合 EIA/TIA568A 或 EIA/TIA568B 标准 • 正确连接各硬件设备 • 项目组成员都能安装配置 FTP 服务并顺利完成文件传送；利用 Web 服务进行网页发布 • VLAN、VPN、活动目录的安装和正确配置 • 数据备份快速、安全、有效，并能进行还原 • 工作时不大声喧哗，遵守纪律，与同组成员间协作愉快，配合完成了整个工作任务，保持工作环境清洁，任务完成后自动整理、归还工具，关闭电源
评价方式	教师评价+小组评价

【项目描述】

蝴蝶软件公司是一家小型的计算机技术公司，拥有员工 40 人左右。部门科室齐全，主要包括行政部、市场部、研发部、技术部等。由于工作内容零散、人力资源有限、一人多能、成本投入等诸多因素影响，公司力求高效、经济、适用的办公环境，信息化直接影响着整个公司的发展。

根据办公信息化、自动化的需求，为了提高各部门间办公效率，促进信息交流，适应现代化办公的要求，降低硬件投入成本，需要组建一个办公局域网。

【项目分解】

从该项目的描述信息来看，蝴蝶软件公司希望组建一个内部局域网，以实现部门间信息高效交流，同时又能保护各部门的机密信息；共享硬、软件资源，文档等，降低成本投入，减少重复投资等。本项目按由简单到复杂、层次递进的形式分解，可以首先在某个部门组建 1 个简单的共享网络，然后根据应用需求拓展到整个公司。主要分解如表 4-1 所示。

表 4-1 项目分解表

任 务	子 任 务	具体工作内容
任务 1 对等办公网络组建、配置与维护	任务 1-1　对等办公网络组建	（1）组网需求分析 （2）组网目标确定 （3）网络结构设计 （4）网络设备选购 （5）网络硬件连接
	任务 1-2　实时交流软件安装与配置	（1）软件下载与安装 （2）软件配置
	任务 1-3　信息传输与共享设置	（1）信息传输工具选择与安装 （2）FTP 的应用
	任务 1-4　在局域网上发布个人主页	（1）组件安装 （2）Web 服务应用

任　务	子　任　务	具体工作内容
任务 1 对等办公网络组建、配置与维护	任务 1-5　网络测试	（1）测试该办公网的连通性 （2）测试实时交流软件的配置 （3）测试信息传输工具能否正常使用 （4）测试 Web 站点的应用
任务 2 C/S 办公网络组建、配置与维护	任务 2-1　C/S 办公网络组建	（1）组网需求分析 （2）组网目标确定 （3）网络结构设计（结构与 IP 地址设计） （4）网络设备选购 （5）网络硬件连接
	任务 2-2　邮件传输与安全设置	（1）邮件服务器创建 （2）邮件加解密
	任务 2-3　部门间安全设置	（1）架设 VLAN （2）配置 VLAN
	任务 2-4　VPN 配置	（1）架设 VPN （2）配置 VPN
	任务 2-5　安全设置	（1）共享上网安全（NAT 服务） （2）关闭硬盘自动播放功能 （3）服务器安全设置（共享权限、策略设置） （4）备份与还原数据
	任务 2-6　网络测试	（1）测试该办公网的连通性 （2）测试各配置情况 （3）测试网络的安全性能

【任务实施】

根据蝴蝶软件公司具体情况，办公规模不是很大，只有 40 人，因此计算机数目不是很多，但各部门之间既需要通信，又要保证部门内部信息安全；而且该公司为了保持工作效率，因此在上班时间禁止上 QQ，为了沟通方便，需要公司内部能够即时通信；为了保证公司信息不外泄，需要文档集中管理等，该网络搭建由简单到复杂逐步实施。

任务 1：对等办公网络组建、配置与维护。

任务 2：C/S 办公网络组建、配置与维护。

任务 1　对等办公网络组建、配置与维护

任务 1-1　对等办公网络组建

1．组网需求分析

蝴蝶软件公司的技术部门有 5 名员工，他们都从事软件的开发工作，各自的工作相对比较独立，但通常在项目准备和攻坚阶段任务协调比较频繁，需要协调工作；另外，各自的研发成果等文件和

资料为了安全，通常需要备份等管理。与这 5 名员工进行沟通交流后，其需求主要包括以下几点。

（1）协调工作时需要即时通信，常用的电话可以完成该任务，但电话费也是一项不小的开销，而且涉及细节问题的时候往往还需要图、表的支持，而电话是不能传输图、表的，只能通过口头描述，直观性不强。现在网络使用非常方便，在不增加额外支出的情况下，使用网络通信是非常可行的。

（2）可共用的文件和资料需要能有效传输，内部文件和资料不希望被其他部门了解，只在 5 个人间进行传输。

（3）在局域网上发布个人网页等应用测试，有些研发软件需要放在网站中，因此需要发布网页来进行测试，然后才能根据结果进行不断优化与完善。

2. 组网目标确定

根据上述需求分析，蝴蝶软件公司技术部门网络主要需要实现如下几个目标。

（1）基本的文件共享与文件安全。

（2）文件传输，使用内部 FTP，可以把文件快速有效地传输给每一个人。

（3）即时通信，就像面对面的交流，既不影响个人的工作，又能有效完成任务沟通，甚至还可以相互问候，增进同事感情，缓解工作压力。

（4）发布个人主页。

3. 网络结构设计

针对上述目标，各项设计如下。

（1）拓扑结构设计。

在该部门中，5 个人主要是独立工作，只有在准备和攻坚阶段才需要协同工作，因此使用对等网络结构比较合适，各计算机在网络中的位置都是平等的，不需要专门的服务器，连接简单、操作方便、成本低。

选用星型网络结构，这种连接方式连接简单、维护方便、稳定性相对较好，扩展性强。该部门只有 5 个人，因此使用一个 8 口的交换机将 5 台计算机连接就行，可以保证网络扩展的需求。

（2）操作系统。

因为没有特殊需求，因此可选用大家都比较习惯的 Windows XP 系统。

（3）文件系统。

文件共享是基本需求，为了安全性起见，建议使用 NTFS 文件系统；但也可以将需共享的磁盘设置为 NTFS，其余的仍然使用 FAT32 文件系统。

（4）即时通信。

为了保证节省成本，不增加额外的投入，可选择 Windows 自带的 NetMeeting 来实现，不需要另外安装，设置简单。

（5）文件传输。

与即时通信一样尽量节省成本，利用 FTP 服务功能。

4. 网络设备选购

根据前述分析结果可知，在本网络组建中，只需要另外购买一台 8 口交换机就行，然后每台计算机配置一块网卡（现有计算机一般都有集成网卡，不需额外配置），准备一根适当长度的双绞线就行。

5.　网络硬件连接

设备选购完成后，将相应的设备准备好，然后将 5 台计算机连接到交换机上，如果有打印机，就把打印机连接到任意一台计算机上。在连接过程中应考虑各设备的摆放位置和周围设施情况。

（1）交换机位置。

交换机应放置在各计算机相对中心的位置，另外还应当考虑交换机与其他办公室的交换机连接是否方便，有没有综合布线。

（2）计算机位置。

计算机与空调应有一段距离，主机箱应当保持通风良好。

（3）连接的双绞线长度。

连接设备的双绞线长度不能超过 100 米。

为了达到信息共享、资源共享和打印机共享的目的，网络的基本设置如"Microsoft 网络用户"中计算机的标识信息、"文件及打印共享"等内容与项目 2、项目 3 的共享设置相同，不另外详细阐述。

任务 1-2　实时交流软件安装与配置

因特网为信息交流开辟了一个新的时代，人们不仅可以通过网络浏览网上信息、收发电子邮件，还可以通过实时通信软件，与认识的或者不认识的人进行实时的交流。同样，内部局域网中的用户更需要快捷的通信，电话往往适合于点对点通信，如果需要办公室网络的项目组需要分配任务、协商解决问题等就可以通过 Microsoft NetMeeting 来实现网络中各计算机之间的通信，当然也可以通过互联网连接远程用户，就好像坐在一起一样讨论问题。

1.　Microsoft NetMeeting 软件介绍

Microsoft NetMeeting 为全球用户提供了一种通过 Internet 进行交谈、召开会议、工作以及共享程序的全新方式。

（1）NetMeeting 具备以下功能。

① 通过 Internet 或 Intranet 向用户发送呼叫，与用户交谈。

② 看见呼叫的用户与其他用户共享同一应用程序。

③ 在联机会议中使用白板画图。

④ 检查快速拨号列表，看看哪些朋友已经登录。

⑤ 在自己的 Web 页上创建呼叫链接，向参加会议的每位用户发送文件。

（2）使用 NetMeeting 进行视频交流需准备的条件。

① 1 台能上网的计算机。

② 1 个麦克风（简称 MIC，如果没有就不能将自己说的话传出去）。

③ 1 个摄像头（简称 CAM，如果没有就不能将自己的影像传出去）。

④ 1 个音箱（如果没有就不能听到对方说的话）。

摄像头拍摄的视频信息可以通过因特网传送到对方的屏幕上。NetMeeting 是 Internet Explore 的套件之一，如果没有安装 NetMeeting，可到网上下载安装。

2. Microsoft NetMeeting 软件安装

一些公司禁止使用 QQ 等聊天工具，给大家网上沟通增加了障碍，但大家可以使用微软系统附带的 NetMeeting 软件。

以 Windows XP 系统为例说明 NetMeeting 软件的安装。

步骤 1：检测是否安装有该软件。

单击"开始"→"运行"，打开"运行"文本框，在文本框中输入"conf"，然后单击该对话框中的"确定"按钮。如果弹出"NetMeeting"的对话框，说明该软件已经安装。如果弹出"Windows 找不到文件'conf'"的对话框，则说明系统中没有安装该软件。

如果没有安装该软件，则需进入步骤 2，完成软件安装。如果已经安装，则进入步骤 3 进行软件设置。

步骤 2：安装软件。

到网上下载 1 个软件，双击打开该安装文件，进入软件安装界面，与安装其他应用软件相同，根据向导提示一步步往下走，直到看到"NetMeeting 已成功安装"的界面。整个安装过程完成。

步骤 3：设置软件。

（1）在"运行"文本框中输入"conf"，然后单击该对话框中的"确定"按钮，弹出"NetMeeting"的对话框，如图 4-1 所示。

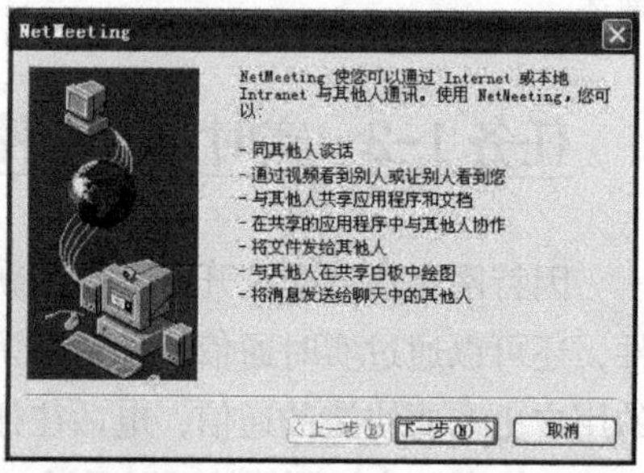

（2）单击"下一步"按钮，弹出如图 4-2 所示的对话框，要求填写个人信息，在各对应的文本框中填写要求的内容。

图 4-1　NetMeeting 对话框

（3）书写完毕后，单击"下一步"按钮，弹出如图 4-3 所示的对话框，在这里设定 NetMeeting 的目录服务器。另外在服务器中是否隐身由你选择。

图 4-2　"个人信息填写"对话框

图 4-3　"设定目录服务器"对话框

（4）单击"下一步"按钮，弹出如图 4-4 所示的对话框，这里只是设置使用的网络。根据你网络连接的实际情况选择。一般办公室网络都会采用局域网连接，当然也有的小型公司是采用电信的 ADSL 接入的。

（5）单击"下一步"按钮，弹出如图 4-5 所示的对话框，这里设置是否在桌面和快捷启动栏设置快捷方式，可选可不选也可都选，根据个人使用习惯选择。

（6）单击"下一步"按钮，弹出如图 4-6 所示的"音频调节向导"对话框，根据提示信息进行相应操作。

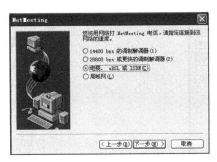

图 4-4　"设置网络"对话框

图 4-5　"设置快捷键方式"选择对话框

图 4-6　"音频调节向导"对话框

（7）单击"下一步"按钮，弹出如图 4-7 所示的"音频调节向导"对话框，选择音频设备后，调节音量。

（8）单击"下一步"按钮，弹出如图 4-8 所示的"音频调节向导"对话框，调节录音音量。

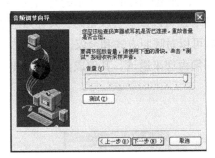

图 4-7　"音量调节"对话框

图 4-8　"录音音量调节"对话框

（9）单击"下一步"按钮，直到整个向导完成，则该软件设置完毕。弹出软件工作界面，如图 4-9 所示。

①"新呼叫"。

在该界面上，可以使用工具中的选项，实现呼叫、白板、会议等功能。选中"呼叫"选项，会弹出如图 4-10 所示的"呼叫"菜单，在菜单中单击"新呼叫"，弹出如图 4-11 所示的"发出呼叫"对话框，在"到"文本框中输入你需要呼叫计算机的 IP 地址，在"使用"中选择合适的呼叫方式，然后单击"呼叫"按钮。

单击"呼叫"按钮后，会弹出如图 4-12 所示的"正在等待响应"的对话框。

如果呼叫的计算机产生响应，即可完成呼叫；如果呼叫的计算机没开机或不能连接网络（局域网或 Internet），则会弹出如图 4-13 所示的对话框。

图 4-9　NetMeeting 软件工作界面　　　　　图 4-10　NetMeeting 软件呼叫选项

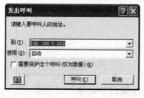

图 4-11　"发出呼叫"对话框　　　图 4-12　"正在等待响应"对话框　　　图 4-13　"呼叫不成功"对话框

连接对方后，可以使用软件最下方一行中的快捷按钮进行文件传输、文字传输和画板作图等。

② "主持会议"。

如果你是会议主持者，则需要单击"主持会议"选项，弹出如图 4-14 所示的对话框，在该对话框中设置"会议名称"，如果不希望非与会成员闯进来，还可以设置会议密码，只有知道密码的成员才可以进到会议中来，保证了会议的安全性。然后可以对呼叫方式和会议工具进行选择。如果选择"只有您可以发出拨出呼叫"项，则会议成员必须由您来邀请，其他成员无权呼出。

③ "工具"。

各工具快捷方式如图 4-15 所示。

图 4-14　"主持会议"对话框　　　　　图 4-15　"工具"选项与对应的快捷方式

"工具"中的"共享"，是允许共享文件、应用程序，使 NetMeeting 的每个用户都可以直接操作该共享的文件或应用程序。在选择需要共享的文件和程序后单击"共享"→"允许控制"按钮，选择"自动接受控制请求"复选框，使得对方拥有"请求控制权"，在得到控制权后用户就可以编辑、修改共享文件。在"共享"的控制权使用完后，执行"控制"→"释放控制"按钮，对方才能使用。

④ 远程桌面共享。

NetMeeting 除了能共享文件、应用程序外，还可以通过"远程桌面共享"让用户控制远程的计算机。具体操作步骤如下。

步骤 1：在 NetMeeting 的工具栏中，单击"工具"，在弹出的菜单中选择"远程桌面共享"，如图 4-16 所示。

步骤 2：打开如图 4-16 所示的"远程桌面共享向导"对话框。当 NetMeeting 不在运行时，可以收听"远程桌面共享"呼叫。

步骤 3：单击"下一步"按钮，打开如图 4-17 所示的"远程桌面共享向导"对话框，提示用户身份，只有使用管理员账户才能使用。

图 4-16 "远程桌面共享向导"对话框

图 4-17 "提示账户要求"对话框

步骤 4：单击"下一步"按钮，打开如图 4-18 所示的"远程桌面共享"对话框，开启另一重安全保护。

步骤 5：单击"下一步"按钮，打开如图 4-19 所示的"远程桌面共享"对话框，设置完成。

步骤 6：单击"完成"按钮，远程桌面共享设置完成。在桌面右下角会出现远程桌面共享的图标。选中该图标，单击鼠标右键，弹出如图 4-20 所示的菜单。

图 4-18 "远程桌面共享"对话框

图 4-19 "远程桌面共享完成"对话框

图 4-20 "启动远程桌面共享"选项

步骤 7：单击"启动远程桌面共享"选项，在远程计算机上进行呼叫，如过呼叫成功，则要求输入远程访问的用户名和密码，用户名为管理员的用户名，单击"确定"按钮后，就可以看到远程计算机的共享桌面，即可以实现远程控制。这对于远程项目协作、故障排除等操作非常方便。

任务 1-3 信息传输与共享设置

在局域网内实现信息传输的工具非常多，如 QQ、NetMeeting、飞秋（FeiQ）、飞鸽传书等，各有各的特点和优势。其中飞秋参考了飞鸽传书（IPMSG）和 QQ，完全兼容飞鸽传书（IPMSG）协议，具有局域网传送方便、速度快、操作简单的优点，同时具有 QQ 中的一些功能。

但在使用过程中，都或多或少的存在一些问题。为了方便、简单起见，可以使用 Windows 的组建 FTP 服务，该服务可以减少或消除不同操作系统下处理文件的不兼容性，使用 TCP 可靠传输服务。

IIS 的 FTP 服务充当文件传输的服务器，允许客户端从服务器下载或传输文件。其使用相对于操作系统而言是独立的，可以在不同的操作系统间使用。

1. IIS 安装

默认情况下，操作系统安装的时候都不会安装 IIS，以 Windows 2003 Server 的安装为例来说明。如果安装操作系统时没有选择安装，则可以选择在操作系统安装完成后再进行安装。

方式一：

步骤 1：运行"控制面板"中的"添加或删除程序"，单击"添加/删除 Windows 组件"，进入"Windows 组件向导"（如图 4-21 所示的对话框），在"Internet 信息服务（IIS）"前面选勾，单击"详细信息"按钮。

步骤 2：单击"下一步"按钮，进入"正在配置组件"对话框。

步骤 3：将 Windows Server 2003 的光盘放入光驱中，单击"确定"按钮，完成组件安装。

方式二：

步骤 1：打开"管理您的服务器"，单击"添加或删除角色"，如图 4-22 所示。

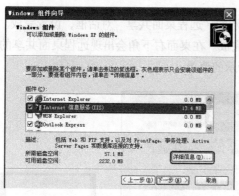

图 4-21 Windows 组件选择

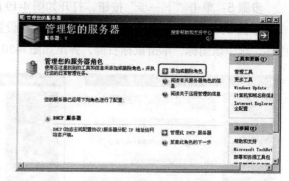

图 4-22 管理您的服务器

步骤 2：打开"配置您的服务器向导"，按步骤进行操作，单击"服务器角色"对话框，选择"应用程序服务器"选项（见图 4-23）。

步骤 3：单击"下一步"按钮，开始安装 IIS 组件，直到 IIS 安装完成。

2. FTP 服务安装

安装 IIS 时默认情况是没有安装 FTP 服务的，要使用 FTP 服务，必须选择安装。

步骤 1：在"Windows 组件"对话框中，单击"详细信息"按钮，在"Internet 信息服务（IIS）"对话框中选择"文件传输协议（FTP）服务"复选框，如图 4-24 所示。

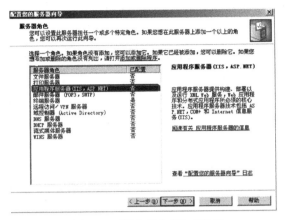

图 4-23　"服务器角色"对话框

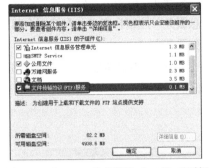

图 4-24　"Internet 信息服务（IIS）"对话框

步骤 2：单击"确定"按钮，在需要的时候插入系统盘，等待安装完成。

3. FTP 服务的配置

FTP 服务安装完成后，会自动创建一个默认 FTP 站点。在计算机拥有多个 IP 地址的情况下，IIS 允许在同一台计算机上创建多个 FTP 站点。

（1）新建 FTP 站点。

步骤 1：打开"Internet 信息服务"管理器窗口，展开服务器节点。单击鼠标右键，"默认 FTP 站点"，选择"新建"→"站点"，打开如图 4-25 所示的"FTP 站点创建向导"对话框的欢迎界面。

步骤 2：单击"下一步"按钮，打开"FTP 站点说明"对话框，在"说明"文本框中输入站点说明内容"testftp"。该项用于方便查找，一般与站点主题相关。

步骤 3：单击"下一步"按钮，打开如图 4-26 所示的"IP 地址和端口设置"对话框，在"IP 地址"下拉列表框中选择或直接输入 IP 地址，在"TCP 端口"文本框中输入 TCP 端口值，默认值为 21。

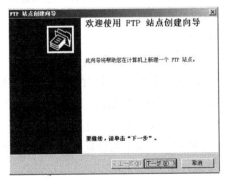

图 4-25　"FTP 站点创建向导"欢迎界面

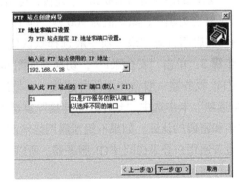

图 4-26　IP 地址和端口设置对话框

步骤 4：单击"下一步"按钮，打开"FTP 站点主目录"对话框，如图 4-27 所示。在"路径"文本框中输入主目录的路径，或单击"浏览"按钮，选择路径。

步骤 5：单击"下一步"按钮，打开"FTP 站点访问权限"对话框，在"允许下列权限"选项组中，设置主目录的访问权限。

步骤6：单击"下一步"按钮，打开"您已成功完成 FTP 站点创建向导"对话框，然后单击"完成"，完成站点的创建。

返回"Internet 信息服务"窗口，就可以看到新创建的 FTP 站点"testftp"。

（2）查看和修改 FTP 站点属性。

步骤1：单击"开始"→"程序"→"管理工具"→"Internet 信息服务器"，打开"Internet 信息服务"控制台窗口。在控制台目录树中，展开"Internet 信息服务"节点，双击该节点，展开服务器节点。

步骤2：右键单击"默认 FTP 站点"或其他 FTP 站点→"属性"，打开"默认 FTP 站点属性"对话框，如图 4-28 所示。

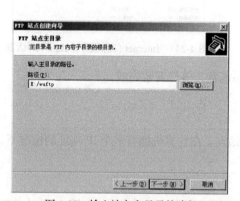

图 4-27　输入站点主目录的路径

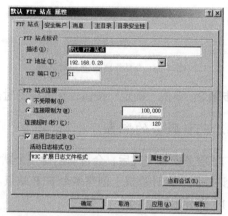

图 4-28　"默认 FTP 站点属性"对话框的"FTP 站点"选项卡

- "标识"项中包含三项内容。"说明"文本框中填入 FTP 站点的解释信息，便于识别，如输入"用于测试的 FTP"；"IP 地址"中可以直接输入，也可以用下拉菜单进行选取；TCP 端口可填写 FTP 的默认端口，也可更换。
- "连接"项中包含两项内容。"无限"单选框表示允许 FTP 的连接数为无限个；"限制到"默认的最大值为 100 000 个连接，可自己规定，选择"限制到"单选框时，"连接超时"也转变为黑色，默认值为 900 秒，即 15 分钟，一般都需要更改。
- "启用日志记录"项一般选择默认值，不需要更改。

步骤3：单击"安全账户"，切换到如图 4-29 所示的"安全账户"选项卡。

FTP 服务器一般会建立两种连接：一是绝大多数公众访问的服务器设置的匿名登录，则在"安全选项"卡中选中"允许匿名连接"复选框；另一是进行用户认证的用户登录，登录时需要用户名和密码的认证。如果不想泄露网络情况，可选择"只允许匿名连接"复选框，限制任何用户通过普通用户登录访问 FTP 服务器。所以，通过"安全账户"选项卡的设置可以强制设置你想允许进行何种类型的登录。

步骤4：单击"消息"，展开如图 4-30 所示的"消息"选项卡，在各文本框中输入简单明了的信息。

步骤5：单击"主目录"，展开如图 4-31 所示的"主目录"选项卡。

如主目录在服务器上，则选择"此计算机上的目录"；如主目录在网络计算机上，则选择"另一计算机上的共享位置"。

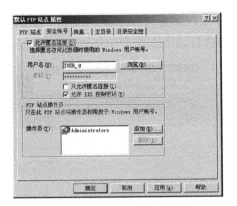

图 4-29　"安全账户"选项卡

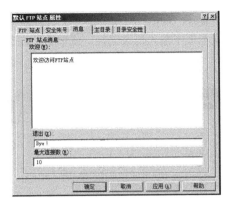

图 4-30　"消息"选项卡

在"FTP 站点目录"选项组中，单击"浏览"按钮，选择目录路径，或者直接输入目录路径，并通过启用不同复选框来设置目录权限，一般情况注意不要设置"写入"的权限。

在"目录列表风格"选项组中，通过选择不同的单选按钮来选择目录列表的风格，设置完毕，单击"确定"按钮，关闭对话框。

步骤 6：单击"目录安全性"，展开如图 4-32 所示的选项卡。

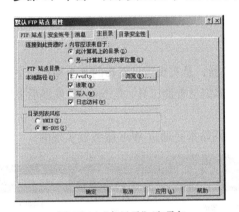

图 4-31　"主目录"选项卡

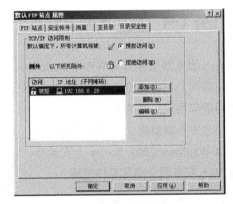

图 4-32　"目录安全性"选项卡

- "授权访问"：是除了"下面列出的除外"文本框中显示的 IP 地址外的能够访问，该框中列出的 IP 地址不能访问，如图 4-32 所示，即 192.168.0.28 禁止访问。
- "拒绝访问"：与"授权访问"相反，是"下面列出的除外"文本框中显示的 IP 地址可以访问，其余的不能访问。

（3）创建虚拟目录。

虚拟目录是在站点根目录下创建一个子目录，然后创建一个别名或指针指向系统另外一个地方的目录或计算机，该目录并不是实实在在的创建在根目录或其他子目录下。虚拟目录是 FTP 服务发布信息文件的主要方式。

下面介绍创建 FTP 虚拟目录的操作步骤。

步骤 1：打开"Internet 信息服务"管理器窗口，展开服务器节点，右键单击"默认 FTP 站点"或需要创建虚拟目录的站点，选择"新建"→"虚拟目录"，进入"虚拟目录创建向导"对话框。

步骤 2：单击"下一步"按钮，打开如图 4-33 所示的"虚拟目录别名"对话框。在"别名"文本框中，输入用于获得此虚拟目录访问权限的别名。

步骤3：单击"下一步"按钮，打开如图4-34所示的"FTP站点内容目录"对话框。直接在"路径"文本框中输入目录路径，或单击"浏览"按钮，选择目录路径。

图4-33　输入别名

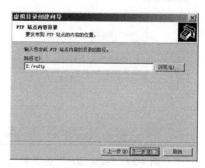

图4-34　输入目录路径

步骤4：单击"下一步"按钮，打开"访问权限"对话框，在"允许下列权限"选项组中，用户可以为此目录设置访问权限。例如，启用"写入"复选框，则允许访问者在目录中写入内容。

步骤5：访问权限设置完成后，单击"下一步"按钮，打开"您已成功完成虚拟目录创建向导"对话框。单击"完成"，完成虚拟目录的创建。

任务1-4　在局域网上发布个人主页

Web服务器也称为WWW（World Wide Web）服务器，是实现信息发布的基本平台，主要功能是提供网上信息浏览服务。WWW是Internet的多媒体信息查询工具，是Internet发展后发展最快和目前应用最广泛的服务。

信息发布需要建立相应的Web网站，Internet各类网站都是通过Web服务器实现的。

以Windows 2003 Server上安装与配置Web服务器介绍其具体过程。

1. 安装Web服务器

步骤1：单击"开始"→"控制面板"→"管理工具"→"管理您的服务器"，打开"管理您的服务器"对话框，如图4-35所示，单击"添加或删除角色"超链接。

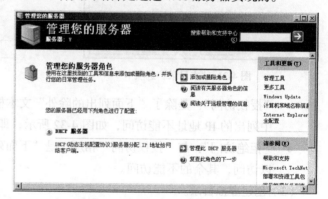

图4-35　"管理您的服务器"对话框

步骤2：打开如图4-36所示的"预备步骤"对话框，提示安装的各步骤，单击"下一步"按钮。

步骤3：打开"配置选项"对话框，选择"自定义配置"单选项，如图4-37所示，单击"下一步"按钮。

步骤4：打开"服务器角色"对话框，选择"应用程序服务器（IIS，ASP.NET）"选项，如图4-38所示，单击"下一步"按钮。

步骤5：打开"应用程序服务器选项"，选择安装到此服务器上的两个工具的复选框，如图4-39所示，单击"下一步"按钮。

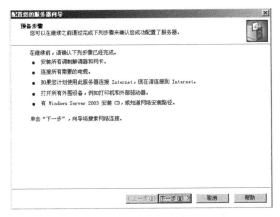

图 4-36　"预备步骤"框图　　　　　　　　　　图 4-37　"配置选项"对话框

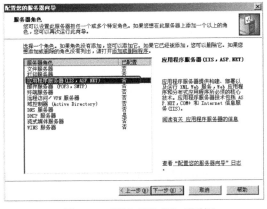

图 4-38　"服务器角色"对话框　　　　　　　图 4-39　"应用程序服务器选项"对话框

步骤 6：打开"选择总结"对话框，查看并确认您的配置是否正确，如图 4-40 所示，单击"下一步"按钮。

步骤 7：打开"正在应用选择"对话框，如图 4-41 所示。

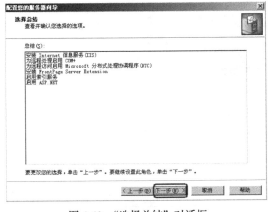

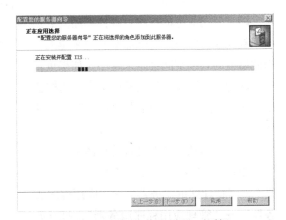

图 4-40　"选择总结"对话框　　　　　　　　图 4-41　"正在应用选择"对话框

步骤 8：打开"正在配置组件"对话框，如图 4-42 所示。对系统组件进行配置，系统会提示要求插入磁盘，获取所需的安装文件，将光盘放入驱动器中，单击"确定"按钮。

步骤 9：从光盘中获取安装文件进行安装，直到文件复制完成，显示如图 4-43 所示的界面，单击"完成"按钮，完成服务器的架设。

> 另一种方法："开始"→"设置"→"控制面板"→"添加/删除 Windows 组件"→"应用程序服务器"→"详细信息"→"Internet 信息服务"→"确定"，在提示需要安装盘时插入系统盘，等待安装过程完成即可。

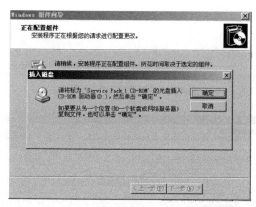

图 4-42　"配置组件"对话框

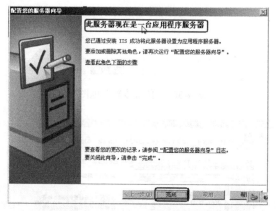

图 4-43　配置服务器向导完成框图

2. 配置 Web 服务器

Web 服务器安装完成后，并不能直接看到网站，还需要配置和管理 Web 服务器。配置和管理目标如下。

（1）利用默认站点设置访问建设好的网页。

蝴蝶软件公司建设好的网页"湖南铁道职业技术学院.mht"存放在 C：\college 目录下，服务器的 IP 地址为 192.168.1.200。

（2）在一台服务器上配置多个 Web 网站：为了节约资金，希望几个网站能建立在一台服务器上，而不是一个网站一台服务器。

随着公司业务的扩展，宣传产品的数据越来越庞大，所占用的磁盘空间越来越大，因此磁盘的剩余空间会越来越小。如果重新安装新的硬盘则需要将设备停下来，这样会影响产品的宣传，如何能既增加空间又让业务不受影响呢？

（1）利用默认站点设置的具体配置。

步骤 1：选择"控制面板"→"管理工具"→"管理您的服务器"→"应用程序服务器"→"管理应用程序服务器"，打开如图 4-44 所示的应用程序服务器对话框，依次

图 4-44　应用程序服务器对话框

展开"Internet 信息服务（IIS）管理器"→"TEST（本地计算机）"→"网站"→"默认网站"。

步骤 2：鼠标右键单击"默认网站"，单击"属性"命令，打开如图 4-45 所示"默认网站属

性"对话框，在 IP 地址文本框中输入默认网站的 IP 地址 192.168.1.200，其余项保持默认参数，单击"确定"按钮。

步骤 3：在默认网站属性对话框中，选择"主目录"选项卡，如图 4-46 所示，设置如下项目。

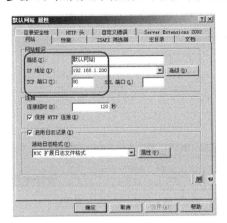

图 4-45 "默认网站属性"对话框

图 4-46 "默认网站属性"设置对话框

① 此资源的内容来自——在三个单选项中选择所要访问网页的位置。如湖南铁道职业技术学院.mht 处于本机上，则选择"此计算机上的目录"；如果该网页是处于其他计算机上，则选择"另一台计算机上的共享"；或者连接在一个网址上，则选择"重定向到 URL"。

② 本地路径——C:\inetpub\wwwroot 为系统默认的路径，本例中网页存放在 C:\college 中，则需要更改路径。

③ 资源权限设置——一般是"读取""记录访问""索引资源"。

其余项保持默认设置，不需要更改。

步骤 4：单击"浏览"按钮，打开"浏览文件夹"对话框，选中相应的 college 文件夹，如图 4-47 所示。

步骤 5：单击"确定"按钮，本地路径发生了变化，如图 4-48 所示。

步骤 6：选择"文档"选项卡，勾选"启用默认内容文档"复选框，如图 4-49 所示，显示默认文件名，其调用顺序是从上至下，依次调用。

图 4-47 "浏览文件夹"对话框

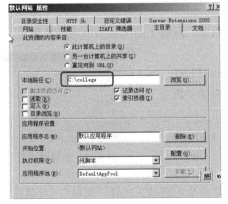

图 4-48 本地路径显示图

图 4-49 "默认文档"框图

步骤7：如果想改变文件名可单击"添加"按钮，在弹出的文本框中输入你要显示的文件名，如"湖南铁道职业技术学院.mht"，再单击"添加"，如图4-50所示。要调整文件调用的顺序，可单击"上移"或"下移"按钮来调整。最后单击"确定"按钮。

步骤8：在本机或局域网内的任何一台计算机上打开浏览器，在地址栏中输入 http://192.168.1.200，则可访问存放在 college 文件夹中的网页，如图4-51所示。

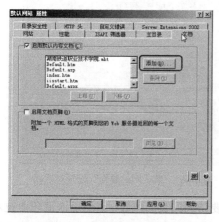

图4-50　添加默认文档图　　　　　　　　　　　　图4-51　检测页面图

（2）在一台服务器上配置多个 Web 网站。

在一台服务器上配置多个 Web 网站可以采用两种方法来配置。如表4-2所示。

表4-2　　　　　　　　　　　　一台服务器上配置多个 Web 网站的方法

序　号	配置方法	举　例
1	配置多个 IP 地址，每个网站设置一个不同的 IP 地址，用浏览器查看各网站能否正常访问	蝴蝶软件公司建设了 2 个网页，一个是"湖南铁道职业技术学院.mht"存放在 C:\college 目录下，服务器 IP 地址为 192.168.1.200；另一个产品宣传网页"Product.mht"存放在 C:\Test 目录下，服务器 IP 地址为 192.168.1.210。各对应的端口随便客户设置，可相同也可不同
2	每个网站设置相同的 IP 地址，不同的端口号（应使用大于 1024 的临时端口），用浏览器查看各网站能否正常访问	建设好的两个网页都放在 IP 地址为 192.168.1.200 的服务器上，"湖南铁道职业技术学院.mht"网页访问端口设为 8000；产品宣传网页"Product.mht"访问端口设为 8080。当然端口号可根据自己的习惯进行设置，但一般选用大于 1024 的端口号，避免与常规应用端口冲突

方法1需要大量的 IP 地址，方法2则可节约 IP 地址。方法1的配置与前面默认网站的配置基本差不多，只是需要新建一个网站。

首先展开"Internet 信息服务（IIS）管理器"→"TEST（本地计算机）"→"网站"，鼠标右键单击"网站"，选择"新建"→"网站"，如图4-52所示。

最后在浏览器的地址栏中分别输入 http://192.168.1.200 和 http://192.168.1.210，则可访问到相应的网站。

图4-52　新建网站图

　　　　如果网站需要修改，则鼠标右键单击所需修改的网站，选择"属性"，对属性的各选项卡进行修改。

下面详细介绍方法 2 的配置和管理过程。

步骤 1：展开"Internet 信息服务（IIS）管理器"→"TEST（本地计算机）"→"网站"。

步骤 2：鼠标右键单击"默认网站"，单击"属性"按钮，打开"默认网站属性"对话框，修改其中的"TCP 端口"，其余选项保持不变，如图 4-53 所示。

另一个站点只需修改端口号、主目录和存放路径就行，与上步骤相同，不再赘述。

步骤 3：打开 IE 浏览器，在地址栏中输入 http://192.168.1.200:8000 打开默认网站的主页；输入 http://192.168.1.200:8080 则打开 test 网站的主页。

图 4-53 "TCP 端口"修改图

这样，就节约了 IP 地址，如果还需要增加网站都可以，只要设置不同的端口就可以了。

（3）创建虚拟目录。

> 虚拟目录可与原网站文件不在同一个文件夹，甚至在不同的磁盘和不同的计算机上，但就像访问同一个文件夹一样方便。

公司业务和规模的不断扩大，存储数据所占用的磁盘空间就越来越大，但不可能把公司的业务停下来等待扩大了存储空间才重新工作，采用虚拟目录就能既增加空间又不让业务受影响。下面介绍虚拟目录创建的具体步骤。

步骤 1：鼠标右键单击想要配置虚拟目录的站点，打开一个快捷菜单，从中单击"新建"子菜单下的"虚拟目录"命令，启动"虚拟目录向导"并显示其对话框。

步骤 2：在"虚拟目录向导"对话框中，单击"下一步"按钮，打开"虚拟目录别名"对话框，为拟建的虚拟目录定义一个名字，如"扩充"，如图 4-54 所示。

步骤 3：单击"下一步"按钮，打开"网站内容目录"对话框，如目录在本机上则单击"浏览"按钮，选择相应的目录，如图 4-55 所示。

如不在本机上，则在"路径"栏内输入相应的目录路径，如图 4-56 所示。

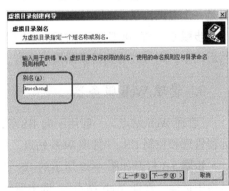

图 4-54 "虚拟目录别名"对话框

图 4-55 "网站内容目录"对话框

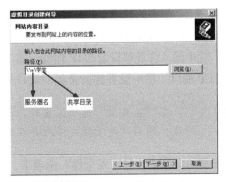

图 4-56 "网站内容目录"路径对话框

步骤 4：单击"下一步"按钮，新虚拟目录向导将显示设置访问权限的对话框。选中"读取"和"运行脚本（如 ASP）（S）"复选框，如图 4-57 所示。

如果是发布其他计算机上的目录内容，即在第三步路径中输入的是\\服务器名\共享目录名的形式，则首先会出现图 4-58 所示的界面，然后再出现图 4-57 所示的界面。图 4-58 的安全"安全凭据"对话框中如需指定用户名和密码则需不选中"在验证到网络目录的访问时总是使用已经身份验证的用户的凭据（A）"。

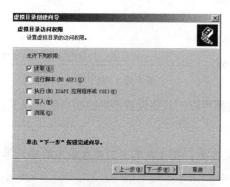
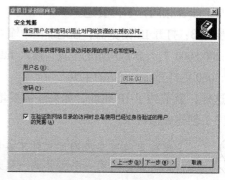

图 4-57 "虚拟目录访问权限"对话框 　　　　图 4-58 "安全凭据"对话框

步骤 5：单击"下一步"按钮，虚拟目录成功创建，单击"完成"按钮，虚拟目录创建完成。就可以像访问文件夹一样访问这些文件了。

查看"IIS 信息服务管理器"，在网站下增加了一个"kuochong"项，该项前有⬆标识，标明这是一个虚拟目录。

步骤 6：访问虚拟目录。打开浏览器，在地址栏中输入"http://服务器 IP 地址或主机名/别名"，然后回车，则可以看到目录结构和内容。本例中输入"http://192.168.1.210/s"。

3. 管理 Web 服务器

"管理 Web 站点"一般用于向 IIS 管理员开发的 Web 站点，允许 IIS 管理员通过浏览器实现远程管理和控制 IIS。"管理 Web 站点"的具体配置步骤如下。

步骤 1：打开如图 4-59 所示的 IIS 管理器，在左边窗格中选择"管理 Web 站点"，选中后单击鼠标右键选择"属性"项。

步骤 2：单击该选项，打开如图 4-60 所示的"管理 web 站点 属性"对话框，打开"web 站点"选项，在"IP 地址"栏中输入你能够设置的 IP 地址，如 192.168.0.50，在"TCP 端口"项中设置你所希望的端口号，如 4881。

图 4-59 "Internet 信息服务"对话框

在"主目录"选项设置时，请保持原路径\\WINNT\System32\inetsrv\iisadmin 不做修改，因为这是管理文件所存在的目录，路径不可改变。

步骤 3：单击"目录安全性"选项卡，在该选项卡中单击的"IP 地址及域名限制"项的"编辑"按钮，打开如图 4-61 所示的设置窗口，默认情况下，除了 IP 地址 127.0.0.1 外，所有的计算机都将被拒绝通过浏览器来运行"管理 Web 站点"。单击"添加"按钮，添加 192.168.0.50 地址，添加成功后显示在 127.0.0.1 的下面，则 192.168.0.50 的计算机就可以实现远程管理了。

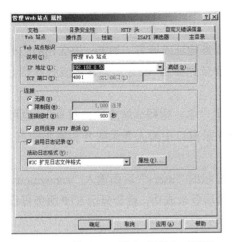

图 4-60　"管理 Web 站点 属性"对话框

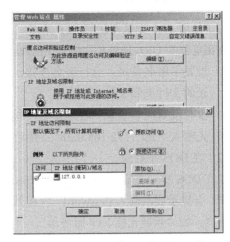

图 4-61　"IP 地址及域名限制"对话框

步骤 4：在客户机上打开浏览器，在地址栏中输入"http://192.168.0.50:4881"或"http://www.abc.com:4881"，如图 4-62 所示。连接时首先会弹出一个窗口，要求输入"用户名"和"密码"，一般在"用户名"文本框中输入"administrator"。

步骤 5：设置完成后，单击"确定"按钮，则可以调用如图 4-63 所示的管理界面。

图 4-62　"输入网络密码"窗口

图 4-63　调用管理界面

任务 1-5　网络测试

1．物理网络通畅性测试

任一选择 1 台计算机，在该计算机上单击"运行"，打开"运行"文本框，在该文本框中输入"cmd"，回车，进入 DOS 提示符窗口，首先在 DOS 提示符下键入"ipconfig/all"命令后回车，检查网卡是否工作正常，协议是否安装正确；然后输入"ping 网络中另一台计算机的 ip 地址"，查看运行结果，如果能够 ping 通，说明其连接通畅，否则需要逐级检查。

2．实时交流应用测试

开启 NetMeeting 应用软件，呼叫局域网内的某台计算机（向其发送文件、主持会议等），查看是否能够使用。如果不能使用则需要重新设置，检查网络连接情况。

3. 信息传输测试

（1）使用 Web 浏览器访问 FTP 站点。

在浏览器的 URL 地址栏中输入 ftp://设置的 FTP 服务地址或域名，如 ftp://192.168.0.28。

- 设置了匿名登录：运行匿名连接，就会自动登录到 FTP 服务器，显示该服务器上的目录的文件夹和文件。
- 没有设置匿名登录：在地址栏中输入"ftp://用户名：密码@站点及其目录"；也可以首先输入"ftp://192.168.0.28"，然后在弹出的登录窗口中输入登录账号和密码信息。

（2）在 DOS 下登录。

如在 DOS 提示符输入"c:\>ftp 192.168.0.28"，在显示的"user:"后面输入"annoymous"，然后回车。会提示要求输入 password，直接回车即可，然后登录成功，就会显示 FTP 服务器设置的提示信息，如"欢迎光临 FTP 服务器"。

（3）使用专用的 FTP 客户软件测试。

使用专用的 FTP 客户软件测试会更加方便，如 CuteFTP。

步骤 1：运行 CuteFTP，单击"FTP 站点管理"。

步骤 2：在弹出的站点管理器窗口中单击"新建（N...）"就会弹出一个如图 4-64 所示的对话框。分别在"站点标签"文本框中输入 FTP 站点的名称，在"站点地址"文本框中输入站点本身的地址；

在"站点用户名"和"密码"文本框中分别输入登录所需要的用户名和密码，如果登录站点不需要密码，则在"注册类型"区域中选择"匿名"单选钮；在"端口"文本框中输入 FTP 地址的端口，默认值是 21。填写好相应项目后单击"连接"按钮，至此就新建了一个 FTP 站点。连接成功后，就会显示欢迎界面，单击"确定"按钮。

步骤 3：连接到服务器以后，CuteFTP 的窗口被分成左右两个窗格。左边的窗格显示本地硬盘的目录文件列表，右边的窗格显示 FTP 站点主目录下的文件列表。

图 4-64 新建 FTP 站点

步骤 4：上传和下载文件。

上传和下载文件都可以通过拖拽文件或者文件夹的图标来实现。将右侧窗格中的文件拖到左侧窗格中，就可以下载文件；将左侧窗格中的文件拖动到右侧窗格中，就可以上传文件。

上传和下载的最大不同之处在于：不是所有的服务器或服务器所有的文件夹下都可以上传文件，需要服务器赋予上传权限才可，因为上传需要占用服务器的硬盘空间，而且可能会给服务器带来垃圾或者病毒等危及服务器安全的东西。

 一般情况下大多数供交流的匿名 FTP 服务器上都有一个 incoming 或 uploads 文件夹，专门供匿名用户上传文件。而其他子目录只能下载，不能上传。在 incoming 或者 uploads 文件夹中，因为是各种各样的匿名用户上传的文件，没有任何管理和保证，可能含有不安全的东西，所以下载这个文件夹下的内容要慎重。

使用 CuteFTP 下载或上传文件的具体步骤如下。

① 进入 CuteFTP，选择"站点管理"菜单，弹出"站点管理器"窗口。

② 选择站点管理器中的一个站点，单击"连接"按钮，登录到 FTP 服务器上。

③ 在程序窗口左边的窗格中选择本地硬盘的一个文件夹或者在右边窗格中选择远程硬盘的一个文件夹。

④ 然后单击工具栏中的上传或下载图标，即可达到上传或下载的目的。

⑤ 传输完成以后，在工具栏上单击"断开连接"按钮。

除了 CuteFTP 这个客户端软件外，还有 FlashFXP、IglooFTP（同时登录多个 FTP）、BpFTP（支持多文件夹选择文件）、LeapFTP（外观界面）、网络传神（优秀国产软件）、流星雨-猫眼（多 FTP 管理客户端）等软件，使用方法基本相同，可以根据个人的爱好进行选择。

当然，如果临时没有这些软件，就可以用 DOS 下的 FTP 命令进行文件传输，或者通过浏览器完成 FTP 传输。

4. Web 应用测试

（1）网页测试。

在本机或局域网内的任何一台计算机上打开浏览器，在地址栏中输入 http://192.168.1.200（网站 IP 地址），则可访问存放在 college 文件夹中的网页。

（2）访问虚拟目录测试。

打开浏览器，在地址栏中输入 http://服务器 IP 地址或主机名/别名，然后回车，则可以看到目录结构和内容。

任务 2　C/S 办公网络组建、配置与维护

任务 2-1　C/S 办公网络组建

1. 组网需求分析

蝴蝶软件公司的业务规模不断扩大，公司信息交互都是通过网络进行，各部门都进行节约型建设，在实现功能和效益的前提下节约办公成本，其需求主要包括以下几点。

（1）共享上网、共享硬件设备。

整个办公网络要实现正常上网，并且要保证文件的正常共享和传输。不仅文件数据可以共享，像打印机、传真机、扫描仪、Modem 等设备都可以通过局域网共享，供网络中的用户共同使用，这样就节省了一大笔应用设备投资。

（2）文件集中管理及共享资源。

出于安全考虑，许多企事业单位通常会要求用户把工作类的文件集中存放在网络中的一台服务器上集中管理。一则便于查看、管理和备份，另一方面也减少了数据丢失、损坏的概率，提高了数据安全性。当然，这也方便了资源共享。

（3）网络通信。

在一些大的企事业单位中，用户较多，分布范围广，甚至还不在同一个地区，如果仍通过传

统的电话，或直接走访联系方式，一方面给对方带来一定程度上的不便（通话时间过长可能影响对方的工作），另一方面是效率非常低（直接走访需要花费大量时间）。这时，局域网中的邮件系统或者企业即时通信系统就解决了上述问题。对于不需要对方马上回复的，可以采取邮件方式联系；对于需要对方马上回复的可以采用即时通信系统与对方联系。

（4）网络安全。

确保企事业单位的信息不被泄露，网络应该是安全的。员工出差比较多，需要与公司密切联系。

为了关键资料的管理，避免因意外因素（计算机中毒、硬盘损坏等）导致资料丢失，要做好备份，但常用的备份方法如光盘刻录、磁盘保存等不是很可靠，其保密性不是很强，效果不理想，使用网络集中管理数据大大提高了传输效率和保密性，在必要的时刻要能快速还原。公司特意设置了 1 台文件服务器，负责保存公司的重要资料和办公文档。公司要求：所有员工在每天下班前，都要把当天的办公文档保存到服务器的 E：\data 文件夹中（网络共享路径为\\filesvr\data）。为了防止出现意外而丢失服务器中的数据，公司要求服务器在无人参与的情况下每天对存储的数据和文件进行自动备份。

2. 组网目标确定

根据上述需求分析，蝴蝶软件公司技术部门的网络主要需要实现如下几个目标。

（1）文件集中管理，公司每个用户都将当天的数据和文件传送到指定的文件夹。

（2）服务器在无人参与的情况下每天对存储的数据和文件进行自动备份。

（3）公司各部门之间为了安全需要，在没有要求的情况下保持隔离，不通信；在需要协调的情况下公司各部门又需要相互通信。

（4）公司由于业务需求，部分员工在外出差时间比较多，需要与公司经常进行沟通，同时也需要不间断了解公司的动态信息，希望能通过互联网与公司进行安全信息交互。

（5）服务器是公司文件存储和技术的核心，其安全是公司网络的命脉。

（6）网络通畅，不间断使用。

3. 网络结构设计

针对上述目标，各项设计如下。

（1）拓扑结构设计。

在该公司中，文件需要集中管理，为了保证文件的正常使用和备份，需要专门的服务器，管理方便。

选用星型网络结构，这种连接方式连接简单、维护方便、稳定性相对较好，扩展性强。该公司部门不是很多，因此使用一个 8 口的交换机将各部门交换机连接就行，可以保证网络扩展的需求。

（2）操作系统。

因为没有特殊需求，因此可选用大家都比较习惯的 Windows XP 系统。服务器选用 Linux 或者 Windows Server 系统。

（3）文件系统。

文件共享是基本需求，为了安全性起见，建议使用 NTFS 文件系统；但也可以将需共享的磁盘设置为 NTFS，其余的仍然使用 FAT32 文件系统。

（4）部门通信。

为了保证网络通畅运行、减少广播风暴，可以将网络隔离成几个 VLAN，在需要通信的时候再在设备上开启路由，联通各 VLAN，保证各部门的信息安全。

（5）外部出差员工与公司通信。

因员工出差比较多，与公司需要密切联系，往往通信会涉及公司的机密信息，因此需要在互联网络中设置一条安全通道，保证员工与公司的通信安全。

（6）邮件服务。

在网络方便的今天，邮件是一种非常重要的通信方式，因此要设置好邮件服务，同时注意邮件安全。

4.　网络设备选购

根据前述分析结果可知，在本网络组建中，只需要另外购买 1 台 8 口的三层交换机和 1 台服务器就行，然后每台计算机配置 1 块网卡（现有计算机一般都有集成网卡，不需额外配置）、准备一些适当长度的双绞线就行。

5.　网络硬件连接

设备选购完成后，将相应的设备准备好，然后将各部门交换机连接到公司中心交换机上，如果有打印机，就把打印机连接到任意一台计算机上。在连接过程中应考虑各设备的摆放位置和周围设施情况。

（1）中心交换机位置。

中心交换机应放置在公司相对中心的位置，方便各个部门的连接。另外还应当考虑交换机与部门交换机连接是否方便，有没有综合布线。

（2）计算机位置。

计算机与空调之间应有一段距离，主机箱应当保持通风良好。

（3）连接的双绞线长度。

连接设备的双绞线长度不能超过 100 米。

为了达到信息共享、资源共享和打印机共享的目的，网络的基本设置如"Microsoft 网络用户"中计算机的标识信息、"文件及打印共享"等内容与项目 2、项目 3 的共享设置相同，不另外详细阐述。

任务 2-2　邮件传输与安全设置

1.　构建邮件服务器

电子邮件使用非常广泛，速度快捷、使用方便，是远程信息传递的非常好的方式。一般 ISP都构建了邮件服务器，常见的有使用第三方软件如 U-Mail、TubroMail、Winmail、Exchange Server、MDaemon、Foxmail Server 等来构建；也可以使用 Windows 自带的功能来实现，如 Windows Server 2003，就免去了第三方软件下载、安装以及占用磁盘空间的烦恼。

在安装好 Windows Server 2003 操作系统后，默认情况下并没有安装搭建邮件服务器所需要的POP3 和 SMTP 服务，因此需要重新安装。方法如下。

（1）将 Windows Server 2003 的系统光盘放入光驱，或者将镜像文件挂载到虚拟光驱。在控制面板中单击"添加或删除程序"，在"添加或删除程序"对话框中，单击"添加/删除 Windows 组件"。

（2）在"Windows 组件向导"中，需要进行如下操作。

① 安装 POP3 服务。

选中"电子邮件服务"，双击打开如图 4-65 所示的"电子邮件服务"对话框，在该对话框中包括"POP3 服务"和"POP3 服务 Web 管理"两项内容，两项都选中，单击"确定"按钮进行下一步安装。

② 安装 SMTP 服务。

选择"应用程序服务器"→"Internet 信息服务（IIS）"，在如图 4-66 所示的"Internet 信息服务（IIS）"对话框中选中"SMTP Service"，单击"下一步"按钮进行安装。

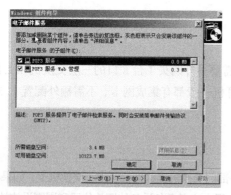
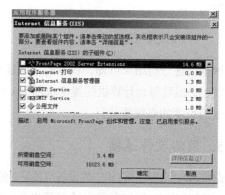

图 4-65 "电子邮件服务"对话框   图 4-66 "Internet 信息服务（IIS）"对话框

这样，邮件服务器就搭建成功了。

2. 配置邮件服务器

（1）配置 POP3 服务。

步骤 1：单击"开始"→"管理工具"→"POP3 服务"，打开"POP3 服务"窗口。

步骤 2：新建域。在窗口左侧"POP3 服务"下的本机主机名上单击鼠标右键，选择"新建"→"域"。在弹出的"添加域"对话框中输入自己需要建立的邮件服务器的主机名，即邮箱地址中"@"后面的部分，如：wangluo.com。单击"确定"按钮完成域的创建，如图 4-67 所示。

步骤 3：新建邮箱。在窗口左侧选择刚刚创建好的新域，如：wangluo.com，单击鼠标右键选择"新建"→"邮箱"，在弹出的"添加邮箱"对话框中设置自己的邮箱。如：邮箱名为 zujian，密码为 zujian。单击"确定"按钮完成。如果需要在本域下创建多个邮箱，则重复进行操作即可。至此邮箱创建完毕。

（2）配置 SMTP 服务。

步骤 1：选择"开始"→"管理工具"→"Internet 信息服务（IIS）管理器"。

步骤 2：在"Internet 信息服务（IIS）管理器"窗口的左侧选择"默认 SMTP 虚拟服务器"，单击鼠标右键，选择"属性"。

步骤 3：在如图 4-68 所示的"属性"对话框中的"常规"选项卡中，将 IP 地址设置为本邮件服务器的 IP 地址。也可以对最大连接数和日志记录等进行设置。然后单击"确定"按钮完成配置。

这样就用 Windows Server 2003 搭建好了一个简单的邮件服务器，下面的任务，就是用 Outlook 等邮件客户端工具来进行连接了。

3. 客户端配置

配置 Outlook 等客户端工具的方法如下，以 Windows Server2003 自带的 Outlook Express 来进行演示，其他客户端工具配置方法类似。

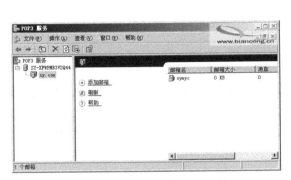

图 4-67   "POP3 服务"对话框

图 4-68   "默认 SMTP 虚拟服务器属性 常规"选项卡

步骤 1：打开 Outlook Express，添加一个新账户，如图 4-69 所示。

步骤 2：单击"下一步"按钮，在"Internet 电子邮件地址"中填入之前设置的邮件地址，如：A@wangluo.com，如图 4-70 所示。

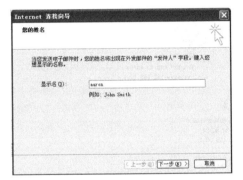

图 4-69   "您的姓名"对话框

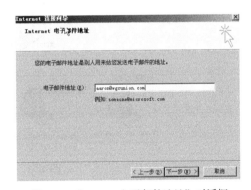

图 4-70   "Internet 电子邮件地址"对话框

步骤 3：单击"下一步"按钮，在"电子邮件服务器"中的"接收邮件服务器"和"发送邮件服务器"处均填入邮件服务器的 IP 地址，如：192.168.31.9，如图 4-71 所示。

步骤 4：单击"下一步"按钮，在"Internet 邮件登录"中填入之前设置的用户名和密码。另外，选中"使用安全密码验证登录"项，否则在连接时会报错，如图 4-72 所示。

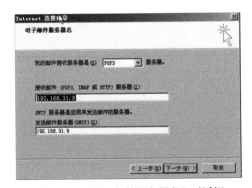

图 4-71   "电子邮件服务器名"对话框

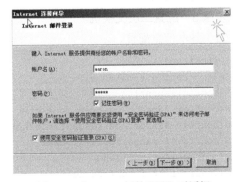

图 4-72   "Internet 邮件登录"对话框

步骤 5：单击"下一步"按钮，单击"完成"按钮，就可以用新的邮件服务器收发邮件了。

任务2-3　部门间安全设置

1. 架设 VLAN

蝴蝶软件公司现有行政部、市场部、研发部、技术部。各部门处于不同的楼层，为了各部门信息的安全需要，划分为 4 个 VLAN，分别为行政部 VLAN10、技术部 VLAN20、市场部 VLAN30、研发部 VLAN40，在需要的时候各部门之间还可以相互通信。其结构如图 4-73 所示（拓扑结构图）。

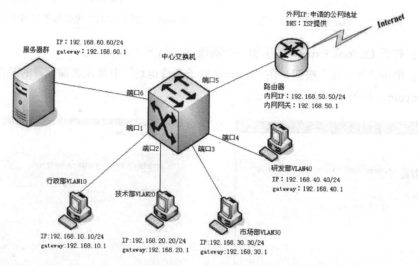

图 4-73　VLAN 划分结构图

2. 配置 VLAN

步骤 1：根据网络拓扑结构图，连接好各个设备。

步骤 2：测试网络连通性。给测试用的计算机配置好 IP 地址，分别为 PC10：192.168.1.100/24；PC20:192.168.1.200/24，在 PC10 上测试与 PC20 的连通性，从测试结果看，PC10 与 PC20 之间是连通的，可以通信。

步骤 3：配置二层交换机。

（1）基本信息配置。

```
Switch#conf t
Switch(config)#hostname S
S(config)#spanning-tree
S(config) #Spannning-tree mode stp
S(config) #Interface range fastethernet 0/2-3
S(config-if-range)#port-group 1
S(config-if-range)#end
S(config-if)# interface ag1
S(config-if)#Switchport mode trunk
S(config-if)#exit
S(config)#
```

（2）虚拟局域网划分。

```
S(config)#Vlan 10
S(config)#Vlan 20
S(config)#Int fa0/2
S(config-if)#Switchport access vlan 10
S(config-if)#No shutdown
S(config)#Int fa0/3
S(config-if)#Switchport access vlan 20
S(config-if)#No shutdown
S(config-if)#end
S#
```

（3）连通性测试。

PC10 与 PC20 不通，说明 VLAN 划分成功，现在 PC10 与 PC20 间已经不能通信了。

步骤 4：配置二层交换机虚拟干道。

```
S# Int fa0/2
S(config-if)#Switchport mode trunk
S(config-if)#No shutdown
S# Int fa0/3
S(config-if)#Switchport mode trunk
S(config-if)#No shutdown
S(config-if)#end
S#
```

步骤 5：配置三层交换机。

（1）基本信息配置。

```
Switch#conf t
Switch(config)#hostname S3
S3(config)#spanning-tree
S3 (config) #Spannning-tree mode stp
S3 (config) #Interface range fastethernet 0/2-3
S3 (config-if-range)#port-group 1
S3 (config-if-range)#end
S3#
```

（2）配置虚拟局域网技术干道技术。

```
S3# conf t
S3(config)# Interface range fa0/2
S3 (config-if)#Switchport mode trunk
S3 (config-if)#No shutdown
S3 (config-if)# Int fa0/3
S3 (config-if)#Switchport mode trunk
S3 (config-if)#No shutdown
S3 (config-if)# Int ag1
S3 (config-if)#Switchport mode trunk
S3 (config-if)#No shutdown
S3 (config-if)#end
S3#
```

（3）配置 SVI 技术。

```
S3#conf t
S3(config)#vlan 100
```

```
S3(config)#vlan 200
S3(config)#int vlan 100
S3 (config-if)#ip add 192.168.100.1 255.255.255.0
S3 (config-if)#No shutdown
S3(config)#int vlan 200
S3 (config-if)#ip add 192.168.200.1 255.255.255.0
S3 (config-if)#No shutdown
S3(config)#int vlan 1
S3 (config-if)#ip add 192.168.1 .1 255.255.255.0
S3 (config-if)#No shutdown
S3 (config-if)#end
S3#
```

（4）设置计算机地址。

```
PC10:192.168.100.2/24        gateway:192.168.100.1
PC20: 192.168.200.2/24       gateway:192.168.200.1
PC30: 192.168.300.2/24       gateway:192.168.300.1
```

（5）连通性测试。

将 PC30 连接在交换机上 VLAN1 的任意接口，然后 ping VLAN10 与 VLAN20 中的计算机 PC10 与 PC20，它们之间可以 ping 通，说明在需要的时候各部门之间可以相互通信。

任务 2-4　VPN 配置

借助 VPN，企业外出人员可随时连到企业的 VPN 服务器，进而连接到企业内部网络。借助 Windows 2003 的"路由和远程访问"服务，可以实现基于软件的 VPN。该网络中的线路不是物理存在的，而是通过技术手段模拟出来的。

在 Windows 2003 Server 上配置 VPN 服务器，通过 ADSL 接入 Internet 的服务器和客户端，连接方式为客户端通过 Internet 与服务器建立 VPN 连接。VPN 服务器要求安装有两块网卡，一块网卡接入内网，另一块网卡连接外网。

1. VPN 服务器配置

Windows 2003 中的 VPN 包含在"路由和远程访问服务"中，安装好 Windows 2003 Server 操作系统后，VPN 也就自动安装好了。单击"开始"→"程序"→"管理工具"→"路由和远程访问"，打开"路由和远程访问"对话框，选中左边窗格中的"服务器状态"选项，在右边窗格中就可以查看服务器的配置情况。当 VPN 随系统安装的情况下，在右边窗格中查看的服务器状态是"已停止（未配置）"的情况。要想其他计算机的 VPN 能够与服务器联系上，拨入到服务器上，就必须对服务器进行配置。

（1）基本配置。

步骤 1：单击"开始"→"程序"→"管理工具"→"路由和远程访问"，打开如图 4-74 所示的"路由和远程访问"对话框（如果没有安装则需要首先安装"路由和远程访问"，或者在运行文本框里输入"rrasmgmt.msc"，弹出"路由和远程访问"管理控制台窗口）。

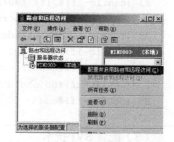

图 4-74　"路由和远程访问"选项

如果曾经配置过该服务器，现在需要重新开始配置，则得先选中"WIN2003"，单击鼠标右键，从弹出的快捷菜单中选择"禁用路由和远程访问"菜单命令，单击，停止此服务，以便开始新的配置。

步骤 2：在图 4-74 所示的菜单中，单击"配置并启用路由与远程访问"选项，弹出"路由和远程访问服务器安装向导"对话框，单击"下一步"按钮，选中"自定义配置"，如图 4-75 所示。

步骤 3：单击"下一步"按钮，打开如图 4-76 所示的"自定义配置"对话框，选中"VPN 访问"选项。

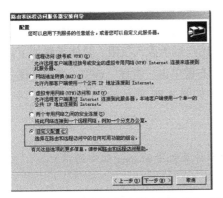 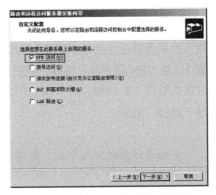

图 4-75　"路由和远程访问服务器安装向导"对话框　　　图 4-76　"自定义配置"对话框

步骤 4：单击"下一步"按钮，打开如图 4-77 所示的"路由和远程访问"对话框。单击"是"按钮。

步骤 5：单击"是"按钮，VPN 服务即成功启动。"路由和远程访问"服务配置完毕，下面开始配置 VPN 服务器。选择服务器名称，单击鼠标右键，选择"属性"，弹出如图 4-78 所示的"服务器属性"对话框。

在弹出的对话框中选中"IP"选项卡，在"IP 地址指派"中选中"静态地址池"，单击"添加"按钮，弹出如图 4-79 所示的"新建地址范围"对话框，在"起始 IP 地址"和"结束 IP 地址"编辑框中输入 IP 地址，单击"确定"按钮。

 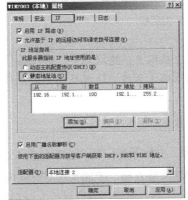 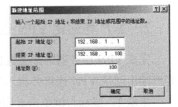

图 4-77　"路由和远程访问"对话框　　图 4-78　"服务器属性"对话框　　图 4-79　"新建地址范围"对话框

步骤 6：单击"确定"按钮，返回"属性"对话框，单击"确定"按钮，完成初步配置操作。

使用静态 IP 地址池为客户端分配 IP 地址可以减少 IP 地址解析时间，提高连接速度。

起始 IP 地址和结束 IP 地址可以自定义（如 172.16.7.10 至 172.16.7.80），如果该服务器已经配置了 DHCP 服务，也可以在"服务器属性"对话框中选择"动态主机配置协议（DHCP）"，但会延长连接时间。

如果服务器端有固定的 IP 地址，则客户端可随时与服务器建立 VPN 连接。如果服务器采用 ADSL 拨号方式接入 Internet，则需要在每次更改 IP 地址后通知客户端，或者申请动态域名解析服务。

（2）赋予用户远程连接的权限。

出于安全考虑，VPN 服务器配置完成以后并不是就可以直接与其他用户连接了，所有用户均被拒绝拨入到服务器上（初始状态），因此需要为指定用户赋予拨入权限，具体设置如下。

步骤 1：在 VPN 服务器上选择"我的电脑"，鼠标右键单击"管理"选项，弹出如图 4-80 所示的"计算机管理"对话框，展开本地用户和组，选中如图 4-80 所示的"test"用户，单击鼠标右键选择"属性"选项。

如果计算机加入了域，则单击 AD 用户和计算机中的 user 组中的用户。

步骤 2：打开如图 4-81 所示的"test 属性"对话框，在该对话框中，单击"拨入"选项卡。在"远程访问权限"中选中"允许访问"选项，单击"确定"按钮。

图 4-80 "计算机管理"对话框 　　　　　　　　图 4-81 "test"属性对话框

此为拨入方式，安全性较差，建议选中"通过远程访问策略控制访问"，这需要在服务器中定制远程访问策略（若为 AD 域环境下，需将域功能级别提升）。

2. 客户端创建 VPN 连接

完成 VPN 服务器的配置操作，并赋予特定用户远程连接 VPN 服务器的权限以后，还需要在客户端中创建 VPN 连接并拨入 VPN 服务器，才能实现对企业内部网络的访问。

步骤 1：鼠标右键单击桌面的"网上邻居"→"属性"，打开网络连接。单击"新建连接"选项，如图 4-82 所示。

步骤 2：弹出"欢迎使用新建连接向导"，单击"下一步"按钮，打开如图 4-83 所示的"网络连接类型"页面，在该页面中选择"连接到我的工作场所的网络"。

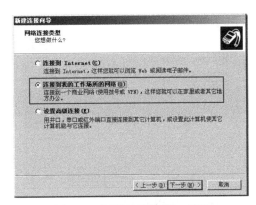

图 4-82　"网络连接"对话框　　　　　　　　图 4-83　"网络连接类型"对话框

步骤 3：单击"下一步"按钮，打开如图 4-84 所示的"网络连接"页面，在该页面中选择"虚拟专用网络连接"单选项。

 　如果是第一次建立连接，系统会要求输入所在地区的电话区号。如果在建立 VPN连接前已经建立了其他连接（如 ADSL 接入 Internet 的连接）则不会出现该提示。

步骤 4：单击"下一步"按钮，打开如图 4-85 所示的"连接名"页面，在该页面中的"公司名"文本框中输入名称。

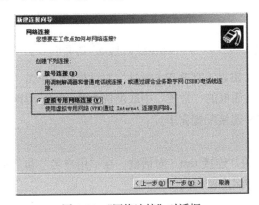

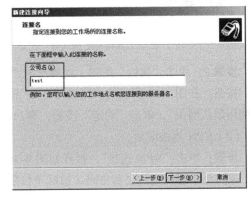

图 4-84　"网络连接"对话框　　　　　　　　图 4-85　"连接名"对话框

步骤 5：单击"下一步"按钮，打开如图 4-86 所示的"VPN 服务器选择"页面，在"主机名或 IP 地址"文本框中填入相应的内容。

步骤 6：单击"下一步"按钮，打开如图 4-87 所示的"可用连接"页面，在"创建此连接"的可用连接上选择"只是我使用"。

步骤 7：单击"下一步"按钮，打开如图 4-88 所示的"正在完成新建连接向导"页面，在该页面中选择"在我的桌面上添加一个到此连接的快捷方式"，单击"完成"按钮，配置完成。

（1）VPN 连接配置。

在使用过程中，有可能出现客户端能成功连接 VPN 服务器，但客户端却不能访问 Internet 的问题，因此还需要对此"VPN 连接"做进一步配置。

步骤 1：在"网络连接"窗口中右击"VPN 连接"→"属性"，切换至如图 4-89 所示的"网络"选项卡，选择"Internet 协议（TCP/IP）"。

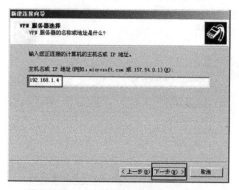

图 4-86 "VPN 服务器选择"对话框

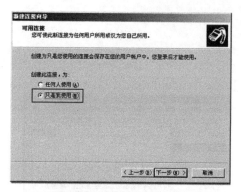

图 4-87 "可用连接"对话框

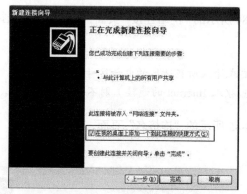

图 4-88 "正在完成新建连接向导"对话框

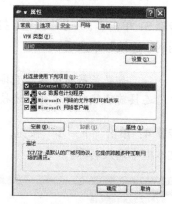

图 4-89 "网络"选项卡

步骤 2：单击"属性"按钮，在弹出的"Internet 协议（TCP/IP）属性"对话框中，单击"高级"按钮，在图 4-90 所示的"高级 TCP/IP 设置"对话框的"常规"中取消选中的"在远程网络上使用默认网关"，单击"确定"按钮，客户端 VPN 连接配置完毕。

（2）VPN 连接应用。

步骤：单击"VPN 连接"，打开如图 4-91 所示的"连接 test"对话框，在"用户名"和"密码"文本框中输入用户名和密码（被赋予权限的用户名和密码）。

图 4-90 "高级 TCP/IP 设置"对话框

图 4-91 "连接 test"对话框

3. VPN 服务器上共享资源的访问

VPN 服务器上共享资源的访问通常有以下两种方法。

（1）通过"网上邻居"直接访问共享资源。

（2）通过 UNC 路径访问，即在地址栏中输入"\\服务器名"或"\\服务器地址"，通过浏览器窗口访问共享资源。

> 成功建立 VPN 连接后可能会出现客户端和服务端的"网上邻居"窗口中无法找到对方的问题，这时应该检查两者是否均安装了 NetBEUI 协议。如果没有应该马上安装，通常可以解决该问题。
>
> 如果客户端在访问服务器端的共享资源的时候可能会出现长时间的搜索过程。如果迟迟找不到服务器，可以使用"搜索计算机"进行搜索。
>
> 如果 VPN 服务器端同时又作为局域网内的一台主机，用户还可以让 VPN 客户端进一步访问局域网内的其他主机。这需要 VPN 服务端开启了路由器功能并启用了 IP 路由，一般情况下在 VPN 服务器配置完成后这些功能都是默认启用的。

4. 远程访问策略（对客户端拨入 VPN 服务器的限制）

通过设置"远程访问策略"，用户可以对 VPN 服务器进行简单管理。如需限制客户端访问 VPN 服务器的时段，则可以定制 VPN 服务的开放时段，具体设置如下。

（1）了解远程访问策略。

打开"路由和远程访问策略"，单击"远程访问策略"，弹出如图 4-92 所示的"路由和远程访问"对话框，默认情况下存在两个策略。

一个是"到 Microsoft 路由选择和远程访问服务"的策略；另一个是"到其他访问服务器的连接"策略。

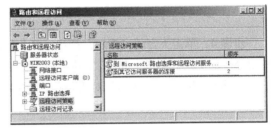

图 4-92 "路由和远程访问"对话框

选中其中的任一策略（如"到其他访问服务器的连接"策略）然后单击，在弹出的如图 4-93 所示的"到其他访问服务器的连接 属性"对话框中，在"策略状况"项中显示拨入条件信息。

（2）新建与配置远程访问策略。

步骤 1：打开"路由和远程访问"窗口，在左边窗格中鼠标右键单击"远程访问策略"，在弹出的菜单中选择"新建远程访问策略"，如图 4-94 所示。

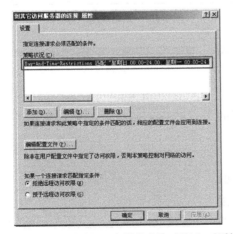

图 4-93 "到其他访问服务器的连接 属性"对话框

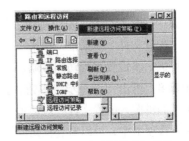

图 4-94 "远程访问策略"菜单

　　步骤 2：打开"新建远程访问策略向导"对话框，在"欢迎"对话框中单击"下一步"按钮，弹出如图 4-95 所示的"策略配置方法"对话框，选择"设置自定义策略"单选项，在"策略名"文本框中输入策略名称。

　　步骤 3：单击"下一步"按钮，在打开的"策略状况"对话框中单击"添加"按钮，打开如图 4-96 所示的"选择属性"对话框，在"属性类型"列表中选择对应选项。

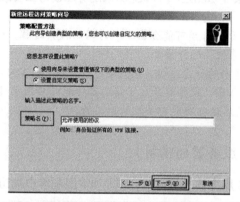

图 4-95　"策略配置方法"对话框

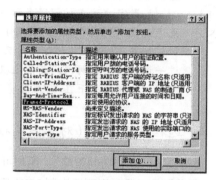

图 4-96　"选择属性"对话框

　　步骤 4：单击下方的"添加"按钮，打开如图 4-97 所示的"Framed-Protocol"对话框，选择需要添加的协议。单击中间的"添加"按钮，然后单击"确定"按钮。

　　步骤 5：返回"策略状况"对话框，在如图 4-98 所示的"策略状况"列表中可查看刚添加的策略。

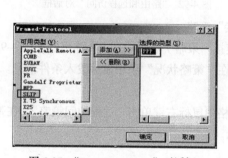

图 4-97　"Framed-Protocol"对话框

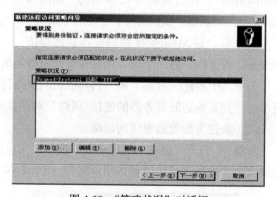

图 4-98　"策略状况"对话框

　　步骤 6：单击"下一步"按钮，打开如图 4-99 所示的"权限"对话框，选择"授予远程访问的权限"单选项。

　　步骤 7：单击"下一步"按钮，打开如图 4-100 所示的"配置文件"对话框，单击"编辑配置文件"按钮，可进一步设置远程访问策略。

　　步骤 8：单击"下一步"按钮，打开如图 4-101 所示的"编辑拨入配置文件"对话框，在弹出的"拨入限制"选项卡中，可以对远程访问策略进行详细的设置，如对访问时间和日期的设置。

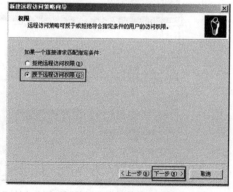

图 4-99　"权限"对话框

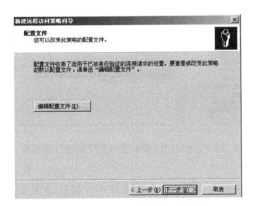

图 4-100　"配置文件"对话框

图 4-101　"编辑拨入配置文件"对话框

步骤 9：单击"编辑"按钮，在弹出的如图 4-102 所示的"拨入时段"对话框中可以对时间和日期进行具体的设置，如周一至周五 8:00 至 20:00 可以拨入 VPN 服务器，设置完成后单击"确定"按钮，该客户端则可在该时间段内拨入服务器，其余时间段是不允许的。

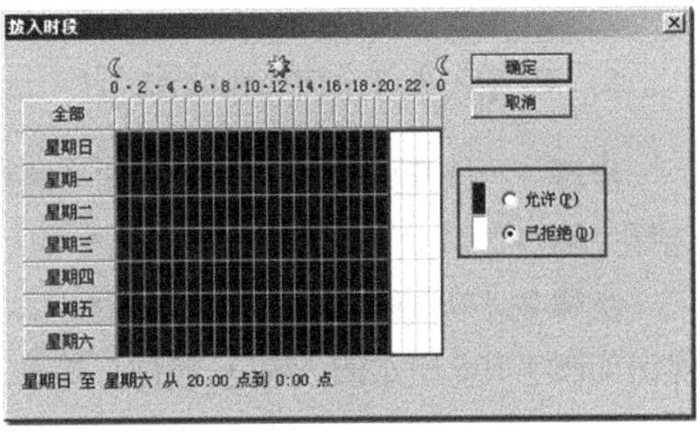

步骤 10：单击"确定"按钮，返回"编辑配置文件选项"页面中，单击"下一步"按钮，选择"完成"，即配置完成，在"路由和远程访问"的配置页面右边窗格中，显示"允许使用的协议"策略（在前面创建访问策略中设置的名称），如图 4-103 所示。

要想使创建的策略生效，需要在赋予用户远程连接权限的时候选中如图 4-104 所示的"通过远程访问策略控制访问"单选项。

图 4-102　"拨入时段"对话框

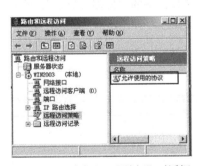

图 4-103　"路由和远程访问"对话框

图 4-104　"拨入"选项卡

经过上述设置，如果指定用户在允许拨入时段以外的时间长时拨入 VPN 服务器，将被 VPN 服务器拒绝拨入，弹出如图 4-105 所示的"连接到 microsoft 时出错"对话框，显示出错信息。

如果要调整远程访问策略的限制顺序，可以单击如图 4-106 所示方框中的箭头，以此来调整其前后顺序。

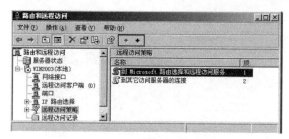

图 4-105　"连接到 microsoft 时出错"对话框　　　图 4-106　"远程访问策略限制顺序调整"对话框

 在客户端和服务端均为 ADSL 接入 Internet 的环境下，用户可以轻松建立 VPN 连接。如果网络环境比较复杂，如小区宽带接入 Internet 的客户端访问 ADSL 接入 Internet 的服务端、采用 Cable Modem 接入 Internet 的客户端访问 ADSL 接入 Internet 的服务端、ADSL 接入 Internet 的客户端访问小区宽带接入 Internet 的服务端等，则还需要进一步地配置才能实现连接。

5. PPTP 或 L2TP 端口配置

步骤 1：打开如图 4-107 所示的"路由和远程访问"对话框，展开"WIN2003"服务器项，选择"端口"。

步骤 2：单击鼠标右键选择"属性"，弹出如图 4-108 所示的"端口 属性"对话框，选择 WAN 微型端口（PPTP）。

步骤 3：单击"配置"按钮，弹出如图 4-109 所示的"配置设备-WAN 微型端口（PPTP）"；对话框中，选择请求拨号连接的方式，如"远程访问连接（仅入站）"

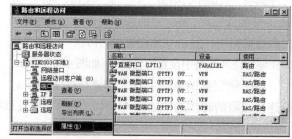

图 4-107　"路由和远程访问"对话框

和"请求拨号路由选择连接（入站和出站）"复选框，选择设备的"最多端口数"，然后单击"确定"按钮，则 PPTP 的端口配置完毕。

图 4-108　"端口 属性"对话框

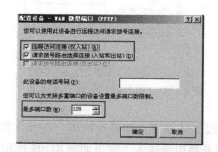

图 4-109　"配置设备-WAN 微型端口（PPTP）"

 在大型网络中，可以使用 IAS 服务器实现将多台 VPN 服务器配置成 IAS 客户端，集中配置远程访问策略，在此处不做详细介绍，有兴趣的可以自己去阅读。

任务 2-5　安全配置

1. 共享上网安全配置（NAT 服务）

（1）NAT 简介。

NAT（Network Address Translation，网络地址转换）是将 IP 数据包头中的 IP 地址转换为另一个 IP 地址的过程。在实际应用中，NAT 主要用于实现私有网络访问公共网络的功能。这种方式是通过使用少量的公有 IP 地址代表较多的私有 IP 地址，将有助于减缓可用 IP 地址空间的枯竭。

（2）NAT 应用环境。

NAT 是网络管理中常用的技术命令，一般在如下两种环境中使用。

① 多台内部计算机在访问 Internet 时使用同一个公网 IP 地址。

② 公司希望对内部计算机进行有效的安全保护，隐藏内部网络结构。

（3）NAT 工作流程。

NAT 工作流程如图 4-110 所示。

① 客户机的 IP 地址为 192.168.1.100，其

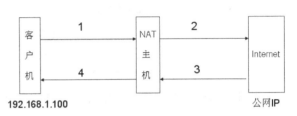

图 4-110　NAT 工作流程图

网关地址设置为 NAT 主机的地址 192.168.1.254，当客户机发出连接 Internet 的请求时，该数据包会发送到 NAT 主机上，该数据包的头部信息中封装的源 IP 地址为客户机的地址 192.168.1.100，目标地址为外网需访问的计算机 IP 地址。

② NAT 主机收到该数据包后，将源 IP 地址伪装成自己的公共 IP 地址，目的地址不变，仍然是连接 Internet。

③ 找到目标计算机，Internet 上的目标计算机将收到的包的源 IP 地址转换为目标 IP 地址，即 NAT 主机伪装的 IP 地址，将信息传给 NAT 主机。

④ NAT 主机查找伪装的地址，将信息传回给客户机。

通过该过程，客户机就连通了 Internet。

（4）NAT 的使用。

方式一：以在思科路由器配置 NAT 为例说明 NAT 命令的使用。

① 网络环境。

内网用户 IP 地址为 192.168.1.100/255.255.255.0，路由器使用的是 Cisco 公司出品的 2600 产品，该产品有两个以太网口，一个连接外网，IP 地址为公网地址，另一个连接内网，IP 地址为私网地址。

② 配置过程。

公司希望在路由器上配置 NAT 功能，让内网中的用户使用 NAT 访问外网。2600 系列路由器上已经配置了外网接口 IP 为 61.51.3.103（公网 IP 地址），内网接口 IP 地址为 192.168.1.100。

- 则配置命令为 ip nat pool test 61.51.3.103 61.51.3.103 netmask 255.255.255.252，在此定义名为 test 的外网地址池，头一个 IP 为地址池起始地址，后一个 IP 为地址池的终止地址。如果公网 IP 地址不够用的话，可以都用同一个 IP 地址。netmask 后是子网掩码。
- access-list 1 permit 192.168.1.100 0.0.1.255 定义容许 NAT 的网段，同样采用反向掩码进行描

述，0.0.1.255 代表的子网掩码 255.255.255.0。

- ip nat inside source list 1 pool test overload 启用 NAT，容许 NAT 的地址为 ACL 1 中定义的地址，而转换后使用的 IP 地址为 test 地址池中定义的地址，最后的 overload 表示所有内网计算机都使用同一个外网 IP 地址，多台机器复用一个 IP。
- 然后进入内网接口输入 ip nat inside
- 进入外网接口输入 ip nat outside 命令。

经过上面五步命令就完成了全部的 NAT 配置工作。

方式二：在 Windows 2003 Server 服务器上配置并启用 NAT 功能。

① 网络环境。

电信的 ADSL，交换机 1 个，服务器 1 台，客户机若干，网线已经做好，所有机器上用的都是 Windows 2000 或是 XP。

② 配置服务器 NAT 地址转换。

步骤 1：启动"路由和远程访问"，通过"开始-程序-管理工具-路由和远程访问"，默认状态下，将本地计算机列出为服务器。如果要添加其他服务器，请在控制台目录树中，右键单击"服务器状态"，然后单击"添加服务器"。

步骤 2：右击要启用的服务器（这里是本地服务器），然后单击"配置并启用路由和远程访问"，启动配置向导。

步骤 3：出现欢迎页面后单击"下一步"按钮。出现"选择服务器角色设置"页面，选择"网络地址转换（NAT）"，接着单击"下一步"按钮。

步骤 4：在 Internet 连接页面中选择"使用 Internet 连接"，在下面的 Internet 列表中选择"外网连接"，让客户机通过这条连接访问 Internet，单击"下一步"按钮继续。

 不能把内网与外网的接口选择错误，否则配置的 NAT 就无法生效。

步骤 5：接下来将出现"是否启用基本名称和地址启用服务"对话框，如果没有 DHCP 和 DNS 服务器就可以选择"启用"，单击"下一步"按钮。完成向导后系统将启动路由和远程访问功能并完成初始化工作。

步骤 6：配置静态路由，通过路由和远程访问窗口的"服务器-IP 路由选择-静态路由"。单击鼠标右键"静态路由"，选择"新建静态路由"。弹出"静态路由"配置对话框，在接口处选择"外网连接"，目标与子网掩码均填写"0.0.0.0"，跃点数填写"1"，单击"确定"按钮退出。

 当目标与子网掩码都填写 0.0.0.0 时候表示这条静态路由是默认路由，任何到外网的数据包都通过外网接口传输。

③ 配置结果测试。

随便选用 1 台客户机，单击"运行"，打开运行文本框，在该文本框中输入"cmd"，打开 DOS 命令行窗口，在 DOS 命令提示符下输入"ping NAT 服务器本地地址"，即 ping 192.168.1.254。

然后用客户机"ping NAT 服务器本地地址对端地址"，即通过 ADSL 动态获取的 IP 地址（这个地址是公网地址）。

最后用服务器"ping 客户机"，如：ping 192.168.1.100。

当上述 ping 均成功连通的话说明 NAT 设置成功，内部网络的计算机都已经被服务器所保护，而且当它们与 Internet 上的数据进行传输时使用的 IP 地址也是服务器通过 ADSL 拨号获得的 IP 地址。

　　NAT 在大中小企业中应用广泛，配置 NAT 的计算机需要安装两块网卡。配置了 NAT 的网络在安全性和可靠性方面大大提高。不过 NAT 也存在着缺点，那就是在一定程度上由于数据包要经过一个地址转换的过程，所以传输速度上会受到影响。

2. 关闭自动播放功能

每次把 U 盘或移动硬盘插入计算机的 USB 接口，系统就会弹出"自动播放"的小窗口，让你选择下一步操作。本是一项不错的方便用户的功能，但如果你的移动硬盘有好几个分区时，每搜索到一个分区就要弹出该窗口的话就会显得比较烦，就希望能关闭该功能。

（1）"组策略"关闭法。

单击"开始"菜单，单击"运行"，在运行文本框里键入"gpedit.msc"，单击"确定"按钮，打开如图 4-111 所示的"组策略"窗口。在"组策略"窗口左边窗格的"本地计算机策略"下，依次展开"计算机配置→管理模板→系统"，然后在右窗格，找到"关闭自动播放"一项，双击打开。单击"设置"选项卡，选中"已启用"复选钮，然后在"关闭自动播放"框中单击"所有驱动器"，单击"确定"按钮，最后关闭组策略窗口即可。

（2）"磁盘"操作法。

该方法对 Windows XP 有效，设置起来也相对方便点。打开"我的电脑"或"资源管理器"，找到移动硬盘盘符或光驱，单击鼠标右键，打开"属性"对话框，然后打开"自动播放"标签，在这里可以针对"音乐文件"、"图片"、"视频文件"、"混合内容"和"音乐 CD"5 类内容设置不同的操作方式，都选用"不执行操作"即可禁用自动运行功能。最后单击"确定"按钮，设置立即生效，如图 4-112 所示。

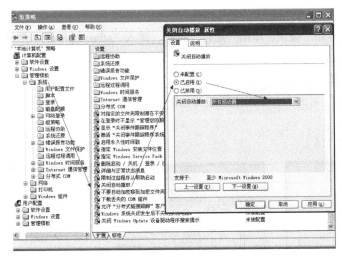

图 4-111 "组策略"对话框

图 4-112 "自动播放"选项

3. 备份与还原数据

（1）数据备份。

根据公司要求，每个员工需要将每天的资料上传至文件服务器的特定文件夹中。为了降低管理员的工作量，要求服务器能在无人参与的情况下进行文件自动备份。

Windows 系统自带有数据备份工具，使用它进行数据备份和还原都非常方便、操作简单，不用增加额外的软件工具。

步骤 1：启动备份工具。

① 单击"开始"按钮，单击"运行"按钮，键入"ntbackup.exe"，然后单击"确定"。（单击"开始""程序""附件""系统工具""备份"打开如图 4-113 所示的"备份或还原向导"，在第一次启动备份工具的情况下，如果比较熟悉可以清除"总是以向导模式启动"选项，单击"取消"按钮，然后再次启动备份工具即可。）

② 如果启动"备份或还原向导"，则转到步骤 3。

③ 如果收到以下错误消息，则表示未安装备份工具：Windows 找不到文件"ntbackup.exe"。在此情况下，请单击"退出"，然后转到步骤 2。

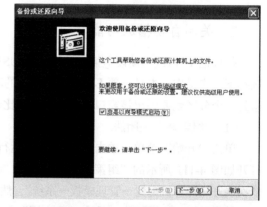

图 4-113 "备份或还原向导"对话框

步骤 2：安装备份工具。

① 在计算机的 CD 驱动器或 DVD 驱动器中插入 Windows XP 光盘。

② 单击"退出"按钮。

③ 单击"开始"按钮，单击"运行"按钮，键入以下命令，然后单击"确定"按钮：CD Drive:\valueadd\msft\ ntbackup\ntbackup.msi。注意："CD Drive"是 CD 驱动器或 DVD 驱动器的驱动器号。如果不知道驱动器号，请尝试"D"或"E"。

④ 当"备份或还原向导"出现相关提示时，请单击"完成"按钮。

⑤ 取出 Windows XP 光盘。

⑥ 若要启动备份工具，请单击"开始"按钮，单击"运行"按钮，键入"ntbackup.exe"，然后单击"确定"按钮。

步骤 3：选择要备份的文件夹或驱动器。

① 在"欢迎使用备份或还原向导"页面上，单击中间的蓝色链接文字"高级模式"，打开如图 4-114 所示的"备份工具"对话框。

② 单击"备份"选项卡（见图 4-115）。

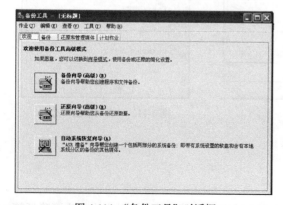

图 4-114 "备份工具"对话框

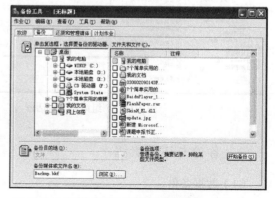

图 4-115 "备份"选项卡

③ 在"作业"菜单上，单击"新建"按钮。

④ 单击选中需要备份的驱动器所对应的复选框。如果要进行更具体地选择，则展开所需的驱动器，然后单击选中所需的文件或文件夹所对应的复选框。

⑤ 单击以选中"System State"复选框。

> 如果要备份系统设置和数据文件，请备份计算机上的所有数据以及系统状态数据。系统状态数据包括注册表、COM+类注册数据库、处于 Windows 文件保护下的文件和启动文件等。

步骤 4：选择备份文件的位置。

① 在"备份目的地"列表中，单击要使用的备份目的地。

② 如果在上一个步骤中已单击"文件"，则单击"浏览"，然后选择存放的位置，单击"保存"按钮，返回当前所在的窗口。可以将网络共享指定为备份文件的目的地。

步骤 5：备份文件。

① 在"备份"选项卡上，单击"开始备份"。此时将出现"备份作业信息"对话框，如图 4-116 所示。

② 在"如果媒体已经包含备份"下，执行下列步骤之一：如果要将此备份附加到以前的备份中，则单击"将备份附加到媒体"；如果要用此备份覆盖以前的备份，则单击"用备份替换媒体上的数据"。

③ 单击"高级"，打开如图 4-117 所示的"高级备份选项"对话框。

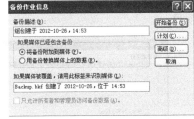
图 4-116　"备份作业信息"对话框

④ 单击以选中"备份后验证数据"复选框。

⑤ 在"备份类型"框中，单击所需的备份类型。在单击备份类型时，在"描述"下将出现该备份类型的说明。（备份类型中有"副本""增量""差异""每日"。）

⑥ 单击"确定"按钮，返回"备份作业信息"对话框，然后单击"开始备份"。此时将出现如图 4-118 所示的"备份进度"对话框，备份开始。

在"备份作业信息选项"对话框中，单击"计划"按钮，弹出用户名和密码输入对话框，在该对话框中填入相对应的用户名和密码，单击"确定"按钮，弹出如图 4-119 所示的"计划的作业选项"对话框，填入作业名称及其备份的详细信息。

图 4-117　"高级备份选项"对话框

图 4-118　"备份进度"对话框

图 4-119　"计划的作业选项"对话框

步骤 6：退出备份工具。

① 完成备份后，单击"关闭"按钮。

② 在"作业"菜单上，单击"退出"按钮。

组合使用正常备份和增量备份来备份数据，需要最少的存储空间，并且是最快的备份方法。然而，恢复文件是耗时和困难的，因为备份可能存储在几个磁盘或磁带上；组合使用正常备份和差异备份来备份数据更加耗时，尤其当数据经常更改时，但是它更容易还原数据，因为备份集通常只存储在少量磁盘或磁带上。

要用管理员权限来备份。

如果备份的文件是存储在 FAT32 格式的磁盘上，需注意备份文件不能大于 4G。

（2）数据还原。

① 单击"开始""程序""附件""系统工具""备份"打开备份工具，如果采用向导方式的话在欢迎界面中单击"下一步"按钮，在"备份或还原"对话框中，选择"还原文件和设置"的单选按钮，如图 4-120 所示。

② 然后单击"下一步"按钮，在如图 4-121 所示的"还原项目"对话框中选择所需还原的项目。

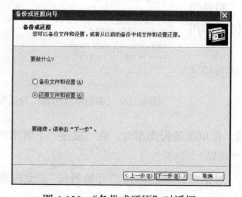

图 4-120 "备份或还原"对话框

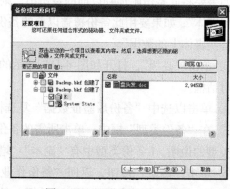

图 4-121 "还原项目"对话框

然后单击"下一步"按钮，弹出"正在完成备份或还原向导"，单击"完成"按钮打开"完成进度"，等待计算机执行还原的任务，直到进度完成，关闭该对话框。

4. 部署活动目录

（1）安装活动目录。

步骤 1：执行"开始"→"运行"→输入"dcpromo"，单击"确定"按钮，弹出"Active Directory 安装向导"对话框，如图 4-122 所示。

步骤 2：单击"下一步"按钮，打开"域控制器类型"对话框，选择"新域的域控制器"单选按钮，使服务器成为新域中的第一个域控制器。如果网上已有域控制器，可选择"现有域的额外域控制器"单选按钮，如图 4-123 所示。

步骤 3：单击"下一步"按钮，打开"创建一个新域"对话框。如果用户不想让新域成为现有域的子域，可选择"在新林中的域"单选按钮；如果用户希望新域成为现有域的子域，可选择"在现有域树中的子域"单选按钮。这里，选择"在新林中的域"单选按钮，如图 4-124 所示。

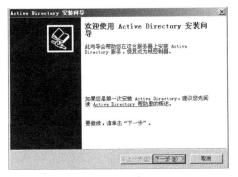

图 4-122 "Active Directory 安装向导"对话框

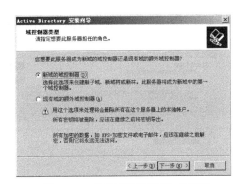

图 4-123 "域控制器类型"对话框

步骤 4：单击"下一步"按钮，打开"新的域名"对话框，在"新域的 DNS 全名"文本框中输入新建域的 DNS 全名，例如：butterfly.com，如图 4-125 所示。

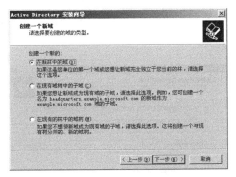

图 4-124 "创建一个新域"对话框

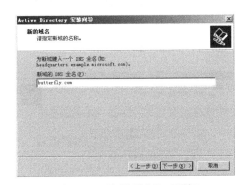

图 4-125 "新的域名"对话框

步骤 5：单击"下一步"按钮，打开"NetBIOS 域名"对话框，如图 4-126 所示。在"域 NetBIOS 名"文本框中输入 NetBIOS 域名，或者接受系统默认的名称。NetBIOS 域名是供早期的 Windows 用户来识别新域的。

步骤 6：单击"下一步"按钮，打开"数据库和日志文件位置"对话框。在"数据库位置"文本框中输入保存数据库的位置，如图 4-127 所示。

图 4-126 "NETBIOS 域名"对话框

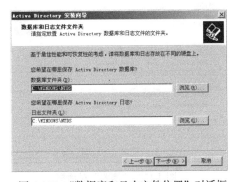

图 4-127 "数据库和日志文件位置"对话框

步骤 7：单击"下一步"按钮，打开"共享的系统卷"对话框，在"文件夹位置"文本框中输入 SYSVOL 文件夹位置，或单击"浏览"按钮选择路径。在 Windows 2003 中，SYSVOL 文件夹存放着域的公用文件的服务器副本，它的内容将被复制到域中的所有域控制器上，如图 4-128 所示。

步骤8：单击"下一步"按钮，弹出"DNS 注册诊断"对话框，如图 4-129 所示。

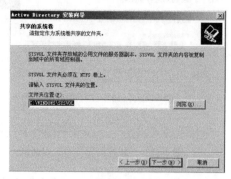

图 4-128 "共享的系统卷"对话框 　　　　　图 4-129 "DNS 注册诊断"对话框

步骤9：单击"下一步"按钮，系统弹出"权限"对话框，如图 4-130 所示。

步骤10：单击"下一步"按钮，弹出"目录服务还原模式的管理员密码"对话框，在文本框中输入密码，如图 4-131 所示。

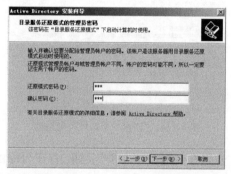

图 4-130 "权限"对话框 　　　　　图 4-131 "目录服务还原模式的管理员密码"对话框

步骤11：单击"下一步"按钮，弹出"摘要"对话框，如图 4-132 所示。

步骤12：单击"下一步"按钮，弹出"安装开始"对话框，如图 4-133 所示。

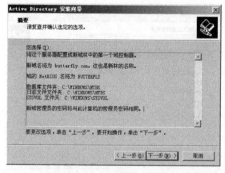

图 4-132 "摘要"对话框 　　　　　图 4-133 "安装开始"对话框

步骤13：单击"下一步"按钮，系统弹出"正在完成 Active Directory 安装向导"对话框，如图 4-134 所示。

步骤14：单击"完成"按钮，即完成活动目录的安装，如图 4-135 所示。

图 4-134　"正在完成 Active Directory 安装向导"对话框　　　图 4-135　"完成"提示

 安装好活动目录后，必须重新启动计算机才能生效，且计算机关闭和启动时间较长，系统的执行速度也会变慢。

在系统安装 Active Directory 完毕后，可以看到在 Windows Server 2003 的管理工具中多了三项内容：Active Directory 用户和计算机、Active Directory 域和信任关系、Active Directory 站点和服务，如图 4-136 所示。这说明活动目录安装成功。

另外，在"管理您的服务器"窗口中增加了"域控制器"，如图 4-137 所示。

图 4-136　活动目录安装成功图

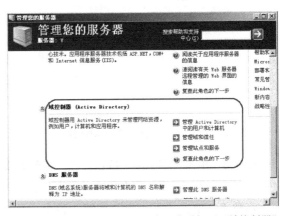

图 4-137　"管理您的服务器"窗口中增加了"域控制器"

（2）备份和还原活动目录数据库。

① 备份 AD 数据库。

蝴蝶软件公司的 AD（Active Directory，目录服务）数据库中有上千名用户数据，某一天 AD 数据库遭到有意或无意的破坏，导致了用户数据的丢失，此时如果逐个恢复数据，那么工作量将是惊人的巨大。怎样避免这种巨大工作量的出现呢？那就是定期对 AD 数据库进行备份，一旦出现问题就可以启动备份，实现还原。

步骤 1：依次单击"开始→程序→附件→系统工具→备份"，打开"备份或还原向导"对话框，如图 4-138 所示。

步骤 2：单击"下一步"按钮，进入"备份或还原"选择对话框，选择"备份文件和设置"项，如图 4-139 所示。

步骤 3：单击"下一步"按钮，进入"要备份的内容"对话框，选择"让我选择要备份的内容"

项，如图 4-140 所示。

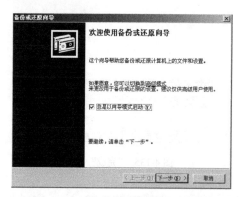 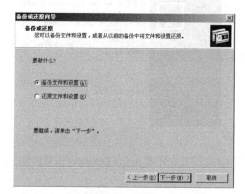

图 4-138　"备份或还原向导"对话框　　　　图 4-139　"备份或还原"选择对话框

步骤 4：单击"下一步"按钮。在"要备份的项目"对话框中依次展开"桌面→我的电脑"，勾选"System State"项，如图 4-141 所示。

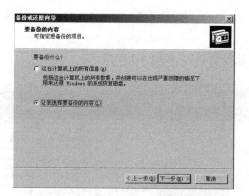 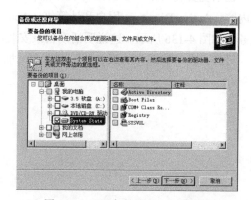

图 4-140　"要备份的内容"对话框　　　　图 4-141　"要备份的项目"对话框

步骤 5：单击"下一步"按钮，在"备份类型、目标和名称"对话框中根据提示选择好备份文件的存储路径，并设置好备份文件的名称，如图 4-142 所示。

步骤 6：单击"下一步"按钮，弹出"正在完成备份或还原向导"对话框，如图 4-143 所示。

图 4-142　"备份类型、目标和名称"对话框　　　图 4-143　"正在完成备份或还原向导"对话框

步骤 7：单击"完成"按钮，弹出"备份进度"对话框，如图 4-144 所示。

备份和还原向导完成后，请中断计算机系统中的其他操作，因为片刻后 AD 数据库的备份操作就会开始进行了。

然后等待备份完成，弹出"完成备份"的备份进度对话框，如图 4-145 所示，单击"关闭"按钮。

图 4-144　"备份进度"对话框

图 4-145　备份进度对话框

② 还原 AD 数据库。

　　AD 服务正常运行时，是不能够进行 AD 数据库还原操作的。

步骤 1：进入目录服务还原模式。

重新启动计算机，在进入 Windows Server 2003 的初始画面前，按 F8 键进入 Windows 高级选项菜单界面。此时可以通过键盘上的上下方向键选择"目录服务还原模式（只用于 Windows 域控制器）"项。

单击"回车"键确认后，使用具有管理员权限的账户登录系统，此时可以看出系统是处于安全模式的。

步骤 2：使用还原向导。

在进入目录服务还原模式后，依次单击"开始→程序→附件→系统工具→备份"，在打开的"备份或还原向导"对话框中，单击"下一步"按钮，进入"备份或还原"选择对话框，选择"还原文件和设置"，在"还原项目"对话框中选中备份文件，如图 4-146 所示。

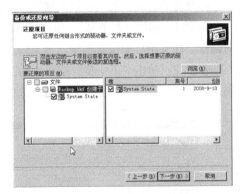

图 4-146　"还原项目"对话框

在稍后弹出的界面中单击"完成"按钮。稍等片刻，系统将弹出一个警告提示框，单击"确定"按钮，确认数据库的覆盖操作即可开始 AD 数据库的还原。

在完成还原操作后，单击对话框中的"关闭"按钮就可以结束了。最后将会弹出一个"备份工具"提示框，单击"是"按钮重新启动计算机即可。

　　还原 AD 数据库时会出现忘记当初设置的还原密码（添加 AD 服务时设置），无法进入目录还原模式，怎么办？依次单击"开始→运行"，在弹出的运行栏中输入"Ntdsutil"命令，在弹出的窗口中进入目录还原模式密码的重设操作。设置还原密码成功后，重新启动计算机，重启后用新的还原密码进入目录服务还原模式。

5. 创建域

（1）设置组织单元。

考虑到蝴蝶软件公司还有几个部门：财务部、市场部、人事部，为了管理方便，首先建立 OU。

步骤 1：单击"开始"→"程序"→"管理工具"→"管理您的服务器"→"域控制器"→"管理 Active Directory 中的用户和计算机"，弹出"Active Directory 用户和计算机"窗口，鼠标右键单击 butterfly.com 选项，在弹出的菜单中选中"新建"→"组织单位"，如图 4-147 所示。

步骤 2：在"名称"文本框中输入"部门"，单击"确定"按钮。

步骤 3：在"Active Directory 用户和计算机"控制台中选中"部门"，单击鼠标右键，在弹出的菜单中选中"新建"→"组织单位"，在"名称"文本框中输入"财务部"，单击"确定"按钮。依此方法建立人事部、市场部等部门，如图 4-148 所示。

 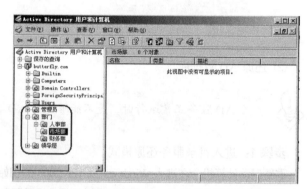

图 4-147 "新建对象——组织单位"对话框　　　　图 4-148 "Active Directory 用户和计算机"控制台

（2）创建用户。

给蝴蝶软件公司的每个员工建立一个账户。

步骤 1：选择"财务部"，单击鼠标右键，选择"新建"→"用户"，弹出"新建对象-用户"对话框，在文本框中按提示输入员工信息，如图 4-149 所示。

步骤 2：单击"下一步"按钮，如图 4-150 所示，输入密码信息，因为这儿设置的是初始密码，公司的所有员工都一样，所以要选中"用户下次登录时须更改密码"复选框。

图 4-149 "新建对象-用户"对话框　　　　图 4-150 密码信息输入图

步骤 3：单击"下一步"按钮，弹出"信息确认"对话框，如图 4-151 所示，单击"完成"按钮，完成用户创建。

用户创建好了，是否就可以实现在不同的计算机上登录呢？回答是否定的，还需要将客户机加入到域中，然后才能实现。

（3）将客户机加入到域。

步骤 1：以管理员身份登录客户机，设置 TCP/IP 属性中的 DNS 服务器地址为 192.168.1.20。

步骤 2：鼠标右键单击"我的电脑"，单击"属性"→弹出"系统属性"对话框，如图 4-152 所示。

图 4-151　完成用户创建对话框

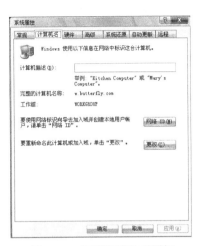

图 4-152　"系统属性"对话框

步骤 3：单击"更改"按钮，弹出"计算机名称更改"对话框，选择"隶属于"中的"域"单选项，在"域"文本框中输入 butterfly.com，如图 4-153 所示。

步骤 4：单击"确定"按钮，弹出"计算机名称更改"的用户和密码对话框，如图 4-154 所示。

图 4-153　"计算机名称更改"对话框

图 4-154　"计算机名称更改"的用户和密码对话框

在文本框中输入要加入域的账户和密码，单击"确定"按钮，弹出成功加入域的对话框。其他用户的操作与此同。

步骤 5：客户机加入域重启后，会弹出"用户登录"对话框，比前面的多了一个"登录到"文本框，在其中输入域名称，相应填入用户名和密码内容，单击"确定"按钮。第一次登录时会弹出"您必须在第一次登录时更改密码"对话框，单击"确定"按钮，用户可设定个人密码，再单击"确定"按钮，则完成了登录过程。

6. 发布资源

考虑到公司的许多文件都存放在不同的计算机上，要查找文件和打印机非常困难，如果用活动目录发布出去，则可以让用户很方便地找到这些资源。

现在公司经理要求把存放在\\192.168.1.220\soft的文件发布出去。

步骤1：进入"Active Directory用户和计算机"控制台，鼠标右键单击"管理员"，在菜单中选择"新建"→"共享文件夹"，弹出"新建对象-共享文件夹"对话框，如图4-155所示。

步骤2：单击"确定"按钮，回到"Active Directory用户和计算机"控制台，在右边窗格中显示soft共享文件夹，如图4-156所示。

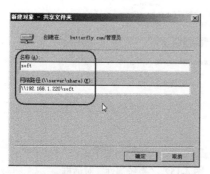

图4-155 "新建对象-共享文件夹"对话框

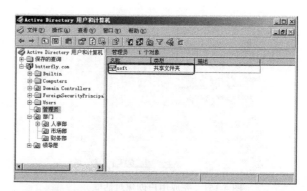

图4-156 "Active Directory用户和计算机"控制台

步骤3：在右边窗格中选中soft共享文件夹，单击鼠标右键，单击"属性"，弹出"soft属性"对话框，如图4-157所示。选择"常规"选项卡，单击"关键字"按钮，弹出"关键字"对话框，在该对话框中添加新的关键字，方便用户查找。如在"新值"项中填入"活动目录"值，单击"添加"按钮，则该值在"当前值"下出现。

步骤4：在"关键字"对话框，单击"确定"按钮，回到"soft属性"对话框，单击"确定"按钮。

活动目录还可发布共享打印机等硬件资源，为了保护账户资源，还有许多的安全策略，如账户策略、组策略等内容，在这儿不再一一详述。

图4-157 "soft属性"对话框

任务2-6 网络测试

1. 网络连通性测试

同一部门的计算机之间相互通信测试，不同部门之间通信测试，内网与外网通信测试。在设置的情况下，如果都能够连通，说明通畅性好。

2. 应用服务测试

（1）邮件服务。

（2）VLAN。

（3）VPN。

（4）安全措施检查。

【实施评价】

在办公局域网网络中，部门之间、部门与外网之间，其目标一般都是希望能快速实现文件传输和共享、打印机共享以及共享账号上网，同时又能满足应用、安全需求。此次任务的总结见表 4-3。

表 4-3　　　　　　　　　　　　　　　任务实施情况小结

序号	知　识	技　能	态　度	重要程度	自我评价	小组评价	老师评价
1	● 对等网络 ● 文件夹、打印机共享 ● 个人主页 ● 文件夹权限及其含义 ● 常用的实时交流软件有哪些	○正确了解网络组建需求，确定组网目标，选择合适的网络设备，设计合理的拓扑结构图，根据拓扑结构图正确连接网络 ○检查网络软件的安装情况，如没有安装则正确安装所需的网络软件 ○熟练设置文件夹共享及其权限 ○熟练发布个人主页	◎认真合理规划网络 ◎安全操作，在连接各网络硬件设备时先应关闭所有设备电源，连接完成后再打开电源检查连接情况 ◎根据实际情况分析处理，熟练完成安全设置并保证正确	★★★ ★★			
2	● C/S 网络 ● 邮件服务 ● VLAN ● VPN ● 安全配置	○在规定时间内正确完成网络组建与基本配置 ○熟练设置邮件服务，并能使用该服务进行邮件传输 ○熟练配置 VLAN，在需要的时候可以实现其通信 ○能正确设置 VPN、NAT服务	◎有很强的纪律性，在规定时间内完成规定的任务 ◎组建网络规范，布线规则、美观 ◎能积极思考问题，并不断解决问题 ◎安全意识强	★★★ ★☆			
任务实施过程中已经解决的问题及其解决方法与过程							
问题描述			解决方法与过程				
任务实施过程中存在的主要问题							

　　说明：自我评价、小组评价与教师评价的等级分为 A、B、C、D、E 五等，其中：知识与技能掌握 90%及以上，学习积极上进、自觉性强、遵守操作规范、有时间观念、产品美观并完全合乎要求为 A 等；知识与技能掌握了 80%～90%，学习积极上进、自觉性强、遵守操作规范、有时间观念，但产品外观有瑕疵为 B 等；知识与技能掌握 70%～80%，学习积极上进、在教师督促下能自觉完成、遵守操作规范、有时间观念，但产品外观有瑕疵，没有质量问题为 C 等；知识与技能基本掌握 60%～70%，学习主动性不高、需要教师反复督促才能完成、操作过程与规范有不符的地方，但没有造成严重后果的为 D 等；掌握内容不够 60%，学习不认真，不遵守纪律和操作规范，产品存在关键性的问题或缺陷为 E 等。

【知识链接】

【知识链接1】组建办公局域网应遵循的原则

办公局域网在计算机网络的规划、设计和实施中需遵循以下原则。

（1）网络应具有实用性、灵活性、安全性、先进性。保护现有设备投资，充分利用已有的资源。

（2）网络应具有高度的开放性。

（3）经济实用，设备的选择应有最优的性能价格比，以最小的投资实现最大的功能。

（4）网络的可靠性要高。

（5）网络扩充性强，操作简单。

【知识链接2】IIS

Internet Information Services（IIS，互联网信息服务），是由微软公司提供的基于运行 Microsoft Windows 的互联网基本服务。最初是 Windows NT 版本的可选包，随后内置在 Windows 2000、Windows XP Professional 和 Windows Server 2003 一起发行，但在 Windows XP Home 版本上并没有 IIS。因此在该版本上如果需要使用 IIS，则应该另外下载安装包进行安装。

【知识链接3】FTP 服务

1. FTP 服务概述

FTP（File Transfer Protocol）是文件传送协议，是以客户机/服务器模式进行工作的，是 Internet 上使用最早、最广泛的文件传输方式。

如果要想从服务器中把共享软件和免费资源传送到客户机或者从客户机上把资源放到服务器上共享，就需要在计算机间传送文件，既然要传送文件，那么两者之间就必须遵守共同的原则，FTP 就是客户机和服务器间实现文件传输的标准协议。

FTP 涉及两个方面的文件传输，一是客户机从服务器上共享资源，这称为“下载（Download）”；二是客户机将文件从自己这儿发送到服务器上，这称为“上传（Upload）”。

2. FTP 服务的使用

（1）FTP 工作模式。

FTP 服务依赖于 TCP/IP 协议组应用层中的 FTP 来实现，FTP 的默认 TCP 端口号是 21，由于 FTP 可以同时使用两个 TCP 端口进行传送，所以 FTP 可以实现更快的文件传输速度。

FTP 服务的客户机和服务器间需要建立双重连接，一个是控制连接：用于传输 FTP 控制命令以及服务器的回送信息；另一个是数据连接：用于数据传送，完成文件传输。只要数据传输完毕，数据连接就撤销，而控制连接仍然存在，客户机可以继续向服务器发送传输文件的请求，直到客户机用户撤销控制连接，退出后该控制连接才完全终止，如图 4-158 所示。

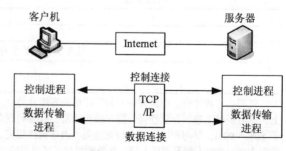

图 4-158　FTP 工作模式

（2）FTP 服务过程。

① 用户启动 FTP 客户机程序——输入用户名和口令，试图与 FTP 服务器建立连接。

②　如果连接建立成功，在 Internet 上，客户机和服务器之间就建立起一条控制链路，客户程序通过它向 FTP 服务器发送如改变目录、显示目录清单等命令，FTP 服务器则返回每条命令执行后的状态信息。

③　如果用户做好了上传或下载文件的准备，FTP 服务器将开辟一条数据链路，进行所需文件传输。

④　文件传输完毕则数据链路被关闭。同时，FTP 服务器通过控制链路发送一个文件结束确认信息。此后，用户既可以继续进行文件查找，并打开另一条数据链路以便其他文件的传输，也可以发出 Quit 或 Bye 命令，关闭 FTP 服务，返回用户计算机。

> 在用户未被授权访问某台 Internet 主机时，除非该主机提供了匿名 FTP 服务，否则就无法登录该主机。

（3）FTP 使用方式。

在 IE 浏览器中打开 FTP 站点，使用 "ftp://IP 地址或域名"。例如：由 Microsoft 创建并提供大量技术支持文件的匿名 FTP 服务器地址为 ftp://ftp.microsoft.com。

Internet 上有很多公共 FTP 服务器，称为匿名服务器，提供匿名 FTP 服务。在 IE 中打开 FTP 站点，将自动以匿名用户（Anonymous）身份登录，这时在窗口中列出的内容就是 FTP 站点根目录下的文件和文件夹。如在 Windows 资源管理器中一样双击打开文件夹（目录）则进入其下一级目录，如图 4-159 所示。

图 4-159　FTP 使用方式

【知识链接 4】Web 服务器

1. Web 服务器认识

Web 服务器是可以向发出请求的浏览器提供文档的程序。

（1）服务器是一种被动程序：只有当 Internet 上运行在其他计算机中的浏览器发出请求时，服务器才会响应。

（2）最常用的 Web 服务器是 Apache 和 Microsoft 的 Internet 信息服务器（Internet Information Server，IIS）。

（3）Internet 上的服务器也称为 Web 服务器，是一台在 Internet 上具有独立 IP 地址的计算机，可以向 Internet 上的客户机提供 WWW、Email 和 FTP 等各种 Internet 服务。

2. 什么是 Web 服务器

Web 服务器是指驻留于因特网上某种类型计算机的程序。当 Web 浏览器（客户端）连到服务器上并请求文件时，服务器将处理该请求并将文件发送到该浏览器上，附带的信息会告诉浏览器如何查看该文件（即文件类型）。服务器使用 HTTP（超文本传输协议）进行信息交流，这就是人们常把它们称为 HTTPD 服务器的原因。

Web 服务器不仅能够存储信息，还能在用户通过 Web 浏览器提供的信息的基础上运行脚本和程序。

【知识链接5】Email 简介

1. 电子邮件系统

电子邮件系统一般由用户代理、邮件服务器和协议（SMTP 与 POP3）3 个部分组成。邮件服务器是电子邮件系统的核心，由 POP3 服务、简单邮件传输协议（SMTP）服务以及电子邮件客户端 3 个组件组成。其中的 POP3 服务与 SMTP 服务一起使用，POP3 为用户提供邮件下载服务，而 SMTP 则用于发送邮件以及邮件在服务器之间的传递。电子邮件客户端是用于读取、撰写以及管理电子邮件的软件。

2. 电子邮件的发送与接收过程

电子邮件系统结构如图 4-160 所示，根据该结构示意图，简单描述电子邮件的发生与接收过程。

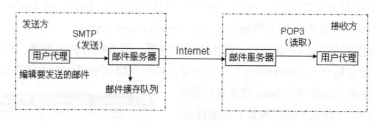

图 4-160　电子邮件系统结构

（1）发送方有邮件需要发送的时候，调用用户代理来编辑要发送的邮件，使用 SMTP 将邮件发送给发送方的邮件服务器，该邮件服务器就将邮件放入邮件缓存队列中，等待发送。

（2）SMTP 首先运行发送方邮件服务器的 SMTP 客户进程，发现有邮件待发送，向接收方的邮件服务器发出 TCP 连接请求。

（3）接收方服务器收到 TCP 连接请求后，双方之间进行连接对话，建立 TCP 连接，发送方的邮件服务器将邮件发送给接收方邮件服务器，当所有邮件都发送完毕后，TCP 连接关闭。

（4）接收方邮件服务器把邮件分发到收件人的邮箱，等待收件人来读取。收件人登录邮箱，调用用户代理，使用 POP3 协议读取邮件。

3. POP3 与 SMTP

（1）POP3。

POP3，全名为 "Post Office Protocol-Version3"，即 "邮局协议版本 3"，是 TCP/IP 协议族中的一员，由 RFC1939 定义。本协议主要用于支持使用客户端远程管理在服务器上的电子邮件。提供了 SSL 加密的 POP3 协议被称为 POP3S。

POP 协议支持 "离线" 邮件处理。其具体过程是：邮件发送到服务器上，电子邮件客户端调用邮件客户机程序以连接服务器，并下载所有未阅读的电子邮件。这种离线访问模式是一种存储转发服务，将邮件从邮件服务器端送到个人终端机器上，一般是 PC 或 MAC。一旦邮件发送到 PC 或 MAC 上，邮件服务器上的邮件将会被删除。但目前的 POP3 邮件服务器大都可以 "只下载邮件，服务器端并不删除"，也就是改进的 POP3 协议。

（2）SMTP

SMTP（Simple Mail Transfer Protocol）即简单邮件传输协议，它是一组用于由源地址到目的地址传送邮件的规则，由它来控制信件的中转方式。SMTP 协议属于 TCP/IP 协议族，它帮助每台计算机在发送或中转信件时找到下一个目的地。通过 SMTP 协议所指定的服务器，就可以把 E-mail 寄到收信人的服务器上了，整个过程只要几分钟。SMTP 服务器则是遵循 SMTP 的发送邮件服务器，用来发送或中转发出的电子邮件。

【知识链接 6】VLAN 简介

VLAN（Virtual Local Area Network）即"虚拟局域网"，是一种将局域网设备从逻辑上划分成一个个网段，从而实现虚拟工作组的数据交换，主要应用于交换机和路由器中，但主流应用还是在交换机之中。

1．VLAN 划分方法

VLAN 的划分方法主要有如下几种。

（1）根据端口来划分 VLAN。

许多 VLAN 厂商都利用交换机的端口来划分 VLAN 成员，同一交换机的端口或者的不同交换机的不同端口都可设定在同一个广播域中。

（2）根据 MAC 地址划分 VLAN。

这种划分方法是根据每个主机的 MAC 地址来划分。其优点就是当用户物理位置移动时，即从一个交换机换到其他的交换机时，VLAN 不用重新配置；其缺点是初始化时所有用户都必须进行配置，工作量大，同时也导致了交换机执行效率低，因为在每一个交换机的端口都可能存在很多个 VLAN 组的成员，这样就无法限制广播包了。

（3）根据网络层划分 VLAN。

这种划分方法是根据每个主机的网络层地址或协议类型（如果支持多协议）划分的。其优点是即使用户的物理位置改变了，也不需要重新配置所属 VLAN，而且不需要附加的帧标签来识别 VLAN，可以减少网络通信量。其缺点是效率低，因为检查每一个数据包的网络层地址是需要消耗处理时间的（相对于前面两种方法）。

（4）根据 IP 多播划分 VLAN。

即认为一个多播组就是一个 VLAN，这种划分的方法将 VLAN 扩大到了广域网，因此这种方法具有更大的灵活性，而且也很容易通过路由器进行扩展，但这种方法效率不高，不适合局域网中使用。

（5）基于规则的 VLAN。

也称为基于策略的 VLAN。这是最灵活的 VLAN 划分方法，具有自动配置的能力，能够把相关的用户连成一体，在逻辑划分上称为"关系网络"。网络管理员只需在网管软件中确定划分 VLAN 的规则（或属性），那么当一个站点加入网络中时，将会被"感知"，并被自动地包含进正确的 VLAN 中。同时，对站点的移动和改变也可自动识别和跟踪。

（6）按用户划分 VLAN。

基于用户定义、非用户授权来划分 VLAN，是指为了适应特别的 VLAN 网络，根据具体的网络用户的特别要求来定义和设计 VLAN，而且可以让非 VLAN 群体用户访问 VLAN，但是需要提供用户密码，在得到 VLAN 管理的认证后才可以加入一个 VLAN。

以上划分 VLAN 的方式中，基于端口的 VLAN 端口方式建立在物理层上；MAC 方式建立在数据链路层上；网络层和 IP 广播方式建立在第 3 层上。

2. VLAN 标准

通用的 VLAN 标准有两种，当然也有一些公司具有自己的标准，比如 Cisco 公司的 ISL 标准，虽然不是一种大众化的标准，但是由于 Cisco Catalyst 交换机的大量使用，ISL 也成为一种不是标准的标准了。

（1）802.10。

该协议是基于 FrameTagging 方式的。

（2）802.1Q。

802.1Q 的出现打破了虚拟网依赖于单一厂商的僵局，从一个侧面推动了 VLAN 的迅速发展。另外，来自市场的压力使各大网络厂商立刻将新标准融合到它们各自的产品中。

（3）Cisco ISL 标签。

ISL（Inter-Switch Link）是 Cisco 公司的专有封装方式，因此只能在 Cisco 的设备上支持。ISL 是一个在交换机之间、交换机与路由器之间及交换机与服务器之间传递多个 VLAN 信息及 VLAN 数据流的协议，通过在交换机直接的端口配置 ISL 封装，即可跨越交换机进行整个网络的 VLAN 分配和配置。

3. VLAN 的定义和特点

虚拟局域网（VLAN）是一组逻辑上的设备和用户，这些设备和用户并不受物理位置的限制，可以根据功能、部门及应用等因素将它们组织起来，相互之间的通信就好像它们在同一个网段中一样，该技术工作在 OSI 参考模型的第 2 层和第 3 层，一个 VLAN 就是一个广播域，VLAN 之间的通信是通过第 3 层的路由来完成的。与传统的局域网技术相比较，VLAN 技术更加灵活，它具有以下优点。

* 网络设备的移动、添加和修改的管理开销减少。
* 可以控制广播活动。
* 可提高网络的安全性。

【知识链接 7】NAT 介绍

1. NAT 相关概念

内部本地地址（Inside local address）：分配给内部网络中的计算机的内部 IP 地址。

内部合法地址（Inside global address）：对外进入 IP 通信时，代表一个或多个内部本地地址的合法 IP 地址。需要申请才可取得的 IP 地址。

2. NAT 设置方法

NAT 设置可以分为静态地址转换、动态地址转换、复用动态地址转换。

（1）静态地址转换。

静态地址转换是将内部本地地址与内部合法地址进行一对一的转换，且需要指定和哪个合法地址进行转换。如果内部网络有 E-mail 服务器或 FTP 服务器等可以为外部用户提供的服务，这些服务器的 IP 地址必须采用静态地址转换，以便外部用户可以使用这些服务。

步骤 1：静态地址转换基本配置。

- 在内部本地地址与内部合法地址之间建立静态地址转换。在全局设置状态下输入：ip nat inside source static 内部本地地址内部合法地址。
- 指定连接网络的内部端口，在端口设置状态下输入：ip nat inside。
- 指定连接外部网络的外部端口，在端口设置状态下输入：ip nat outside。

可以根据实际需要定义多个内部端口及多个外部端口。

设置 NAT 功能的路由器至少要有一个内部端口（Inside），一个外部端口（Outside）。内部端口连接的网络用户使用的是内部 IP 地址。内部端口可以为任意一个路由器端口。外部端口连接的是外部的网络，如 Internet。外部端口可以为路由器上的任意端口。

设置 NAT 功能的路由器的 IOS 应支持 NAT 功能（本文实例所用路由器为 Cisco2501，其 IOS 为 11.2 版本以上，支持 NAT 功能）。

步骤 2：静态地址转换配置实例。

将 2501 的以太口作为内部端口，同步端口 0 作为外部端口。其中 10.1.1.2，10.1.1.3，10.1.1.4 的内部本地地址采用静态地址转换。其内部合法地址分别对应为 192.1.1.2，192.1.1.3，192.1.1.4。

```
Current configuration:
version 11.3
no service password-encryption
hostname 2501
ip nat inside source static 10.1.1.2 192.1.1.2
ip nat inside source static 10.1.1.3 192.1.1.3
ip nat inside source static 10.1.1.4 192.1.1.4
interface Ethernet0
ip address 10.1.1.1 255.255.255.0
ip nat inside
interface Serial0
ip address 192.1.1.1 255.255.255.0
ip nat outside
no ip mroute-cache
bandwidth 2000
no fair-queue
clockrate 2000000
interface Serial1
no ip address
shutdown
no ip classless
ip route 0.0.0.0 0.0.0.0 Serial0
line con 0
line aux 0
line vty 0 4
password cisco
end
```

配置完成后可以用以下语句进行查看：show ip nat statistcs，show ip nat translations。

（2）动态地址转换。

动态地址转换也是将本地地址与内部合法地址一对一的转换，但是动态地址转换是从内部合法地址池中动态地选择一个未使用的地址对内部本地地址进行转换。

步骤1：动态地址转换基本配置。

- 在全局设置模式下，定义内部合法地址池。

ip nat pool 地址池名称 起始 IP 地址 终止 IP 地址 子网掩码。其中地址池名称可以任意设定。

- 在全局设置模式下，定义一个标准的 access-list 规则以允许哪些内部地址可以进行动态地址转换。

access-list 标号 permit 源地址 通配符，其中标号为 1～99 的整数。

- 在全局设置模式下，将由 access-list 指定的内部本地地址与指定的内部合法地址池进行地址转换。ip nat inside source list 访问列表标号 pool 内部合法地址池名字。
- 指定与内部网络相连的内部端口在端口设置状态下：ip nat inside。
- 指定与外部网络相连的外部端口 ip nat outside。

步骤2：静态地址转换配置实例。

将 2501 的以太口作为内部端口，同步端口 0 作为外部端口。其中 10.1.1.0 网段采用动态地址转换。对应内部合法地址为 192.1.1.2～192.1.1.10。

```
Current configuration:
version 11.3
no service password-encryption
hostname 2501
ip nat pool aaa 192.1.1.2 192.1.1.10 netmask 255.255.255.0
ip nat inside source list 1 pool aaa
interface Ethernet0
ip address 10.1.1.1 255.255.255.0
ip nat inside
interface Serial0
ip address 192.1.1.1 255.255.255.0
ip nat outside
```

【知识链接8】VPN 认识及工作原理

1. VPN 认识

VPN（Virtual Private Network）即虚拟专用网络，通过一个公用网络（如 Internet）建立一个临时的、安全的、模拟的点对点连接。这是一条穿越公用网络的信息隧道，数据可以通过这条隧道在公用网络中安全地传输。VPN 使用 PPTP、L2TP 和 IPSec 等隧道协议保证数据安全传输。

其中 PPTP 是点对点传输协议，使用 Microsoft Point-to-Point Encryption（MPPE）加密算法（默认采用协议），针对于 Internet 应用。

L2TP 协议在默认情况下无加密算法，若想使用加密算法需要结合 IPSec 应用。针对于 Internet、X.25、ATM 使用。

2. VPN 工作原理

（1）VPN 客户端向 VPN 服务器发出"请求拨入服务器"的请求。

（2）VPN 服务器请求 DC 对拨入请求的用户进行身份验证，确定是否能得到授权信息。

（3）如果能获得授权信息，则 VPN 服务器回应 VPN 客户端拨号请求。

（4）VPN 服务器与客户端建立连接，并开始传送数据。

用户账号拨入权限：条件、权限、配置文件决定了客户端是否可以拨入 VPN 网络。配置文件包括：拨入时间，IP 地址范围，是否支持多链路，何种身份验证，是否加密。配置过程：路由和远程访问-远程访问策略-进行相应时间，配置文件设置。

【知识链接 9】PPTP 与 L2TP 的区分

PPTP 和 L2TP 都使用 PPP 对数据进行封装，然后添加附加包头用于数据在互联网络上的传输。尽管两个协议非常相似，但是仍存在如表 4-4 所示的区别。

表 4-4　　　　　　　　　　　　　　　　协议比较分析表

协　　议	PPTP	L2TP
网络要求	IP 网络	要求隧道媒介提供面向数据包的点对点的连接。L2TP 可以在 IP（使用 UDP），帧中继永久虚拟电路（PVCs），X.25 虚拟电路（VCs）或 ATM VCs 网络上使用
建立隧道	只能在两端点间建立单一隧道	支持在两端点间使用多隧道，用户还可以针对不同的服务质量创建不同的隧道
压缩包头系统开销	压缩包头时，系统开销占用 6 个字节	提供包头压缩，压缩包头时，系统开销（overhead）占用 4 个字节
隧道验证	不支持	支持
	当 L2TP 或 PPTP 与 IPSec 共同使用时，可以由 IPSec 提供隧道验证，不需要在第 2 层协议上验证隧道	

【知识链接 10】服务器的 IP 设置需要注意的地方

（1）检查服务器的网络属性，确保里面没有多余的无用的 TCP/IP，如果服务器是 Win98 操作系统，操作系统安装过程中会自动添加一些不存在的拨号适配器及相应的 TCP/IP，需要删除这些多余的网卡适配器和相应的 TCP/IP，否则很容易引起网卡冲突。

（2）如果服务器安装了两块网卡或者多块，在网卡 IP 设置上需要注意，不要将网卡的 IP 设置在一个网段内，这样会造成路由混乱。比如一块网卡是 192.168.0.1，另一块网卡就不要设置成 192.168.0.2，而应该设置为 192.168.1.1。

（3）服务器的网卡一般不要设置网关，尤其是连接局域网的网卡，不要设置网关，否则很容易造成路由冲突。

【拓展提高】

在大型网络中，有多个 VPN 服务器，如果每一个都单独配置，需要花费的时间和精力很多，而且可能由于考虑不完善而导致网络访问出错，因此可使用 IAS 服务器的配置，将所有的 VPN 服务器视为客户端，统一进行访问策略配置。

1. 任务拓展完成过程提示

步骤 1：单击 Windows 2003 Server 系统的"开始"菜单→"管理工具"→"添加和删除程序"→"添加/删除 Windows 组件"→"网络服务"中，添加"Internet 验证服务"，即添加了 IAS 服务器组件。打开如图 4-161 所示的"Internet 验证服务"，鼠标右键单击"RADIUS 客户端"，在弹出的菜单中选择"新建 RADIUS 客户端"。

步骤 2：单击"新建 RADIUS 客户端"选项，在弹出如图 4-162 所示的对话框中输入"名称"

和"客户端地址"。

图 4-161 "Internet 验证服务"对话框

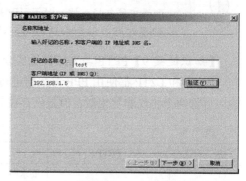

图 4-162 "新建 RADIUS 客户端"对话框

步骤 3：单击"下一步"按钮，弹出如图 4-163 所示的"新建 RADIUS 客户端 其他信息"对话框，在对应文本框中输入共享机密（口令）。

步骤 4：单击"完成"按钮，返回如图 4-164 所示的"Internet 验证服务"对话框，在右边窗格中则显示刚才的配置结果。

步骤 5：单击 VPN 服务器"WIN2003"，单击鼠标右键选择"属性"，弹出如图 4-165 所示的"WIN2003（本地）属性"对话框，选择"安全"选项，在"安全"选项卡中，单击"身份验证提供程序"，选择"RADIUS 身份验证"。

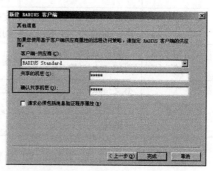

图 4-163 "其他信息"对话框

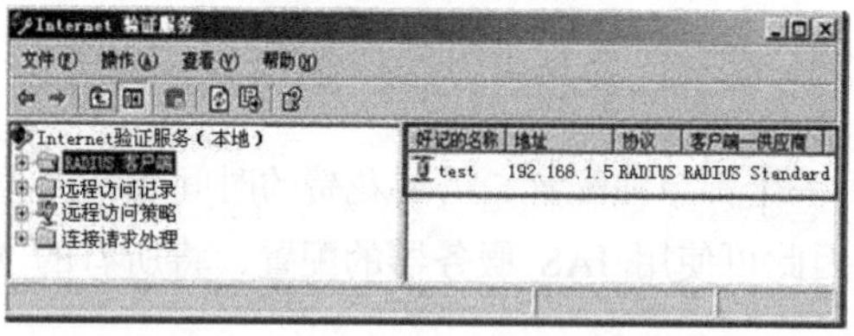

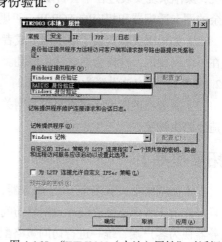

图 4-164 配置结果显示对话框

图 4-165 "WIN2003（本地）属性"对话框

步骤 6：单击"身份验证提供程序"右侧的"配置"按钮，弹出如图 4-166 所示的"RADIUS 身份验证"对话框，单击"添加"按钮，添加 IAS 服务器。

然后在"记账提供程序"中选择"RADIUS 记账"，如图 4-167 所示。然后单击配置，将 RADIUS 服务器添加进来。

单击图 4-167 中的"应用"按钮，弹出如图 4-168 所示的对话框，提示重启路由和远程访问。

图 4-166 "RADIUS 身份验证"对话框

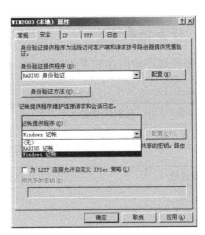

图 4-167 添加 Windows 记账

单击图 4-168 中的"确定"按钮，重启之后，便实现了将 VPN 服务器变成 IAS 客户端，远程访问策略转移到了 RADIUS 服务器上，实现了将多台 VPN 服务器配置成 IAS 客户端，就可以集中配置远程访问策略。按照上述方法打开如图 4-169 所示的"Internet 验证服务"对话框。

图 4-168 "重启路由和远程访问"提示框

图 4-169 "Internet 验证服务"对话框

步骤 7：单击"远程访问记录"中的"本地文件 属性"，打开如图 4-170 所示的"本地文件 属性"对话框，选择"日志文件"选项卡，在该对话框中可以设置记录（日志）文件产生的频率、格式及目录。

选择"设置"选项卡，可以设置具体的记账信息，如图 4-171 所示，选中"记账请求"复选框，则记录拨入和断开的时间；选中"身份验证请求"复选框，则记录用户拨入是否成功信息；选中"周期性状态"复选框，则记录没有正常提交断开请求，服务器端会周期的发送连接包，客户端一段时间没有反应，便认为断开。

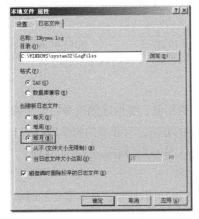

图 4-170 "本地文件 属性"对话框

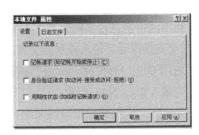

图 4-171 "设置"选项卡

2. 任务拓展评价

任务拓展评价内容如表 4-5 所示。

表 4-5　　　　　　　　　　　　　　任务拓展评价表

拓展任务名称		网络维护	
任务完成方式	【　】小组协作完成　　【　】个人独立完成		
任务拓展完成情况评价			
自我评价	小组评价	教师评价	
存在的主要问题			

填写说明：任务为个人完成，则评价方式为"自我评价+教师评价"，如为小组完成，则以"小组评价+教师评价"为主体。

【思考训练】

一、思考题

1. NAT 的作用是什么？
2. 常见的 VLAN 划分方法有哪些？

二、填空选择题

1. FTP 服务器可以以两种方式登录：一是_____，二是_____。

2. FTP 服务采用_____连接，其端口是_____；FTP 进行数据传输时会建立两条连接，一条是_____，另一条是_____；文件传输完后，_____被马上撤销，但_____依然存在，直到用户退出。

3. 使用匿名 FTP 服务，用户登录常使用_____作为用户名。

    A. anonymous   B. 主机的 IP 地址

    C. 自己的 Email 地址   D. 节点的 IP 地址

4. FTP 是_____的缩写，Internet Information Server 的英文缩写形式为_____。

5. FTP 站点的 IP 地址是 192.168.0.5，要共享该站点下的文件，可在 IE 浏览器地址栏中输入_____。

6. 客户机访问 FTP 服务器，并将文件送到客户机上，这叫_____，客户机把文件送到服务器上，这叫_____。

三、操作题

1. 利用因特网进行实时交流，不受地域的限制，交流费用低，哪怕远隔重洋，也好像比邻而居。实时交流是深受年轻人喜爱的交流方式。利用上面介绍的方法，与邻座的同学进行网上交流。

2. 使用 QQ、MSN Messenger 进行实时交流，比较 QQ 与 MSN Messenger 的异同。

3. 完成 VPN、NAT 配置。

4. 完成跨交换机的虚拟局域网配置，在需要的时候部门间可以通信，在不需要的时候通信功能关闭。

项目 5

实训室局域网组建、配置与维护

　　学校的实训室机房与办公、家庭应用、宾馆、餐厅等场所存在很大的区别，需要面对的人员众多，有计算机专业的学生，也有非计算机专业的学生；有的需要 Windows 操作系统，有的需要 Linux 操作系统或者其他操作系统；计算机专业的有网络的，也有软件的，还有多媒体的等。因此，应用需求与环境要求都千差万别，不可能配置成一成不变的网络环境，既要保证机房的通用性，又要满足不同的专业需求。

【教学目标】

知识目标	● 了解实训室局域网与其他网络不同之处 ● 知道文件服务器的作用 ● 了解组建实训室局域网的作用与目标 ● 知道主要的网络测试方法 ● 掌握 DHCP 的作用与功能
技能目标	● 学会安装与配置专门的文件服务器 ● 熟悉 DHCP 服务器的配置与维护 ● 熟练掌握快速恢复多机系统 ● 熟练掌握局域网安全维护 ● 熟练掌握远程管理实训室计算机
态度目标	● 通过实训室局域网使用，了解网络安全的必要性，树立安全观念 ● 认真分析任务目标，做好整体规划 ● 耐心做事，做好简单的事情，简单的事情不能忽视，要反复练习，要熟练 ● 团队协作，相互配合
准备工作	● 分组：每 6～7 个学生一组，自主选择 1 人为组长 ● 给每个组准备 6～7 台没有任何配置但硬件设备齐全的计算机，让学生将这些计算机按要求完成配置，给每个学生分发一份任务书 ● 系统安装盘、Office 安装文件

考核成绩 A 等标准	<ul><li>正确判定计算机当前的配置情况和网络服务安装情况</li><li>在规定时间内完成 DHCP 服务的安装，并能在局域网内能实现动态地址分配</li><li>各项目组的任务都在规定的时间内完成，达到了任务书的要求</li><li>工作时不大声喧哗，遵守纪律，与同组成员间协作愉快，配合完成了整个工作任务，保持工作环境清洁，任务完成后自动整理、归还工具，关闭电源</li></ul>
评价方式	教师评价+小组评价+个人评价

【项目描述】

有个机房的计算机使用已有 5 年，一批计算机反应速度非常慢，而且时常出现问题，需要维修，因此，学校决定新建一个机房，将该机房中原来仍然可用的计算机作为其他机房的备用机器，机房通过原有的交换机与 Internet 连接。

新机房供网络专业使用，但也在机房紧张的时候能完成计算机基础应用的实习实训。防止病毒交叉感染，机房的计算机封闭了 U 盘接口，所有课堂训练和拓展训练的练习及教师布置的作业都是从服务器上传和下发。

【项目分解】

从该项目的描述信息来看，机房主要应用于网络专业，但也存在计算机基础应用的需求，因此，操作系统需要有多个，Office 等办公软件不能少，还应该有计算机来保存学生的作业和教师教学文件等。主要分解如表 5-1 所示。

表 5-1 项目分解表

任　　务	子　任　务	具体工作内容
任务 1 实训室局域网组建、配置与维护	任务 1-1　实训室局域网网络组建	（1）组网需求分析 （2）组网目标确定 （3）网络结构设计 （4）网络设备选购 （5）网络硬件连接
	任务 1-2　设置 Internet 连接共享	（1）环境准备 （2）安装代理服务器 （3）配置代理服务器，实现共享 Internet
	任务 1-3　安装与配置文件服务器	（1）安装好软件 （2）配置文件服务器
	任务 1-4　DHCP 服务器安装、配置与管理	（1）安装 DHCP 服务 （2）配置和管理 DHCP 服务 （3）配置 DHCP 客户端
	任务 1-5　快速恢复多机系统	（1）安装管理软件 （2）不同模式的配置 （3）恢复多机系统
	任务 1-6　远程管理服务器	（1）安装终端服务 （2）配置终端服务器 （3）配置客户端，实现通过 XP 等 Windows 操作系统管理远程服务器
	任务 1-7　网络测试	（1）测试计算机能否正常上网 （2）测试能否执行远程管理 （3）测试计算机之间能否正常通信 （4）测试能否正常使用文件服务器

【任务实施】

根据实训室建设要求，按以下要点实施任务。

（1）需要专门配置一台服务器来存储学生的作业和教师的教学文件。

（2）为了减轻管理员的工作量，学生使用的客户端均采取动态获取地址的方式，避免 IP 地址冲突，因此需要设置 DHCP 服务，给实训室所有客户机提供 IP 地址。

（3）计算机硬件要能满足常用局域网的要求，并能与 Internet 连接。

（4）安装有多个操作系统，如 Windows XP、Linux、Windows 2003 Server 等，以满足计算机基础操作及网络专业的应用需求。

（5）满足网络安全，并可以让学生模拟组建网络过程中所需要的各种配置。

任务 1　实训室网络组建、配置与维护

任务 1-1　实训室网络组建

1. 组网需求分析

学校的机房与其他部门的情况有所区别，如果是通用机房，一般侧重于计算机基础操作及应用，操作系统需求多，以满足不同专业不同应用的需求；应用软件非常多，如 Office、WinRaR 等。如果是专业机房，就需要满足专业需求，如网络专业的机房，侧重于网络组建与配置，而网络专业的设备都非常昂贵，因此希望在刚接触或不熟练的时候用模拟软件、仿真软件熟悉命令和工作界面，等到练熟了再使用真实机，有利于保护真实设备。

2. 组网目标确定

根据实训室组建的需求，主要需要实现如下几个目标。

（1）共享上网。

机房是校园网的一部分，一般情况下一个学校都使用 1 个或几个共用的公用 IP 地址上网，机房实际上是学校网络管理员分配的 1 个内部 IP 地址。

（2）教学需求。

可以分成几个小组，每个小组可以利用实训室的现有条件完成模拟网络组建，能完成网络的所有配置，可以实现某种类型网络的缩影。

（3）文件管理。

在信息时代，学生的作业已经不再使用纸质的形式，而是以电子文档的形式存放，既方便保管又方便查询。教师需要分发给学生的文件等也需要固定的地方存放，以方便学生在不固定的时间来访问这些资源。

（4）计算机和网络安全。

不管是计算机基础还是网络专业的知识学习、技能训练，学生都需要一个学习、练习、尝试的过程，在此过程中难免会犯一些错误，导致操作无法进行或计算机系统无法正常工作等。一旦发生这些情况，如何快速恢复到正常的工作状态是保证教学正常进行的重中之重。

3. 网络结构设计

针对上述目标，各项设计如下。

（1）拓扑结构设计。

该实训室主要为网络专业使用，在机房紧张的情况下可以提供计算机应用基础等实训，因此以专业训练为主。

实训室内计算机一般为 30～50 台，一方面整个机房的计算机需要能够统一控制，可在该实训室中设置一台服务器，该服务器安装双网卡并负责文件等的存放；另一方面需要满足分组训练的要求，便于分组组建和维护管理构建的网络，因此采用树型拓扑结构。拓扑结构图如图 5-1 所示。

实训室分为 6 个小组，每组 8 台计算机，共 48 台，每组配置交换机和路由器，连接线都由自己制作。上面的拓扑结构图只是将服务器和交换机进行了连接，其余的连接在组建网络的过程中根据任务不同选择不同的设备完成训练任务。

（2）操作系统选择。

在实训室中，需要进行不同的实训，可能需要的操作系统不一样，常用的包括 Windows XP、Windows 2003 Server、Linux。在计算机内存满足的情况下，可在同一台计算机上不同的分区中安装不同的操作系统，不过要注意安装的顺序，以免高版本的文件覆盖低版本的文件，导致

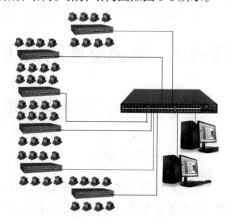

图 5-1　拓扑结构图

只剩下最后一个安装的操作系统。一般在充当服务器的计算机或专用服务器上安装 Windows 2003 Server。

如果计算机的性能较好，也可以考虑在计算机上安装虚拟软件，在一台真实计算机上虚拟出若干台计算机，实现几台计算机的功能，有利于大型网络的组建，减少成本的投入。

（3）共享上网。

为了检测网络设置情况或者满足网络信息检索要求，可考虑使用代理服务器的方式。

（4）文件系统。

在服务器上存放文件的分区采用 NTFS 格式，其余分区可采用 FAT32 格式，为了提高安全性能，建议所有分区均采用 NTFS 格式。

（5）系统与网络安全。

为了避免计算机感染病毒导致网络受影响，建议在服务器端和客户端均安装杀毒软件，并由服务器端进行集中控制，有利于杀毒软件的升级，保证网络能够集中管理。

在通用机房中，当计算机配置错误或操作不当时可以考虑安装还原卡，重启计算机后就将计算机恢复到了原来的正常状态，但在专业实训中，需要安装软件和配置系统，如有些软件安装时需要重启系统，这样就会导致软件安装不成功，因此在这种情况下，计算机不能恢复到初始状态，要求根据具体的要求来设置还原时间。

4. 网络设备选购

（1）计算机选购。

48 台计算机，每台计算机配置有网卡（通常为 PCI 总线结构的，10/100Mbit/s 自适应）、RJ-45

接口。预备 6 块网卡（每组 1 块）。

（2）传输介质。

足够多的 5 类双绞线、水晶头。

（3）工具。

双绞线压线钳、测线仪、螺丝刀等。

（4）互连设备。

交换机和路由器，根据不同的任务给每组配置不同台数。另外还要考虑无线 AP、无线路由器等无线网络组建所需的设备。

5. 网络硬件连接

设备选购完成后，将相应的设备准备好，然后根据拓扑结构图连接起来。在连接过程中应考虑中各设备的摆放位置和周围设施情况，保证实训室中设备之间的距离和过道的宽度。

6. 操作系统及软件安装

通常情况下，实训室中计算机配置基本相同，数目非常多，与家庭、宿舍、办公室的情况完全不同。而一个机房管理员需要管理多个实训室，这样工作强度非常大。

相同配置的计算机可以只安装好一台，其余的各台计算机可采用硬盘克隆的方法完成安装，克隆完毕，更改各计算机名称，不同名就行。

将不同的操作系统安装在不同的分区中，并将操作系统的安装文件复制到一个专门的位置如 backup 文件夹保存，以备在网络配置的情况下使用。其他需要应用的软件如 Ghost 等网络配置所需的系统文件也复制保存，保证在实训时能够使用。

然后安装硬盘还原系统或还原卡，保护所有分区。并设置还原时间为 24 小时后重启。也可根据网络实训设计要求选择其他还原点。

任务 1-2 Internet 连接共享配置（代理服务器）

实训室局域网络中计算机比较多，在未连接 Internet 时，局域网内可以通过 TCP/IP 实现内部访问。但如果需要连接 Internet，给每台计算机配置 1 个公用 IP 地址，申请独立的外网 IP 地址，不仅需要支付费用，而且 IPv4 的 IP 地址非常匮乏。为了节省 IP 地址和减少成本支出，可选用代理服务器来解决。

1. 环境准备

（1）硬件环境：一台可正常连接 Internet 的计算机作为服务器（64 MB 以上的内存，硬盘容量越大越好），普通计算机。

（2）软件环境：Windows Server 2003 操作系统，TCP/IP，WinGate 服务器软件。

2. 任务要求

（1）在 Windows Server 2003 系统中安装 WinGate 服务器。

（2）配置 WinGate 服务器。

3. 配置 Internet 连接共享

WinGate 软件的版本很多，可到 www.wingate.com 公司的站点上去下载。本实训用 WinGate6.2.1 的版本，目前最新版本为 7.2.8。

（1）WinGate 服务器的安装。

① 双击 WinGate 安装文件，首先是协议界面，必须需选择 "I agree" 项,进入 WinGate 欢迎界面。

② 选择 WinGate 的安装类型。

如果在网络的其他计算机上没有发现 WinGate，安装程序会建议配置这台计算机为客户端或服务器。在选为服务器的计算机上选择 "服务器" 安装类型，如果还没确定的情况也是先选择 "服务器"，如图 5-2 所示。

③ 选择 "Continue"，注册、选择安装方式、选择安装路径（见图 5-3）等一直继续直到完成安装。

在安装过程中有一个 activate 项，要进行激活，可选择在线激活，也可选择不在线激活。

图 5-2 选择安装类型

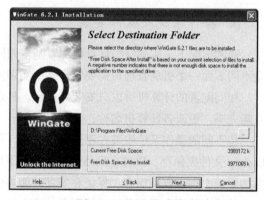

图 5-3 选择安装路径

④ 安装成功。

安装完成后需要重启计算机。在计算机桌面下方有如 图标显示，表明 WinGate 已经安装。

在程序窗口中也有相应显示，如图 5-4 所示。在该图中可发现，其中起主要作用的是 "WinGate Engine" 和 "GateKeeper"。启动 WinGate 程序是通过 "Start WinGate Engine" 程序实现的，关闭则使用 "Stop WinGate Engine"。而 "GageKeeper" 是用户的界面，启动时就可发现，进入的是 "GateKeeper" 界面，如图 5-5 所示。

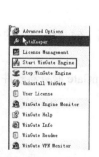

图 5-4 安装成功后 "程序" 中显示的状态

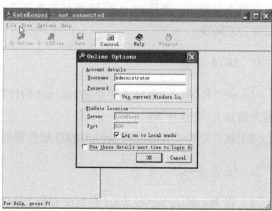

图 5-5 登录界面

在该登录窗口，先不输入密码，直接单击"OK"按钮，进入图 5-6 所示的窗口。提示你还没有设置密码，是否不设置密码继续运行。单击"OK"为是，单击"Cancel"为否。

然后会提示你没有密码设置不安全，要求你设置新的密码。在图 5-7 中输入密码。设置后单击"OK"进入 WinGate 主界面（见图 5-8）。

图 5-6　密码输入提示框

图 5-7　密码设置界面

左边窗格中显示"System""Service""Users"选项卡，图 5-8 中显示的是"System"选项卡；右边窗格中动态显示内部使用 WinGate 访问 Internet 的情况，可同过该窗口随时中止用户的访问连接。

（2）WinGate 服务器配置。

WinGate 能提供 WWW、POP3、FTP、Telnet 和 SOCKS 等代理服务。默认情况下，各服务采用默认端口，如 WWW 用 80 端口，FTP 用 21 端口等。如要对端口进行更改，则需手动修改设置。

可对"Services"选项卡中的所有服务进行配置，下面以 WWW 服务配置为例进行说明。选中"WWW Proxy server"，双击，进入"WWW Proxy server 属性对话框"，如图 5-9 所示，对各选项进行设置。

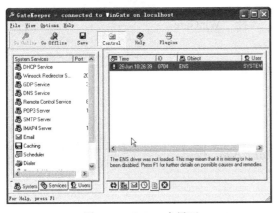

图 5-8　WinGate 主界面

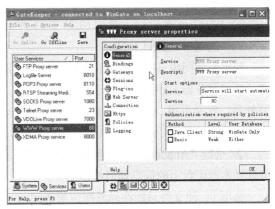

图 5-9　WinGate 服务器的配置界面图

"Bindings"选项：设置接收代理服务请求的网络接口，通常是代理服务器连接内部网络的接口。

"Connections"选项：设置代理服务与 Internet 的连接方式为直接连接、通过其他服务器级联、SOCK4 连接、SSL 连接等。默认为直接连接，如图 5-10 所示。

"Policies"选项：WinGate 提供了 4 种不同层次的用户管理模式，即完全开放模式（User may be unknown）、授权用户模式（User must be authenticated）、默认模式（Assumed Users）、用户模式（Group）。具体的用户管理是通过"用户管理（Users）"选项卡来配置的。

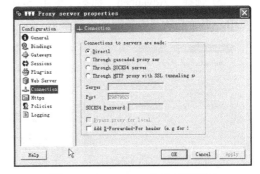

图 5-10　"Connection"选项配置图

（3）WinGate 客户端配置。

配置方法一如下介绍。

步骤 1：客户端安装。

内网中的计算机使用 WinGate 登录 Internet，一种简单的方式即安装 WinGate 客户端程序，安装方法与 WinGate 服务器相同，只要选择"客户端"即可，如图 5-11 所示。

安装完成后，在程序窗口中的显示如图 5-12 所示。

图 5-11　WinGate 客户端的安装类型选择

图 5-12　WinGate 客户端安装成功界面图

步骤 2：客户端配置，如图 5-13 所示。

① WinGate 客户端主界面如图 5-13 所示，选择"WinGate Servers"选项卡（见图 5-14）。

如果局域网内只有一个 WinGate 服务器，请选择第一个单选项自动搜寻服务器。如果有两个以上，请选择第二个单选项手动选择服务器。此时可用"Add"添加服务器，"Remove"删除列表中的服务器，最后单击"Apply"执行。

② 选择"Application"标签（见图 5-15），单击"Add"按钮，可选择本地硬盘上的信息如何被访问。

图 5-13　WinGate 客户端配置

选项 1：使文件只能在局域网内被访问。

选项 2：可使文件发到互联网，但不能从互联网上直接进入访问。

选项 3：可使文件以任意形式访问（不论是互联网还是局域网）。

③ 选择"Advanced"标签（见图 5-16），是在重装网络硬件或其他程序更改了网络配置时使用，重新刷新与服务器的连接参数。

图 5-14　"WinGate Servers"选项卡

图 5-15　"Application"标签

图 5-16　"Advanced"标签

④ 客户端设置完毕。

配置方法二如下介绍。

步骤：直接配置代理服务。

另一种办法可不安装客户端，直接对计算机的各种 Internet 程序配置代理服务，填写代理服务器的 IP 地址和端口，就可实现 Internet 共享。

代理服务的运行一般是透明的，用户根本感觉不到代理服务的存在。在实际应用中，用得较多的是 Web 服务的代理，下面以此为例做简单介绍。

启动浏览器-单击"工具"选项-选择"Internet 选项"-选择"连接"选项卡，单击"局域网设置"对话框-选中"代理服务器"复选框，然后输入设置的 IP 地址和端口（见图 5-17）。设置好后单击"应用"则可让所有用户共享 Internet。

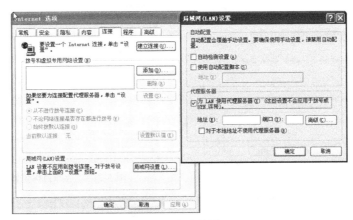

图 5-17   客户端设置

任务 1-3   架设与配置文件服务器（Serv-U）

Serv-U 是一种被广泛运用的 FTP 服务器端软件，通过 Serv-U，用户能够将任何一台个人计算机设置成一台 FTP 服务器，这样，用户或其他使用者就能够使用 FTP，通过在同一网络上的任何一台个人计算机与 FTP 服务器连接，进行文件或目录的复制、移动、创建和删除等。

1. 安装 Serv-U

步骤 1：双击下载的安装程序 su7201.exe，弹出"选择安装语言"对话框，如图 5-18 所示。

步骤 2：单击"确定"按钮，弹出"安装向导"，如图 5-19 所示。

步骤 3：单击"下一步"按钮，弹出"许可协议"对话框，如图 5-20 所示。

步骤 4：单击"下一步"按钮，弹出"选择目标位置"对话框，如图 5-21 所示。

步骤 5：单击"下一步"按钮，弹出"选择开始菜单文件夹"对话框，如图 5-22 所示。

步骤 6：单击"下一步"按钮，弹出"准备安装"对话框，如图 5-23 所示。

步骤 7：单击"下一步"按钮，弹出"正在安装"对话框，如图 5-24 所示。

步骤 8：等待安装完成，弹出"完成安装"对话框，如图 5-25 所示。

图 5-18 "选择安装语言"对话框

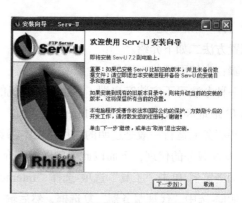

图 5-19 "安装向导"对话框

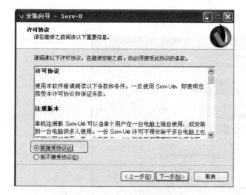

图 5-20 "许可协议"对话框

图 5-21 "选择目标位置"对话框

图 5-22 "选择开始菜单文件夹"对话框

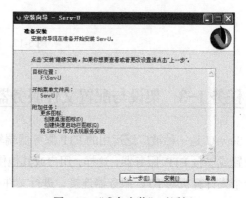

图 5-23 "准备安装"对话框

图 5-24 "正在安装"对话框

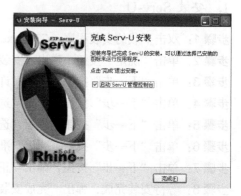

图 5-25 "完成安装"对话框

210

桌面右下角显示 图标，显示服务器已经联机。

2. 建立 FTP 服务器

步骤 1：启动 Serv-U 程序，打开"Serv-U 管理控制台－主页"窗口，如图 5-26 所示。

图 5-26　"Serv-U 管理控制台－主页"窗口

步骤 2：单击"管理域"，弹出"域向导"对话框，输入域名信息，勾选"启用域"，如图 5-27 所示。

步骤 3：单击"下一步"按钮，出现填写 FTP 使用相关对外通信端口的信息，端口可以改动，本文保持默认值，如图 5-28 所示。

图 5-27　"域向导"对话框

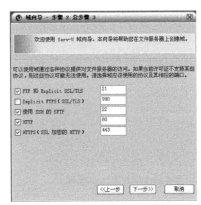

图 5-28　填写 FTP 使用相关对外通讯端口的信息

步骤 4：单击"下一步"按钮，填写服务器的 IP 地址，如图 5-29 所示。

步骤 5：单击"完成"按钮，出现用户创建提示框，如图 5-30 所示。

步骤 6：单击"是"按钮，弹出用户创建对话框，如图 5-31 所示。

步骤 7：单击"下一步"按钮，弹出密码设置对话框，如图 5-32 所示。

步骤 8：单击"下一步"按钮，单击"浏览"按钮，选择服务器上的哪个文件夹可供账户访问，如图 5-33 所示。

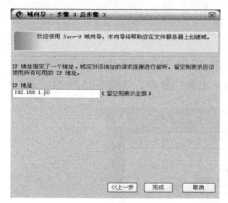

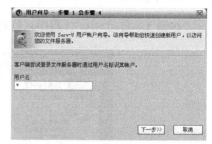

图 5-29　填写服务器的 IP 地址　　　图 5-30　用户创建提示框　　　图 5-31　用户创建对话框

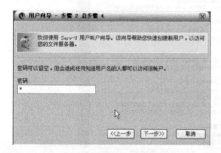

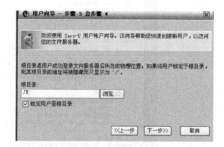

图 5-32　密码设置对话框　　　　　　　图 5-33　"用户选择"对话框

步骤 9：单击"下一步"按钮，选择访问权限，如图 5-34 所示。

步骤 10：单击"完成"按钮，用户创建完成，显示"Serv-U 管理控制台－用户"，如图 5-35 所示。

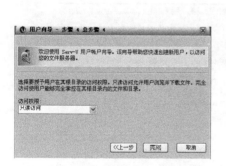

图 5-34　"选择访问权限"对话框　　　图 5-35　"Serv-U 管理控制台-用户"对话框

步骤 11：测试。

（1）打开 IE 浏览器，输入 ftp://192.168.1.20，回车，弹出"登录身份"对话框，如图 5-36 所示。

（2）单击"登录"，显示目录情况，如图 5-37 所示。

（3）从该目录上下载文件，但不能上传文件，否则会出现如图 5-38 所示的错误提示，因为服务器设置时给该用户设置的是只读权限。

3. FTP 其他功能设置

以虚拟目录的建立为例进行设置。

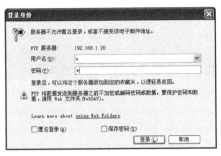

图 5-36　"登录身份"对话框

图 5-37　登录后显示目录图

步骤 1：启动服务器，单击"目录"项，弹出"Serv-U 管理控制台－目录"对话框，如图 5-39 所示。

图 5-38　错误提示信息

图 5-39　"Serv-U 管理控制台－目录"对话框

步骤 2：单击"添加"按钮，弹出"虚拟路径"对话框，如图 5-40 所示。

步骤 3：单击"保存"按钮，则将该虚拟目录添加成功，如图 5-41 所示。

图 5-40　"虚拟路径"对话框

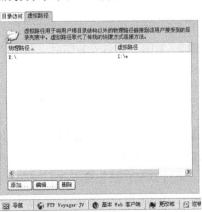

图 5-41　虚拟目录添加成功图

任务 1-4   DHCP 服务器安装、配置与管理

1. 安装 DHCP 服务

本任务是在 Windows Server 2003 环境下完成。安装 DHCP 服务具体操作方式如下。

（1）安装前的准备工作。

① DHCP 服务器本身必须采用固定的 IP 地址。

② 规划 DHCP 服务器的可用 IP 地址。

（2）安装 DHCP 服务。

方式一如下介绍。

步骤 1：单击"开始"→"管理工具"→"管理您的服务器"，打开"管理您的服务器"窗口，然后在窗口里单击"添加或删除角色"，如图 5-42 所示，单击中间顶端的"添加或删除角色"链接项，在这个对话框中显示向导进行所必须做的准备步骤。

步骤 2：在弹出的"配置您的服务器向导"中选定 DHCP 服务器，查看是否已经安装该服务，可以看到当前没有配置成 DHCP 服务器角色（Windows Server 2003 系统默认状态并没有安装 DHCP 服务），按照向导进行安装。

步骤 3：选择了"DHCP 服务器"项后，单击"下一步"按钮，打开对话框。在这个对话框中总结了您所选择的服务器角色配置说明。

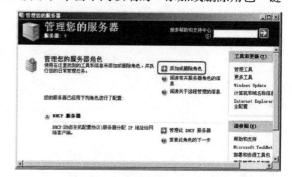

图 5-42   "管理您的服务器"窗口

步骤 4：直接单击"下一步"按钮，打开"正在配置组件"对话框。这是个服务器安装组件的进程对话框，显示为了安装 DHCP 服务器所进行的组件安装进程。

方式二如下介绍。

步骤 1：单击"控制面板"→"添加删除程序"→"Windows 组件"，打开 Windows 组件向导，在组件列表中选择"网络服务"，如图 5-43 所示。

步骤 2：单击"详细信息"→选择"动态主机配置协议（DHCP）"复选框→单击"确定"按钮，如图 5-44 所示。

步骤 3：DHCP 组件安装完后，单击"完成"按钮。

DHCP 服务安装完毕。

2. 配置和管理 DHCP 服务

要想构成一台 DHCP 服务器，必须对计算机进行必要的配置，才能具有为网络上的计算机动态分配 IP 地址的功能。

（1）添加 DHCP 服务器。

步骤 1：DHCP 组件安装完后，可通过"开始"→"程序"→"管理工具"→"DHCP"，打开 DHCP 控制台，如图 5-55 所示。

图 5-43　Windows 组件向导

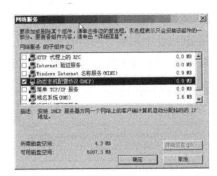

图 5-44　"网络服务"对话框

步骤 2：如果 DHCP 控制台与服务器连接不成功，则需添加 DHCP 服务器。右键单击 DHCP，选择弹出的"添加服务器"，打开"添加服务器"对话框，如图 5-56 所示。选择"此服务器"单选框，单击"浏览"按钮，在其中选择服务器。

图 5-45　DHCP 控制台

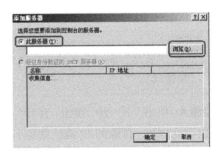

图 5-46　添加服务器对话框

步骤 3：单击"确定"按钮，出现如图 5-47 的添加结果。

（2）DHCP 服务基本配置。

① 创建作用域。

步骤 1：在 DHCP 控制台中，右击 DHCP 服务器，从弹出的菜单中选择"新建作用域"（见图 5-48），打开"新建作用域"向导。

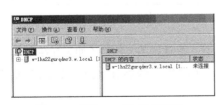

图 5-47　添加 DHCP 服务器后

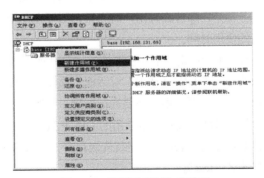

图 5-48　"新建作用域"菜单项

步骤 2：在新建作用域向导中，单击"下一步"按钮，打开如图 5-49 所示的对话框。在这个对话框中要求输入一个新建作用域的名称，如 test、newscope，描述信息可填可不填，主要是帮助快速寻找作用域。填入作用域名称后，"下一步"按钮变为黑色，就可以使用了。

步骤 3：单击"下一步"按钮，打开如图 5-50 所示的对话框。在对话框中输入子网的起始和结束 IP 地址（192.168.0.129～192.168.0.158）。并分别在下面的"长度"和"子网掩码"项中设置该子网 IP 地址中用于"网络 ID+子网 ID"的位数和子网的子网掩码。这个子网中，是用了 27 位作为网络 ID/子网 ID 的，子网掩码为 255.255.255.224。

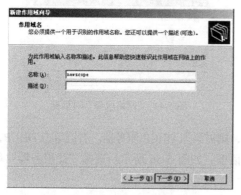

图 5-49 "作用域名"对话框

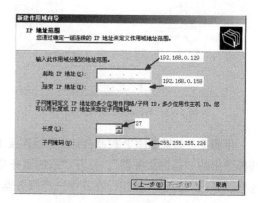

图 5-50 "IP 地址范围"对话框

 "长度"和"子网掩码"这两项是有关联的，不是随意的，如果配错了，系统会自动修正。

步骤 4：单击"下一步"按钮，打开"排除地址"对话框，指定要排除的 IP 地址（192.168.0.135 至 192.168.0.143）。排除的 IP 地址就是不用于自动分配的 IP 地址。这在一个子网中，通常域控制器的 IP 地址是要静态配置的，而且通常采用子网中第一个可用 IP 地址（如 192.168.0.129），所以要排除。如果有其他服务器要采用静态 IP 地址，则也需排除在外，否则会引起 IP 地址冲突，如图 5-51 所示。

步骤 5：单击"下一步"按钮，打开如图 5-52 所示的"租约期限"对话框，指定 IP 地址一次使用的期限。系统默认为 8 天，通常不用配置，如果这台服务器是为那些临时用户而配置，则可在此限制他们的使用时间。

步骤 6：单击"下一步"按钮，打开如图 5-53 所示的"配置 DHCP 选项"对话框，选择是否现在配置 DHCP 选项。根据需要进行处理。一般可先不

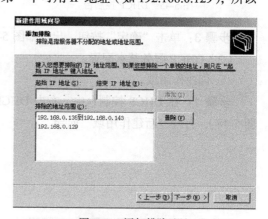

图 5-51 添加排除地址

选，留到后面再配置。最常用的 DHCP 选项主要包括路由器（默认网关）地址（如果存在多个路由器，则 IP 地址列表最上面的优先级最高）、DNS 服务器地址（DNS 服务器 IP 地址：192.168.0.18，服务器名：test）。

步骤 7：单击"下一步"按钮，打开"作用域配置"对话框，完成"新建作用域"向导。单击"完成"按钮后返回到"管理您的服务器向导"对话框。单击"完成"按钮即完成 DHCP 服务器角色配置了。重新启动系统即可生效。

执行"开始"→"管理工具"→"DHCP"，打开 DHCP 服务器窗口，打开 DHCP 控制台。

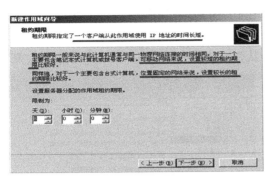

图 5-52 "租约期限"对话框

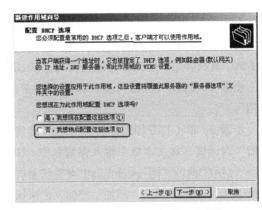

图 5-53 "配置 DHCP 选项"对话框

 DHCP 作用域是 DHCP 服务器分配 IP 地址的单位，一般一个作用域对应一个子网。创建 DHCP 作用域的过程中可以设置作用域的 IP 地址范围、不能分配的 IP 地址、与 DHCP 作用域集成的 DNS 服务器、WINS 服务器等内容。

② 激活服务器。

从图 5-57 可发现，DHCP 服务器前没有绿色箭头标识，表明该服务器处于未连接状态，也就是并没有激活。

双击 DHCP 服务器，展开控制台树，然后在相应作用域上单击右键，在弹出菜单中选择"激活"选项。此时 DHCP 服务器显示"活动"状态了，如图 5-54 所示。

（3）DHCP 服务高级配置。

DHCP 服务基本配置能满足地址池中 IP 地址的动态分配，但如果出现 IP 地址修改等无法解决 IP 地址冲突的问题，这些需要高级配置来完成。

① 管理作用域。

在 DHCP 控制台中，展开 DHCP 服务器，可以看到如图 5-55 所示的"作用域"下有四项：地址池、地址租约、保留、作用域选项。如果要对上面设置的内容进行修改或删除，则选择相应项目，单击鼠标左键，就显示在右边窗格中，选中某一项，右击，就可实现想要的操作。

图 5-54 激活服务器

图 5-55 管理作用域框图

② 保留地址。

在网络管理的过程当中，经常会遇到一些用户私自更改 IP 地址，造成 IP 地址冲突，引起其他用户无法上网，通常会采用 IP 地址与 MAC 地址绑定的策略来防止 IP 地址被盗用。在 DHCP 服务器中，通常的策略是保留一些 IP 地址给一些特殊用途的网络设备，如路由器、打印服务器等，如果客户机私自将自己的 IP 地址更改为这些地址，就会造成这些设备无法正常工作。这就需要合理的配置这些 IP 地址与 MAC 地址进行绑定，来防止保留的 IP 地址被盗用。

为了某个特定的原因，计算机需要不变的 IP 地址，则要设置保留。保留其实就是把 IP 地址与 MAC 地址绑定。前面已经讲过使用 ipongfig/all 命令如何查看 MAC 地址。

步骤 1：选择"保留"项，鼠标右键单击，从弹出的菜单中选择如图 5-66 所示的"新建保留"。

步骤 2：单击打开如图 5-57 所示的"新建保留"对话框，在文本框中输入保留名称、IP 地址、MAC 地址（用 ipconfig/all 查看需要绑定的 MAC 地址），单击"添加"按钮，记录保存完毕后单击"关闭"按钮，退出"新建保留"设置，则完成了 IP 地址的保留。

通过这些设置，就添加了一个 IP 地址与 MAC 地址的绑定，不会出现地址被盗用的情况了。

③ 设置 DHCP 选项。

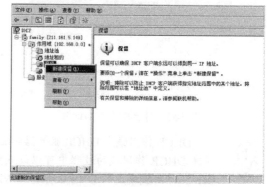

图 5-56 "新建保留"菜单项

前面创建作用域时没有设置 DHCP 选项，右击"作用域选项"，在弹出的菜单中选择"配置选项"，如图 5-58 所示，如"003 路由器"或"006DNS 服务器"等。完成设置后单击"确定"按钮，则完成了所选选项的配置。

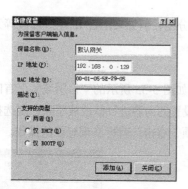

图 5-57 "新建保留"对话框

图 5-58 在"常规"选项卡中设置 DHCP 选项

该配置也可在"高级"选项卡中完成。

④ 管理用户。

基于安全性的考虑，Windows 服务器操作系统都采用多用户管理方式，比较安全的做法是使用一个 Administrator 用户，另建一个权限较低的用户。在一般的操作状态下使用权限较低的用户，避免因 Administrator 用户权限过高引起误操作。使用这个权限较低的用户来管理 DHCP 服务器，具体设置步骤如下。

步骤 1：在控制面板的管理工具中选择"计算机管理"，在打开的对话框中单击"本地用户和组"选项，如图 5-59 所示。

步骤 2：建立一个权限较低的用户，如"new"用户，隶属于"user"用户组。

图 5-59 "计算机管理"对话框

步骤 3：给新建用户增加对 DHCP 服务器的控制权限，打开组管理选项，在右侧的用户组中双击如图 5-60 所示的"DHCP Administrators"键值。

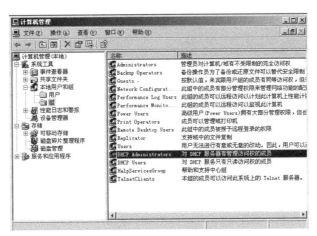

图 5-60　双击"DHCP Administrators"键值

步骤 4：选择"属性"，打开如图 5-61 所示的"DHCP Administrators 属性"对话框，单击"添加"按钮。

步骤 5：将建立的 new 用户添加到 DHCP 管理员用户组，单击"确定"按钮，new 这个 user 组用户，就有了管理 DHCP 服务器的权限，如图 5-62 所示。

图 5-61　"DHCP Administrators 属性"对话框

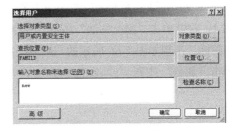

图 5-62　添加管理用户

操作系统安装配置完成后，首先就是备份操作系统，以便在系统遭到破坏或者出现故障时能够快速恢复。DHCP 服务配置也一样，为了保障网络正常运行，DHCP 配置完成后首先备份。

（4）备份和还原 DHCP。

在网络管理工作中，备份一些必要的配置信息是一项重要的工作，以便当网络出现故障时，能够及时地恢复正确的配置信息，保障网络正常的运转。在配置 DHCP 服务器时也不例外。Windows 2003 服务器操作系统中，提供了备份和还原 DHCP 服务器配置的功能。

① 备份 DHCP。

步骤 1：打开 DHCP 控制台，在控制台窗口中，展开"DHCP"选项，选择已经建立好的 DHCP 服务器，右键单击服务器名，选择如图 5-63 所示的"备份"。

步骤 2：弹出一个要求用户选择备份路径的选项。在默认情况下，DHCP 服务器的配置信息是放在系统安装盘的"windows\system32\dhcp\backup"目录下。如有必要，可以手动更改备份的位置。单击"确定"按钮后就完成了对 DHCP 服务器配置文件的备份工作，如图 5-64 所示。

图 5-63　"系统属性"对话框

图 5-64　"浏览文件夹"对话框

② 还原 DHCP。

当出现配置故障时，需要还原 DHCP 服务器的配置信息，右键单击 DHCP 服务器名，选择"还原"选项即可，同样会有一个确定还原位置的选项，选择备份时使用的文件夹单击"确定"按钮，这时会打开"关闭和重新启动服务"的对话框，选择"确定"后，DHCP 服务器就会自动恢复到最初的备份配置，如图 5-65 所示。

3. 配置 DHCP 客户端

DHCP 客户端配置比较简单，因为教务处部门的客户机都采用 Windows XP 操作系统，本任务以 Windows XP 计算机配置来说明 DHCP 客户端配置，具体步骤如下。

步骤 1：右键单击"网上邻居"图标，选择"属性"命令，在出现的对话框中，右键单击"本地连接"图标，出现如图 5-66 所示的"本地连接 属性"对话框，单击"Internet 协议（TCP/IP）"选项，单击"属性"按钮。

图 5-65　确定停止和重新启动 DHCP 服务

图 5-66　"本地连接 属性"对话框

步骤 2：选择"自动获得 IP 地址"和"自动获得 DNS 服务器地址"单选框，如图 5-67 所示。

步骤 3：单击"高级"按钮，打开如图 5-68 所示的"高级 TCP/IP 设置"对话框，选择"IP 设置"选项卡。在"IP 地址"区域出现"DHCP 被启用"提示信息，表明客户机已经成功从 DHCP 服务器获得了 IP 地址和其他配置参数。单击"确定"按钮，配置完毕。

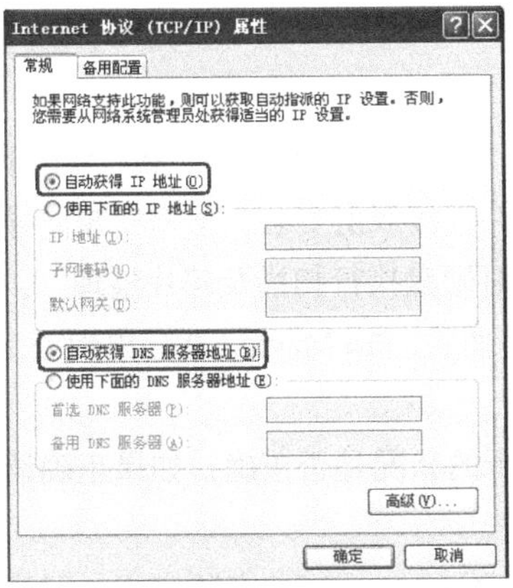

图 5-67 "Internet 协议（TCP/IP）属性"对话框
图 5-68 "IP 设置"选项卡

步骤 4：重新启动客户端计算机，单击"开始"→"运行"，打开"运行"文本框，在文本框中输入"cmd"命令，打开 DOS 命令窗口，如图 5-69 所示。在 DOS 提示符下输入 ipconfig/all 命令后回车，显示如图所示信息。从中可以查看客户机的 IP 地址、主机名、DHCP 服务器 IP 地址、租约期限等信息。

图 5-69 查看 DHCP 服务器设置情况

可通过在客户机上设置一个静态 IP 地址，然后重新使用 ipconfig/all 命令查看，比较 DHCP 是否生效。

任务 1-5 快速恢复多机系统

经常误删除一些系统或者应用软件内的重要文件，使系统及应用程序出现非法操作的提示或者根本不能正常运行，如死机、中毒、资料被破坏、系统崩溃等情况在实训室可能会常有发生，如何在最短的时间内恢复到正常状态。另外，在网络专业实训室中安装软件时可能需要重新启动计算机，如果如通用机房一样还原到初始状态则会影响软件的安装。本部分介绍使用 Pro Magic 6.0 来即时恢复多种操作系统。

1. 安装软件

首先在 http://www.newhua.com/soft/7120.htm 地址下载 Pro Magic 6.0 软件，然后双击下载文件，将文件自解压缩到一个文件夹内，然后找到 SETUP 文件直接双击安装，根据安装向导一步一步安装下去，在安装过程中 Pro Magic 6.0 会询问"是否要对硬盘执行扫描及碎片整理"，建议一定要做，保证计算机处于正常状态。扫描磁盘及磁盘碎片整理后，Pro Magic 6.0 会出现一个请先"重新启动计算机"的对话框，再选择"完成"。

计算机重新启动后，接下来系统会需要确认硬盘分析的状况是否正确，如果正确请单击"正确"按钮，不正确请单击"放弃"按钮。

计算机重新启动，出现操作者"使用模式"界面，则 Pro Magic 6.0 安装完成，但该软件安装与其他软件安装也存在一定的区别，后面将以实例加以说明。

2. 模式

软件安装完成后，有"使用者操作模式"和"管理者操作模式"两种。

（1）使用者操作模式。

用户在开启计算机出现 Pro Magic 6.0 的画面后，选择菜单进入操作系统，这就是"使用者操作模式"，在这个模式下所做的操作都可以被还原。

① "启动"选项。

进入 Windows 操作系统时首先要选择"启动"选项：该选项有"不还原"及"保留前次系统状态"的意思，当选择进入"启动"选项时，系统会接续及保留前次关机前操作系统的状态与信息，不做任何更改。一般情况下操作系统如没有任何不良问题，请选择"启动"选项。

② "临时储存"选项。

此选项为"多时间还原点的设定"，在需要使用时光回溯功能时，就必须选择"临时储存"选项。在设定还原时间点时，选择"临时储存"选项，输入注释的对话框，即可完成一个时间还原点的设定。

 该还原点会记录储存点的时间及注释信息，方便日后查找。同时临时储存点并没有总个数的限制，只要硬盘空间足够，即可存放多个储存点。临时储存点没有一天只能设定一次的功能限制，在设定"临时储存"后，系统就可以恢复到一分钟前、一小时前、一天前、一月前、甚至一年前。

③ "还原"选项。

该选项是还原操作系统到健康、正常的状态，当操作系统出现问题时就选择"还原"选项，系统就会将出现问题的操作系统恢复到正常的系统状态或所需要时间点的状态。

 如果设定了临时储存点，在选择"还原"选项时，就会出现"时间点"的选项供选择。

④ "储存"选项。

操作系统使用过一段时间，新添了应用软件、文件或是更改了操作系统的设定时，选择"储存"选项，就可以把当前的系统数据状态完全地保留下来，日后选择"还原"选项时，就恢复到目前的系统状态。

选择"储存"选项后，曾经做过的临时储存点将全部消失，仅剩下当前的还原点。

（2）管理者操作模式。

在"使用者操作模式"界面下按 F10 键，通过管理者密码审核进入 Pro Magic 的管理群组或是操作系统，由管理者操作模式进入操作系统是不受 Pro Magic 6.0 的保护，这称为"管理者操作模式"。

管理群组的菜单，Pro Magic 6.0 的所有功能都在此菜单下设定，因此管理者拥有最高的权限。

① "安装"选项。

单击 Pro Magic 6.0"管理群组"下的"安装"选项，可以从这里进入到操作系统中，所有操作均不受 Pro Magic 6.0 保护，当然也就不能还原。

② "还原"选项。

在 Pro Magic 6.0"管理群组"下使用"还原"选项，则 Pro Magic 6.0 会将现在操作系统里的数据还原到还没有安装 Pro Magic 6.0 时的状态，当然如果曾使用过 Pro Magic 6.0"储存"功能则会还原到最后一次使用储存的状态。当计算机出问题时或使用 Pro Magic 6.0 里的"安装"、"硬盘对拷"、"分区属性"等功能时，必须先使用"还原"。

③ "储存"选项

使用"管理群组"下的"储存"选项，将一些在 Pro Magic 6.0 使用者操作模式（使用者操作模式所做的任何操作都是可以被还原的）下所安装的软件或修改的文件"储存"到受保护的状态，下次选择还原时就可以还原到最后一次"储存"的状态。

在该管理模式下还有"设定"、"用户管理"等多个选项，在此不一一说明，可个人去进行尝试。

④ "设定"选项的 CMOS 保护。

保护 CMOS 的功能是为防止 CMOS 被人非法修改，Pro Magic 6.0 会在开机时自动侦测是否遭人修改，若遭到修改时则会出现遭到修改的对话框，此时要是选择"重新储存"的话，则会进入 Pro Magic 6.0 的管理者询问对话框，只要密码输入正确即完成 CMOS 的储存。若密码输入三次错误表示此次 CMOS 的修改为非法修改。

"CMOS 保护"功能分为"基本"、"完整"和"不保护"三种设定。

A. "基本"。

该选项表示本系统会将您 CMOS 的一些基本功能（如计算机的开机顺序等）做一备份，每当计算机开机时 Pro Magic 6.0 若发现被保护的范围遭到不明的修改的话，此时 Pro Magic 6.0 会出现是否要修复的询问对话框。

B. "完整"。

该选项表示本系统会将您 CMOS 的全部功能做一备份，每当计算机开机时 Pro Magic 6.0 若发现被保护的范围遭到不明的修改的话，此时 Pro Magic 6.0 会出现是否要修复的询问对话框。

C. "不保护"。

该选项表示 Pro Magic 6.0 不保护计算机 CMOS。主要是因为研发主板的厂商多，并且研发的速度很快，又很难将市场上所有的主板都测试过，所以难免会有掌握不到的信息，因此也会出现设定了"基本"或"完整"保护时出现明明没有修改 CMOS，而 Pro Magic 6.0 还一直会显示出"发现 CMOS 有修改…"的对话框的情况。若是常发生这样的状况，而每次都必须"重新储存"非常麻烦，就可以设成"不保护"。

3．实例操作

实例说明：一个 20 GB 的硬盘将安装 3 个操作系统，分别为 Windows 2000、Windows ME、Windows 98 等，同时划分成 4 个分区，每个分区大小为 5 GB。

（1）利用 Fdisk 分区。

因为本实例中需要安装 3 个操作系统，至少要有 3 个或 3 个以上的分区。首先利用 Fdisk 划分成主引导分区（C）5 GB，扩展分区 15 GB；然后将扩展分区再分割成三个逻辑分区（D、E、F）。

（2）安装第一个操作系统。

在第一分区（C 盘）内安装 Windows 2000 操作系统，将其他分区（D、E、F）进行格式化（format）。

（3）安装 Pro Magic 6.0。

在 Windows 2000 操作系统下放入 Pro Magic 6.0 的安装光盘，按照安装向导的引导完成 Pro Magic 6.0 的安装。

（4）进入 Pro Magic 的管理群组中"用户管理"的"调整分区属性"，将"数据盘"改变为"开机盘"。

安装 Pro Magic 6.0 后，出现"使用者操作模式"，单击"F10"键进入"管理群组"，然后使用鼠标或是键盘上的方向键选择第五项的"用户管理"，在下级菜单中选择第四个选项"调整分区属性"，再利用键盘上的"PaUp"及"PaDn"将"user2""user3"调整为"开机盘"；将"user4"调整为"共用盘"。

（5）安装第二个操作系统或以上的操作系统。

安装第二个操作系统（Windows 98）或第三个操作系统（Windows ME）。在"管理群组"中选择"安装"的选项，放入 Windows 98 引导软盘，选择"user2"，利用 Windows 98 引导软盘开机驱动光驱来安装 Windows 98。Windows 安装后计算机会自动重新启动，当出现 Pro Magic 的使用者操作模式时，按"F10"键进入 Pro Magic 的管理群组选择"安装"，继续安装操作系统（Windows 98），直到安装完毕。

（6）如果第二个操作系统为 Windows 2000/XP，则重启计算机不会出现 Pro Magic 使用者操作模式的画面，此时应先将 Windows 2000/XP 安装完毕后，将 Pro Magic 再重新安装一次即可。若是 Windows98/Me 则不必。

任务 1-6　远程管理

网络管理员不可能每时每刻在机房值守，一旦服务器出现问题则需急急忙忙赶回来，如果出差外地则只能眼睁睁地看着服务器瘫痪，毫无办法。因此，对服务器进行远程管理可以大大地减轻网络管理员的负担，同时也给网络管理带来了极大的方便，任找一台客户机使用其"远程桌面"就可以对服务器进行管理。

Windows 2003 Server 不仅可以通过终端服务进行远程管理，还可以采用 HTML 方式。

方式一：通过终端服务进行远程管理。

1．安装终端服务

Windows 2003 Server 包含终端服务组件，但默认情况下没有安装，在需要的时候才安装。

安装终端服务组件前，需要准备好安装文件或安装光盘，并以管理员身份登录进行配置，否则会没有权限。

步骤 1：依次单击"开始"→"设置"→"控制面板"→"添加或删除程序"→"添加或删除 Windows 组件"，打开如图 5-70 所示的"Windows 组件向导"对话框。

步骤 2：在该对话框中依次选取"终端服务"和"终端服务授权"选项，然后单击"下一步"按钮，将要求选择终端服务器的安全模式，为了远程管理和服务器的安全，通常选择"完整安全模式"。

步骤 3：单击"下一步"按钮，按照默认情况进行安装，直到安装完毕，重新启动计算机。则终端服务安装完成。

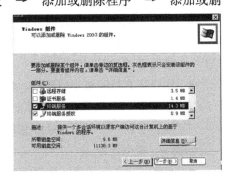

图 5-70　"Windows 组件"对话框

Windows 2003 终端服务器必须在 120 天内进行授权，否则用户在 120 天后就不能够对服务器进行远程管理了。

2. 终端服务器配置

为了更好地进行远程管理，需要对终端服务器进行配置。

步骤 1：打开"管理工具"→"终端服务配置"对话框（或者单击"开始"→"运行"打开运行文本框，在该文本框中输入"tscc.msc"，单击"确定"按钮）。

步骤 2：单击左边窗口的"连接"项，右边窗口即出现可选的 RDP-Tcp 连接，鼠标右键单击"RDP-Tcp"，单击"属性"，打开"RDP-Tcp 属性对话框"，如图 5-71 所示。在"登录设置"选项卡中，可以设置终端用户的登录信息。

- 默认情况下选择"使用客户端提供的登录信息"单选项，在此情况下将根据客户端程序进行设置。
- 使用"总是使用下列登录信息"单选项时，需要在下面的各文本框中输入对应的信息，设置完成后不管终端用户端如何设置，都采用该用户名登录。
- "总是提示密码"复选框如果选中，则不管采用哪种方式登录，都要求提供密码。不选中，用户可以在客户端的登录选择中输入登录用户名和密码以简化登录过程。

图 5-71　设置用户登录信息选项卡

为了提高安全性，最好不选用"总是使用下列登录信息"单选项，因为在只选择该选项的情况下，只要知道终端服务器的地址，并与终端服务器在同一网络内，就可以通过终端客户连接程序使用终端服务器。

步骤 3：依次对各选项卡进行设置。单击"客户端设置"打开如图 5-72 所示的选项卡。

- 可以调整颜色分辨率（颜色深度），选中"颜色深度最大值"，选择需要的值。限制颜色深度可以增强连接性能，尤其是对于慢速连接，并且还可以减轻服务器负载。"远程桌面"连接的当前默认最大颜色深度设置为 16 位。若不选中，则使用登录的客户端颜色设置。

- 启用终端客户音频：为了节约服务器资源，该项默认为禁用。当用户少时，可单击"音频映射"去掉被禁用的选项，使终端客户能使用多媒体设备。当然，客户端计算机也必须装有声卡。

- 启用驱动器映射：此项可方便终端与服务器磁盘间文件的相互传送。启用后本地驱动器将作为网络驱动器显示在终端中。

- 同样还有打印机、剪贴板、COM 端口等也可设置映射。但每设置一个都要占用一定的系统资源，所以，一般用户最好禁用。

步骤 4：安全设置。

- 单击"权限"选项，选择组或用户，限制其对终端的配置权限。另外，由于只有 Administrators

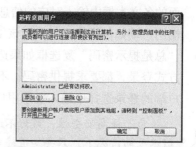

图 5-72 "客户端设置"选项卡

和 Remote Desktop Users 组的成员可以使用终端服务连接与远程计算机连接，所以可对不同用户分组管理，对于要求安全性高的，可利用 NTFS 分区设置不同用户的权限。

- 设置加密级别：单击"常规"项，可指定在终端服务会话期间，对于客户端与远程计算机之间发送的所有数据是否强制加密级别。分四个级别：符合 FIPS（最高级别的加密）、高（加密数据经过强 128 位加密）、客户端兼容（加密数据经过客户端支持的最大密钥强度加密）和低（从服务器发送到客户端的数据将不会被加密）。

步骤 5：禁用或启用远程连接。

- 单击"控制面板"中的"系统"项，打开如图 5-73 所示的"系统属性"对话框。

- 单击"远程"选项，打开"远程"选项卡，选中"启用这台计算机的远程桌面"复选框。单击"选择远程用户..."按钮，打开如图 5-74 所示的"远程桌面用户"对话框。

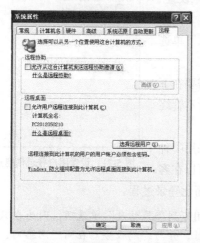

图 5-73 "系统属性"对话框

图 5-74 "远程桌面用户"对话框

- 单击"添加"按钮以指定搜索位置，单击"对象类型"按钮以指定要搜索对象的类型。接下来在如图 5-75 所示的"输入对象名称来选择"框中，键入要搜索的对象的名称，并单击"检查名称"按钮，待找到用户名称后，单击"确定"按钮。

如果不能确切地知道对象名称，则单击"高级"按钮，打开如图 5-76 所示的对话框，单击右边的"立即查找"按钮，然后选择相应的用户，单击"确定"按钮，返回上一级对话框，找到的用户会出现在"输入对象名称来选择"文本框中，"确定"按钮呈黑色，单击"确定"按钮。

图 5-75　"输入对象名称来选择"文本框　　　　图 5-76　"选择用户"对话框

返回到如图 5-77 所示的"远程桌面用户"对话框，找到的用户会出现在对话框中的用户列表中，单击"确定"按钮即可。

3. 在 Windows XP 客户机上远程管理服务器

步骤 1：添加程序与组件。

在默认情况下，Windows XP/2003 操作系统集成了"远程桌面连接"，只需直接使用就行。如果找不到该项，则需另外安装。如果客户使用操作系统是 Windows 9X/2000，则需安装"远程桌面连接"客户端软件。

依次单击"开始"→"设置"→"控制面板"→"添加或删除程序"→"添加或删除 Windows 组件"，打开如图 5-78 所示的"Windows 组件向导"对话框。

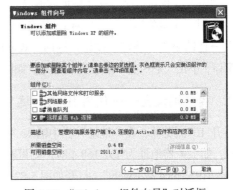

图 5-77　"远程桌面用户"对话框　　　　图 5-78　"Windows 组件向导"对话框

在对话框中选中"远程桌面 Web 连接"项，单击"下一步"按钮，安装完成，然后在程序"附件"中就可以找到"远程桌面连接"的选项。

步骤 2：设置。

依次单击"开始"→"所有程序"→"附件"，单击"远程桌面连接"，如图 5-79 所示。

单击"选项"按钮，打开如图5-80所示的对话框，对各选项卡进行设置。在"常规"选项卡中分别键入远程主机的IP地址（即在上面设置的终端服务器的IP地址）或域名、用户名、密码，然后单击"连接"按钮，连接成功后将打开"远程桌面"窗口，就可以看到远程计算机上的桌面设置、文件和程序，而该计算机会保持在锁定状态，如果在没有密码的情况下，任何人都无法使用它，也看不到对它所进行的操作。

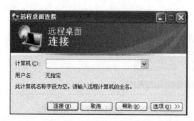

图5-79 "远程桌面连接"对话框

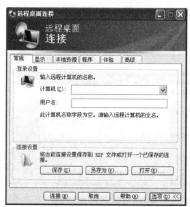

图5-80 "远程桌面连接"选项界面

方式二：通过HTML方式进行远程管理。

在方式一中，要对服务器进行远程管理时，需要在客户机上安装"远程桌面连接"，否则无法进行，这同样会给远程管理带来不方便，如果当时没有安装文件就无法进行管理。

远程桌面还提供了一个Web连接功能，简称"远程桌面Web连接"，这样客户端无需要安装专用的客户端软件也可以使用"远程桌面"功能，这样对客户端的要求更低，使用也更灵活，几乎任何可运行IE浏览器的计算机都可以使用"远程桌面"功能。

1. 服务器端设置——添加程序与组件

在需要管理的Windows 2003 Server服务器上，依次单击"开始"→"设置"→"控制面板"→"添加或删除程序"→"添加或删除Windows组件"，打开"Windows组件向导"对话框，打开"应用程序服务器"→"Internet信息服务（IIS）"→"万维网服务"→勾选"远程桌面Web连接"→连续单击"确定"按钮，返回"Windows组件向导"窗口，单击"下一步"按钮完成配置，如图5-81所示。

2. 客户端设置——使用IE进行远程管理

打开IE浏览器，在"地址"栏中输入"http://服务器/tsweb"，如服务器地址为192.168.4.87，则可在地址栏中输入"http://192.168.4.87/tsweb/"，打开如图5-82所示的页面。

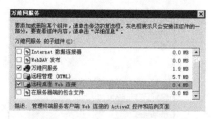

图5-81 "万维网服务"对话框

在"服务器"后的文本框中键入服务器名，在"大小"后的下拉列表中选择远程桌面的分辨率，建议选择"全屏"（否则远程桌面会显示在浏览器中），回车后即可看到如图5-83所示的登录窗口，键入用户名与密码即可进入远程桌面。其他就同使用本地机一样。

当第一次在客户端使用IE进行远程管理时，提示要求安装"Remote Desktop ActiveX Control控制"，选取"总是信任Microsoft Windows Publisher"复选框，然后单击"是"。

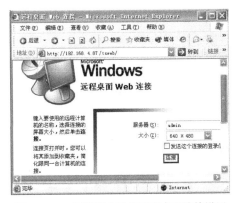

| 图 5-82   IE 浏览器中进行远程桌面连接设置 | 图 5-83   远程桌面登录对话框 |

3. 退出远程管理

若要退出，请选择"注销"，若一会儿后还要进入，请选择"断开"。当然如果权限足够大，还可选择"重新启动"、"关机"。

在使用时，不要直接关掉"远程桌面 Web 连接"的浏览器窗口，否则远程桌面相当于"断开"，并未注销。

任务 1-7   测试验收

实训室网络组建完毕，需要对整个设计的系统做全面检查验收，针对系统设计内容和目标，逐一检测是否能满足设计要求。

（1）网络连通性测试。

使用 ping 命令，测试实训室计算机与服务器之间、各计算机之间的连通性。保证实训室各部分都能通畅。

如果不通畅，则从接口是否接触不良、线路是否通畅、IP 地址设置是否在同一个网段内等方面去检查，逐步排除故障。

（2）共享上网测试。

对实训室中的各计算机进行上网操作。如果不能上网，则检查代理软件客户端的设置是否正确，DNS 服务器选择和设置是否正确。

（3）测试文件服务器。

首先测试 Serv-U 的连通性。如果通畅，则打开 IE 浏览器，在地址栏中输入 ftp://Serv-U 所在计算机的 IP 地址，在弹出的登录框中输入用户名和密码，如果能按照设定的要求访问相应的文件，检查权限设置是否得当。

（4）测试远程管理。

在实训室服务器上设置好远程管理，然后任意找一台客户机，如果该客户端有"远程桌面连接"则采用该方式访问远端服务器，能进行管理则说明远程管理设置成功；如没有"远程桌面连接"则采用 IE 进行管理。

【实施评价】

在实训室局域网网络中，主要要考虑应用环境需求不断在变化，应用成员非常多，管理员的管理工作非常繁重，要尽量保证正常、稳定、安全使用。此次任务的总结见表 5-2。

表 5-2 　　　　　　　　　　　　　　任务实施情况小结

序号	知　识	技　能	态　度	重要程度	自我评价	小组评价	老师评价
1	● 不同类型的操作系统认识 ● Internet 连接共享方式 ● 文件服务器的作用 ● DHCP 的概念和作用 ● 为什么要进行远程管理及远程管理的好处	○ 正确了解网络组建需求，确定组网目标，选择合适的网络设备，设计合理的拓扑结构图，根据拓扑结构图正确连接网络 ○ 检查网络软件的安装情况，如没有安装则正确安装所需的网络软件 ○ 熟练安装、配置文件服务器 ○ 能正确配置 Internet 连接共享 ○ 熟练设置 DHCP 服务，能在实训室局域网中完成动态分配地址	◎ 认真合理规划网络 ◎ 安全操作，在连接各网络硬件设备时先应关闭所有设备电源，连接完成后再打开电源检查连接情况 ◎ 根据实际情况分析处理，熟练完成安全设置并保证正确	★★ ★★ ★			
任务实施过程中已经解决的问题及其解决方法与过程							
问题描述			解决方法与过程				
任务实施过程中存在的主要问题							

说明：自我评价、小组评价与教师评价的等级分为 A、B、C、D、E 五等，其中：知识与技能掌握 90% 及以上，学习积极上进、自觉性强、遵守操作规范、有时间观念、产品美观并完全合乎要求为 A 等；知识与技能掌握了 80%～90%，学习积极上进、自觉性强、遵守操作规范、有时间观念，但产品外观有瑕疵为 B 等；知识与技能掌握 70%～80%，学习积极上进、在教师督促下能自觉完成、遵守操作规范、有时间观念，但产品外观有瑕疵，没有质量问题为 C 等；知识与技能基本掌握 60%～70%，学习主动性不高、需要教师反复督促才能完成、操作过程与规范有不符的地方，但没有造成严重后果的为 D 等；掌握内容不够 60%，学习不认真，不遵守纪律和操作规范，产品存在关键性的问题或缺陷为 E 等。

【知识链接】

【知识链接 1】DHCP 及地址分配方式

1. DHCP

动态主机配置协议 DHCP（Dynamic Host Configuration Protocol）是一个 TCP/IP 标准，用于减少网络客户机 IP 地址配置的复杂度和管理开销。DHCP 是基于 C/S 模式的，能将 IP 地址动态地分配给网络主机，解决了网络中主机数目较多或变化比较大时手动配置的困难。

DHCP 是指由 DHCP 服务器控制一段 IP 地址范围，客户机登录到服务器上就可以自动获取服务器分配的 IP 地址、子网掩码、网关地址。

2. DHCP 服务器分配地址的方式

DHCP 服务器有 3 种为 DHCP 客户机分配 IP 地址的方式。

（1）手工分配。

网络管理员在 DHCP 服务器上手动配置 DHCP 客户机的 IP 地址。当 DHCP 客户机要求网络服务时，DHCP 服务器把手工配置的 IP 地址传递给 DHCP 客户机。

（2）自动分配。

DHCP 客户机第一次向 DHCP 服务器租用到某个 IP 地址后就永久占用该地址，不会再分配给其他客户机。

（3）动态分配。

DHCP 客户机向 DHCP 服务器租用 IP 地址时，DHCP 服务器只是将某个 IP 地址暂时分配给客户机，租约一到期，客户机就释放这个地址，DHCP 服务器可将该 IP 地址重新分配给其他客户机。

【知识链接 2】DHCP 工作原理

DHCP 客户机第一次登录网络主要通过 4 个阶段与服务器建立联系，具体工作如下。

（1）客户机寻找服务器阶段（见图 5-84）。

初始化阶段 DHCP 客户机没有 IP 地址，也并不知道服务器的 IP 地址，所以用 0.0.0.0 作为源地址，255.255.255.255 作为目的地址，以广播的方式发送 DHCP discover 消息，网络上每一台装有 TCP/IP 的主机都会收到广播信息，但只有 DHCP 服务器才会做出响应。

（2）DHCP 服务器提供 IP 地址阶段（见图 5-85）。

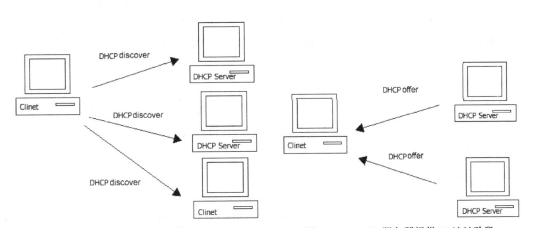

图 5-84 客户机寻找服务器阶段   图 5-85 DHCP 服务器提供 IP 地址阶段

此时客户机仍然没有 IP 地址，DHCP 服务器在收到客户机的请求后，在未出租的 IP 地址中任选一个，附带子网掩码、IP 地址的有效时间及原来 DHCP discover 中携带的客户机的 MAC 地址等信息向客户机发出广播信息。

（3）客户机选择 IP 地址阶段（见图 5-86）。

如果有多台 DHCP 服务器向客户机发出 DHCP offer 信息，客户机只接受第一个 DHCP offer 提供的信息，为了通知所有服务器它所选择的 IP 地址，仍采用广播的方式发送 DHCP request 消息。

（4）DHCP 服务器确认所提供的 IP 地址阶段（见图 5-87）。

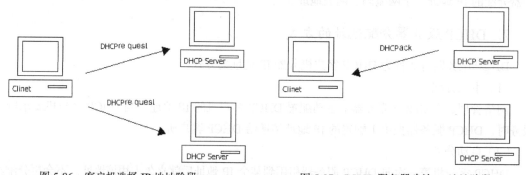

图 5-86　客户机选择 IP 地址阶段　　　　　图 5-87　DHCP 服务器确认 IP 地址阶段

当 DHCP 服务器收到客户机的 DHCP request 信息之后，便向客户机发送一个包含它所提供的 IP 地址和其他设置的 DHCP ack 确认信息，告诉客户机可以使用它所提供的 IP 地址。然后 DHCP 客户机便将其 TCP/IP 与网卡绑定。另外，除 DHCP 客户机选中的服务器外，其他的 DHCP 服务器都将收回曾提供的 IP 地址。

 　　如果客户机经过上述过程未能从服务器端获得 IP 地址，就会使用自动私有 IP 地址配置（APIPA，Automatic Private IP Addressing）169.254.0.1～169.254.255.254 中的一个。该方法可以保证没有 DHCP 服务器网络中的主机能正常通信。

客户机再次登录网络时，就不需再发送 DHCP discover 信息，而是直接发送包含前一次所分配 IP 地址的 DHCP request 请求信息。DHCP 服务器收到这一信息后会尝试让 DHCP 客户机继续使用原来的 IP 地址，并回答一个 DHCP ack 确认信息。如果此 IP 地址已无法再分配给原来的 DHCP 客户机使用（如此 IP 地址已分配给其他 DHCP 客户机使用），DHCP 服务器给 DHCP 客户机回答一个 DHCP nack 否认信息。当原来的 DHCP 客户机收到此 DHCP nack 否认信息后，就必须重新发送 DHCP discover 信息来请求新的 IP 地址。

DHCP 服务器向客户机出租的 IP 地址一般都有一个租约期限，期满后 DHCP 服务器便收回出租的 IP 地址。如果客户机要延长 IP 租约，就必须更新其 IP 租约。DHCP 客户机启动时和 IP 租约期限过一半时，都会自动向 DHCP 服务器发送更新其 IP 租约的信息。

【知识链接 3】DHCP 相关概念

1. DHCP

DHCP 动态主机分配协议（Dynamic Host Configuration Protocol）是一个简化主机 IP 地址分配管理的 TCP/IP 标准协议。用户可以利用 DHCP 服务器管理动态的 IP 地址分配及其他相关的环境配置工作（如 DNS、WINS、Gateway 的设置）。

2. 作用域

作用域是一个网络中的所有可分配的 IP 地址的连续范围，主要用来定义网络中单一的物理子网的 IP 地址范围，是服务器用来管理分配给网络客户的 IP 地址的主要手段。

3. 超级作用域

超级作用域是一组作用域的集合，它用来实现同一个物理子网中包含多个逻辑 IP 子网。在超级作用域中只包含一个成员作用域或子作用域的列表。然而超级作用域并不用于设置具体的范围，子作用域的各种属性需要单独设置。

4. 排除范围

排除范围是不用于分配的 IP 地址序列。它保证在这个序列中的 IP 地址不会被 DHCP 服务器分配给客户机。

5. 地址池

在用户定义了 DHCP 范围及排除范围后，剩余的地址构成了一个地址池，地址池中的地址可以动态的分配给网络中的客户机使用。

6. 租约

租约是 DHCP 服务器指定的时间长度，在这个时间范围内客户机可以使用所获得的 IP 地址。当客户机获得 IP 地址时租约被激活。在租约到期前客户机需要更新 IP 地址的租约，当租约过期或从服务器上删除则租约停止。

【知识链接 4】代理服务器

1. 什么是代理服务器

代理服务器的英文全称是 Proxy Server，其功能是代理内部网络用户去取得外部网络信息。简单来说，代理服务器就是网络信息的中转站。

代理服务器位于 Intranet 内部网与 Internet 之间，负责在内部网和 Internet 之间进行数据的转发（见图 5-88），是一台连接有 2 块或以上网络适配器（网卡）的计算机。

图 5-88 代理服务器位置图

2. 代理服务器工作原理

代理服务器是代理网络内的计算机访问 Internet，一般都具有缓冲功能，不断将新取得的数据及访问的结果存储到代理服务器的存储器上，并把访问的结果返回给当初提出该请求的用户。当网络用户发出下一 Internet 请求时，服务器将首先检查缓存中是否保存有该页面的内容，如果有，立即从缓存中调出并返还给请求者，而不重新从 Internet 获取数据，而直接将数据传送给用户；如果没有，则向 Internet 发送请求，并再次将访问结果保存起来，以备其他用户访问之需，如图 5-89 所示。

3. 代理服务器功能

（1）连接 Internet 与内部网络，通过端口、IP 和服务的设置可提高网络安全性，充当防火墙。
（2）实现 IP 地址的转换，节省 IP 地址开销。

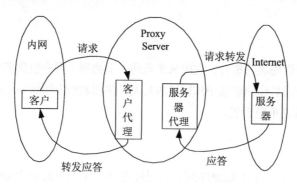

图 5-89　代理服务器工作原理图

使用代理服务器后，内部用户对外只有一个合法的 IP 地址，节省了 IP 地址，同时也不必租用过多的 IP，降低了网络的成本。

（3）缓冲区的使用，提高了访问速度，同时降低了网络通信费用。

代理服务器一般设置了一个大的缓冲区，如果内部用户需要的信息在缓冲区内存在，则直接从缓冲区传送给内部用户，而不必到 Web 服务器上去获取。

4. NAT 技术与代理服务器的区别（见表 5-3 和表 5-4）

表 5-3　　　　　　　　　　　　　NAT 技术与代理服务器的优缺点

名　称	优　点	缺　点
代理服务器	具有部分网络防火墙的功能，可对外隐藏内部网络结构，提高网络安全性；限制某些计算机对 Internet 的访问；在带宽较窄的情况下限制 Internet 流量	需要额外添置一台服务器；代理服务器的设置比较复杂
NAT	节省 IP 地址；隐藏内部 IP	只能简单地进行 IP 地址转换，无法实现文件缓存，无法实现快速访问 Internet

表 5-4　　　　　　　　　　　　　NAT 技术与代理服务器的区别

分　类	NAT 技术	代理服务器
作用	进行内外网之间的地址转换，解决 IP 地址匮乏问题；隐藏内部网络结构，实现网络安全	文件缓存 网络安全
透明性	对源计算机和目的计算机来说都是透明的	不透明，必须在源计算机上进行配置，使其能够连接到代理服务器上
通信	将通信连接转发到发起请求的计算机上	目的计算机需要向代理服务器发送网络请求，根据代理服务器上是否存储有该信息然后再处理
工作层次	网络层	传输层或更高层次

5. 常用的代理服务器

目前代理服务器软件很多，功能也十分强大，一般都可以提供 WWW 浏览、FTP 文件下载、Telnet 远程登录、E-mail 的接收和发送、Socks 代理服务等功能。绝大部分的 Internet 应用都可以通过代理方式实现。在中小规模的内部网络中主要有以下几种。

（1）WinGate。

（2）WinRoute。

（3）SyGate。

【知识链接 5】Pro Magic 6.0 功能简介与安装前准备

1. 功能简介

（1）可安装/防护多个作业系统：在 ProMagic 的保护下，同一块硬盘内最多可安装 22 个操作系统，任何一个操作系统出现问题，都不会影响其他的系统运行。

 　　安装 Pro Magic 软件是在计算机上安装了 1 个操作系统后进行的。因为该软件有多操作系统的管理功能，它要接管系统本身的那个多操作系统启动管理，用这个管理界面就不会在一个操作系统出了问题后连其他操作系统菜单都调不出来的情况。

（2）占用磁盘空间少：即使 50 GB 或 80 GB 的硬盘，最多都只需要 160 MB 来储存保护资料，节省的空间比率是同类产品中最多的。

（3）还原速度最快：在 3 秒钟就能将系统还原至正常状态。

（4）提供网络远端遥控/还原的功能：不限 Windows 版本，只要寄一封 Email，收到 Email 者即可开始遥控发信的计算机，包括还原动作。

（5）多点还原：当计算机遭受破坏，ProMagic 的多点还原功能可以让计算机还原到一分钟前、一天前、一星期前甚至是一年以前，无限多个还原点任你选择。

（6）双重操作界面：提供 Windows 及 DOS 两种界面，可在作业系统内或是作业系统外操作 ProMagic。

2. 安装注意事项

（1）准备工作。

① 关闭 BIOS 内的病毒扫描功能。

- 在 Award BIOS 主菜单中，选取 BIOS Feature Setup 出现的菜单，第一项为 Virus Warning，请设定为 Disable。
- 在 AMI BIOS 主菜单中，选取 Advanced CMOS Setup 出现的菜单，第一项为 Trend Chipway Virus，请设定为 Disable。
- 在 Pheonix BIOS 主菜单中，选取 Security 出现的菜单，最后一项为 Boot Sector Virus Protection，请设定为 Disable。

② 关闭 BIOS 的 Power Manager 内的硬盘电源管理。

- 在 Award BIOS 主菜单中，选取 Power Management Setup 后所出现的画面，请设定为 Disable。
- 在 AMI BIOS 主菜单中，选取 Power Management Setup 后所出现的画面，请设定为 Disable。
- 在 Pheonix BIOS 主菜单中，选取 Power 后所出现的画面，请设定为 Disable。

③ 如安装 Windows 95/98/ME 等操作系统，建议先在操作系统中执行硬盘的扫描与碎片整理，先确定计算机是健康的，如果不会使用 Windows 下的扫描与碎片整理，Pro Magic 6.0 版在安装时会引导这些功能的操作。

（2）安装中注意事项。

① 准备一张 1.44 MB 的空白软盘，在设定管理者密码时将密码备份到软盘上。备份好密码后，请妥善保管备份密码的软盘。

② 安装中若出现是否覆盖驱动程序，请选择覆盖。

③ 安装中若出现是否覆盖 Pro Magic 的目录，请选择覆盖。

【知识链接6】CMOS 简介

CMOS 其实也是一套工具软件，不过该软件是放置在主板上的一个 Flash ROM（是一种内存）中，其主要功能是在计算机电源开始启动时，对主板上或后加入的一些硬件设备做侦测，如硬盘的容量、CPU 的型号、内存的大小、光驱的倍数、软驱的型号等，都是开机时由 CMOS 来侦测的，甚至连计算机的时间、日期、开机顺序等都是 CMOS 来侦测控制的。

【拓展提高】

为了便于管理，实训室客户端计算机采用动态获取 IP 地址，DHCP 服务器设置有 2 个作用域，一个为 net-in，另一个为北区地址，为了将两个作用域的 IP 地址资源由 DHCP 服务器统一支配，避免出现一个作用域 IP 地址资源不够，而另一个作用域的 IP 地址资源根本没有租用而闲置的现象，决定将两个作用域绑定为名为本地地址的超级作用域。

1. 任务拓展完成过程提示

完成作用域合并为超级作用域的操作步骤如下。

步骤1：分别创建要添加到超级作用域上去的 net-in 和北区地址作用域。

步骤2：鼠标右键单击 DHCP 服务器，从弹出的菜单中选择"新建超级作用域"，在出现的"新建超级作用域向导"中单击"下一步"按钮。

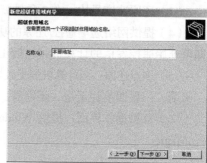

图 5-90　"超级作用域名"对话框

步骤3：打开如图 5-90 所示的"超级作用域名"对话框，输入新建超级作用域名称。

步骤4：单击"下一步"按钮，打开如图 5-91 所示的"选择作用域"对话框，选择需要加入超级作用域的作用域。"Ctrl+单击"可选择多个作用域。

步骤5：单击"下一步"按钮，在弹出的新对话框中再单击"完成"按钮，显示如图 5-92 所示的结果。

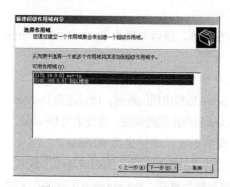

图 5-91　"选择作用域"对话框

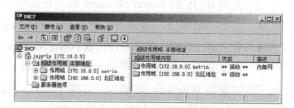

图 5-92　创建超级作用域后结果图

超级作用域是作用域的容器，由多个作用域组合而成。当创建的作用域较大时，系统会建议创建超级作用域。若要删除超级作用域，鼠标右键单击超级作用域，在弹出的菜单中单击"删除"命令。删除超级作用域仅仅只删除了超级作用域，而不删除其内的作用域。

2. 任务拓展评价

任务拓展评价内容如表 5-5 所示。

表 5-5 　　　　　　　　　　　　　　任务拓展评价表

拓展任务名称		网 络 维 护	
任务完成方式	【　】小组协作完成　　　【　】个人独立完成		
任务拓展完成情况评价			
自我评价		小组评价	教师评价
存在的主要问题			

填写说明：任务为个人完成，则评价方式为"自我评价+教师评价"，如为小组完成，则以"小组评价+教师评价"为主体。

【思考训练】

一、思考题

为什么要进行远程管理?

二、填空选择题

1. _____服务器能够为客户机动态分配 IP 地址。

2. _____就是 DHCP 客户机能够使用的 IP 地址范围。

3. DHCP 是_____的简称，用于网络中计算机_____，是一个简化主机 IP 地址分配管理的 TCP/IP 标准。

4. DHCP 服务器安装好后并不是立即就可以给 DHCP 客户端提供服务，它必须经过一个_____步骤。未经此步骤的 DHCP 服务器在接收到 DHCP 客户端索取 IP 地址的要求时，并不会给 DHCP 客户端分派 IP 地址。

5. DHCP 地址池配置如图 5-93 所示，请写出可用来分配的地址范围_____。

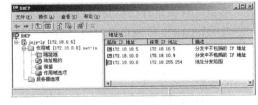

图 5-93　查看地址池

6. 下面哪项属性 DHCP 服务器不可以在 DHCP 作用域中设定? _____。

    A. IP 地址　　　　B. DNS 服务器　　　C. 网关地址　　　D. 计算机名

7. 在安装 DHCP 服务之前，在 Windows 2003 Server 的计算机上设置不对的是_____。

    A. 静态 IP　　　　B. 动态 IP　　　　C. 子网掩码　　　D. 网关

8. 使用"DHCP 服务器"功能的好处是_____。

    A. 降低 TCP/IP 网络的配置工作量

    B. 增加系统安全与依赖性

    C. 对那些经常变动位置的工作站 DHCP 能迅速更新位置信息

    D. 以上都是

9. 要实现动态 IP 地址分配，网络中至少要求有一台计算机的网络操作系统中安装_____。

    A．DNS 服务器　　　　　　　　　　B．DHCP 服务器

    C．IIS 服务器　　　　　　　　　　　D．PDC 主域控制器

10．以下关于 DHCP 技术特征的描述中，错误的是_____。

    A．DHCP 是一种用于简化主机 IP 地址配置管理的协议

    B．在使用 DHCP 时，网络上至少有一台 Windows 2003 服务器上安装并配置了 DHCP 服务，其他要使用 DHCP 服务的客户机必须配置 IP 地址。

    C．DHCP 服务器可以为网络上启用了 DHCP 服务的客户端管理动态 IP 地址分配和其他相关环境配置工作

    D．DHCP 降低了重新配置计算机的难度，减少了工作量

11．下列关于 DHCP 的配置的描述中，错误的是_____。

    A．DHCP 服务器不需要配置固定的 IP 地址

    B．如果网络中有较多可用的 IP 地址并且很少对配置进行更改，则可适当增加地址租约期限长度

    C．释放地址租约的命令是"ipconfig/release"

    D．在管理界面中，作用域被激活后，DHCP 才可以为客户机分配 IP 地址

三、操作题

1．某单位使用 DHCP 服务器分配 IP 地址，配置 DHCP 服务器创建作用域的要求如下。

（1）操作要求。

① IP 地址范围为 192.168.1.1～192.168.1.255。

② 服务器地址 192.168.1.1。

③ DHCP 客户端默认网关地址 192.168.1.255。

④ DNS 服务器地址为 192.168.1.88。

（2）操作提示。

查看计算机是否已经安装 DHCP 服务，已经安装就可直接操作，如没有安装要先安装。

① 在 DHCP 控制台中右击 DHCP，在弹出的菜单中单击"添加服务器"。

② 在"连接服务器"对话框的"此服务器"框中输入 DHCP 服务器名称或 IP 地址，单击"确定"按钮。

③ 右击新添加的服务器，在弹出菜单中选择"新建作用域"，按照向导完成各项操作。

④ 右击新建的作用域，在弹出菜单中选择"激活"激活新建的作用域。

⑤ 在作用域中查看各项是否配置正确。

⑥ 配置 DHCP 客户端，用 ipcongfig/all 检查各项的设置。

2．完成 1 个 DHCP 服务器配置，使其可以出租的 IP 地址为 192.168.0.1～192.168.0.100（但不含有 192.168.0.10～192.168.0.19 范围内的 IP 地址），另外，将 192.168.0.1 保留给 MAC 地址为 00-c0-9f-21-5c-06 的服务器。

3．使用 Pro Magic 软件安装多个操作系统，并通过"设定""用户管理"等选项对系统进行管理。

4．建立一个共享文件夹"练习"，并将权限设置为"读取"，拷入一篇文档，从另一台机器上对该文档进行读取、保存、删除等操作，观察结果。

项目**6**

网吧局域网组建、配置与维护

　　网吧每天的顾客来来往往，网上病毒传输又难以操控，总会给网络带来一些不安全因素，上网顾客因不正确操作更易引起系统崩溃等事件的发生。

　　网吧组建最迫切需要解决的问题就是降低架构成本、提高上网速度、管理方便，最大限度地提高网络的易操作性、易维护性、易管理性、共享性及娱乐性。

　　本项目重点介绍如何安装与调试网吧局域网，以及如何对网吧局域网进行计费管理和安全防护等，并详细介绍其具体的操作过程。

【教学目标】

知识目标	<ul><li>了解网吧局域网的特点</li><li>知道下载与上传的含义</li><li>了解网吧安全因素</li><li>知道网吧网络管理机制</li><li>掌握认证与计费的配置方法</li></ul>
技能目标	<ul><li>学会网吧管理软件的使用，并利用该软件实现网吧的正常运营</li><li>掌握权限的划分与设置</li><li>熟练掌握网吧网络安全设置方式</li><li>熟练掌握网吧网络接入方式的选取</li><li>熟练掌握网吧管理软件的下载、安装与配置</li><li>与客户、运营商能进行有效沟通</li></ul>
态度目标	<ul><li>通过资源共享的方式，节省一些相应的硬件设备，如光驱等，从而节约成本</li><li>认真分析任务目标，做好整体规划</li><li>耐心做事，仔细解释客户提出的问题，尽力解决客户的需求，热情对待每一个网吧顾客，给顾客以家的感觉</li></ul>
准备工作	<ul><li>分组：每2～3个学生一组，自主选择1人为组长</li><li>给每个组准备2～3台没有任何配置但硬件设备齐全的计算机，让学生将这些计算机配置成1个网络，设置权限，练习管理软件的使用</li><li>ADSL电信接口；调制解调器；直通电缆；交叉电缆；2～3块网卡</li></ul>

续表

考核成绩 A 等标准	● 正确判定计算机当前的配置情况和网络服务安装情况 ● 正确完成两台计算 TCP/IP 的设置，如 IP 地址设置，正确完成计算机名称更改和工作组设置 ● 正确设置用户权限 ● 正确安装与使用网吧管理软件 ● 各项目组成员间都能相互传送文件，实现资源共享 ● 各项目组的任务都在规定的时间内完成，达到了任务书的要求 ● 设置了正确的安全防护措施 ● 工作时不大声喧哗，遵守纪律，与同组成员间协作愉快，配合完成了整个工作任务，保持工作环境清洁，任务完成后自动整理、归还工具，关闭电源
评价方式	教师评价+小组评价

【项目描述】

某学生毕业后为别人管理网吧，每天都在网吧中忙碌，经过几年的积累，他感觉到自己对网吧的情况比较了解了，因此决定自主创业，回到自己家乡建一个网吧，在考察了小区及整个小镇的周边环境并与有关部门协商了解后，立马着手筹建，准备建 80～100 台计算机的规模，适应自己居住小区和邻近企业工作人员等的网络需求。

【项目分解】

从该项目的描述信息来看，所需要架设的网吧规模是 80～100 台计算机，属于中等规模；与一些年轻朋友聊天发现，他们一般在网吧中玩网络游戏、一群人玩局域网联机游戏、浏览网页、收发邮件、在线看电影、聊天等；网吧组建，要考虑的问题非常多，包括组建方式、Internet 接入方式、计费标准、网吧管理等。主要分解如表 6-1 所示。

表6-1　　　　　　　　　项目分解表

任务	子任务	具体工作内容
任务 1 网吧网络组建、配置与维护	任务 1-1　网吧网络组建	（1）组网需求分析 （2）组网目标确定 （3）网络结构设计 （4）网络设备选购 （5）网络硬件连接
	任务 1-2　网络软件安装与配置	（1）安装好要求的操作系统，个人用户建议安装 Windows XP/professional 版本 （2）安装与配置网络软件（网络适配器驱动、TCP/IP、服务、网络客户）
	任务 1-3　网吧网络接入	（1）与运营商协商，选择合适的接入方式 （2）根据实际成本投入与环境，共享 Internet
	任务 1-4　网吧管理与维护	（1）网吧管理内容 （2）网吧管理软件选择与安装 （3）系统维护
	任务 1-5　网络测试	（1）测试整个网络连通性 （2）测试用户权限 （3）测试管理软件

【任务实施】

网吧是对外提供网络服务的营业场所，相对于家庭局域网与宿舍局域网来说，网吧局域网的计算机数量明显增多，其组建方法也略有不同。

在组建网吧局域网前，首先应对整个网络有个合理的规划。在规划网吧时，应保证网络的稳定性、高效性和可扩展性。

任务 1　网吧局域网络组建、配置与维护

任务 1-1　网吧网络组建

网吧网络组建与其他类型局域网的组建类似：如何选择一个符合网吧的网络拓扑结构，如何选择局域网的 Internet 接入方式，如何选购组建局域网的硬件设备，都是网络质量好坏的关键。这些因素决定着网吧的生存与否。

1. 组网需求分析

网吧组建要考虑怎样满足顾客的需求，用高速、高效的网络留住顾客，主要的需求如下。

（1）投入成本少，回收周期短。

在建设之初，就应该考虑采用什么方式接入 Internet，保证所有的计算机都能够上网，每台计算机都用一个独立的账号上网是很不经济的，因此需要让所有计算机共用 1 个账号上因特网。

要使得投资成本少，就应当考虑购买哪些硬件设备、软件及材料等。

另外，要考虑回收周期的话，就必须保证网吧的顾客群体稳定，当然只有飞快的网速才能实现这个目标。

（2）网络的安全。

到网吧的客户各不相同，对计算机的了解程度也各不一样，因此，网络安全是网吧组建的重点。如何保证每台计算机不受病毒等侵害都能正常工作，即使出现问题也能快速恢复。

（3）应用需求。

网吧的应用主要是网络游戏、在线电影、语音视频、BT 下载、点播等，这些不仅要求运行速度快，还应当运行稳定。

为了更好管理和优化网络，建议对网吧实行分区管理，通常可以分为游戏服务区、上网区与商务应用区，实现管理和多元化服务，满足不同客户的不同使用需求。

2. 组网目标确定

根据上述需求分析，网吧网络主要需要实现如下几个目标。

（1）投入成本低。购买高性价比的设备、共享账号上网，让整个网吧的所有计算机都通过一个账号上网，降低网吧运营成本。

（2）保证计算机安全运行，一方面是计算机运行出现故障时能快速恢复，尽量不影响客户；另一方面防止病毒等侵害。

（3）计费方面，采用软件管理网吧，设置不同的资费标准，一方面保证留住客户；另一方面能提高效益，方便计费管理。

（4）方便客户，在每台计算机上提供常用的网络工具，如 WINRAR、下载工具、播放工具、图像处理工具等。

3. 网络结构设计

（1）结构设计。

小型局域网中常采用总线型拓扑结构和星形拓扑结构，网吧最好采用星形拓扑结构。星形结构网络中有一个中心节点，可提供方便的服务和重新配置网络；每一台计算机都通过单独的通信线路连接到中心节点，单个连接点的故障只影响一个设备，不会影响全网，能轻易检测和隔离故障，便于维护；信息传送方式、访问协议十分简单。星形结构小型局域网工作站和服务器常采用 RJ-45 接口网卡，以交换机为中心节点，用双绞线连接交换机与工作站和服务器。本方案的拓扑结构图如图 6-1 所示。

（2）操作系统。

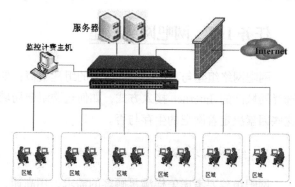

图 6-1　拓扑结构图

为了符合客户的应用需求，尽量采用大家都熟悉或使用界面友好的操作系统，如 Windows XP 等，通常使用 Windows XP 操作系统。

（3）网络与计费管理。

网吧的管理软件非常多，如摇钱树、美萍网管大师等。

"美萍网管大师"软件是最实用的网吧管理系统之一，它集实时计时、计费、计账于一体，即可单独作为网吧的计费管理机，也可配合安全卫士远程控制整个网络内的所有计算机。可对任意机器进行开通、停止、限时、关机、热启动等操作，并且具有会员制管理、网吧商品管理、每日费用统计等众多功能，是管理网吧、计算机游戏房、培训中心等复杂场合的纯软件管理解决方案。

（4）安全措施设计。

网吧中的计算机都安装防火墙和杀毒软件，并设置在网吧相对空闲的时候定时升级、定时杀毒。

为了方便整个网络控制，如果需要远程控制和管理，就需在每台客户机上安装美萍安全卫士，与网管大师（服务器端软件）配合使用。

一旦计算机出现故障，为了减少成本的投入，可选用软件自动将系统还原到初始化状态。

（5）接入 Internet 设计。

接入 Internet 的方式非常多，如果网吧速度不是很快，会留不住来过的客户。在条件允许的情况下，最好是采用光纤接入方式，选择较成熟的千兆以太网技术，为客户提供最稳定和快速的上网方式。

（6）综合布线设计。

根据场地画出施工简图，确认每台计算机的摆放方式和地点，然后在图上标明每台计算机的摆放位置，根据计算机的分布确定交换机的摆放地点。

- 双绞线最长的通信距离。

目前，网吧内使用最多的就是超五类双绞线，理论上其点与点之间最大的通讯距离是 100m，但实际上是 95m。所以，在进行网吧网络布线设计时，如果距离较远，则应该先测量实际距离，如果超过 95m 则需要重新调整布局。

●　交换机最大的级联数目。

对于一些面积比较大的网吧，计算机的数目比较多而且位置分散，交换机通常需要进行级联，而级联的最大数目不能超过 5 个，最长不超过 500m。

●　双绞线布置。

另外，双绞线的连接和布置尽量不要出现交叉，先要确定交换机和每台计算机之间的距离，分别截取相应长度的网线，然后将网线穿管（PVC 管）或直接沿墙壁走线。

　　过长的双绞线缠绕起来也会因为电磁干扰而造成数据传输错误。

（7）文件系统设计。

强烈推荐使用 NTFS 文件系统，在安装系统时，通过将硬盘格式设置为 NTFS 文件系统即可。

4. 设备选购

网吧主要设备包括网吧客户机、服务器、交换机、防火墙以及网卡、网线等网络传输介质。

（1）传输介质。

接入 Internet 部分采用光纤，到桌面则需要采用双绞线，允许的情况下使用 6 类或更好的双绞线，如果减少成本则使用通用的 5 类双绞线或超 5 类双绞线，最好使用 AMP 的 5 类网线布线，注意是否是假冒品。

RJ-45 水晶头需要多准备一些，从 0.40 元到 2 元不等，根据投资成本决定。

PVC 管若干，用来放置网线的塑料管，起固定、绝缘和防水等作用。

（2）网卡。

网卡是组建局域网的常备设备，网卡可选择集成网卡也可选择独立网卡，选购网卡主要应考虑以下几个因素。

●　接口类型：常见网卡接口有 BNC 接口和 RJ-45 接口，通常采用 RJ-45 接口。

●　网卡速度：表示网卡接收和发送数据的快慢，网卡的速度主要有 10 M、100 M、10/100 M 自适应、1000 M 等。按计算机的台数多少选购相应数量的网卡，但为了预防网卡偶然损坏，造成不能连网，最好多买一两块网卡以备急需。

（3）交换机和路由器（防火墙）。

路由器和交换机是网络的中心部分，路由器和交换机的选择直接决定着网吧网络的性能。

●　路由器：是与外网连接的边界设备，要考虑与外网的接口数，扩展插槽，为了节约成本，最好有内置防火墙，支持 IP 地址过滤、域名过滤、MAC 地址过滤等。

●　交换机：如果选择了路由器，则可以采用二层交换机连接各计算机就行；但如果没有路由器，则应该采用三层交换机作为中心设备。

（4）计算机。

经营网吧一开始不是应该考虑要赚多少钱的问题，而是投资多久能收回来的问题，只有收回了投资才等于开始要赢利了。购机是投资多少的要害，开网吧的计算机，不用配置太高，整体价格在 2000～3500 元价位。

根据你所需要的网吧规模选择需要的计算机台数，注意写明各种配件的保修保换时间等售后服务事宜，然后让商家组装好计算机，验机后就可以准备组网了。

5．网络硬件连接

设备选购完成后，将相应的设备准备好，在计算机上安装好网卡等，然后根据拓扑结构图连接起来。在连接过程中应考虑各设备的摆放位置和周围设施情况。

任务 1-2　网络软件安装与配置

1．网卡配置

将网卡安装到计算机上，拧上固定网卡的螺丝并开机试验一下是否能够完成自检，如果能自检则可以直接盖上机箱盖并拧上螺丝。

安装好网卡之后重新启动系统，系统将会提示已经找到了新硬件，但有些网卡需要手工安装驱动程序，直接将买该网卡时商家随卡赠送的驱动安装光盘放入光驱并进行安装即可。

鼠标右键单击"我的电脑"在弹出的菜单中选择"属性"菜单，打开如图 6-2 所示的"系统属性"对话框，单击"硬件"选项卡。

单击"设备管理器"按钮，打开如图 6-3 所示的"设备管理器"窗口，如果网卡找不到驱动程序则以黄色的问号或红色的"x"标记，则需重新安装驱动程序；如果找到了就没有标记，以绿色表示。

右键单击网卡节点并单击"属性"，打开如图 6-4 所示的"网卡属性"对话框。

单击"更新驱动程序"按钮，打开如图 6-5 所示的"硬件更新向导"对话框。

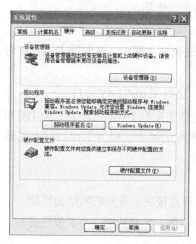

图 6-2　"系统属性"对话框"硬件"选项卡　　图 6-3　"设备管理器"窗口　　图 6-4　"所选网卡属性"对话框

继续单击"下一步"按钮并按照向导提示进行操作，在系统提示确定网卡型号时使用网卡自带的驱动程序进行安装，直到整个安装完成。

2．设置网络通信协议

网卡成功安装后，查看是否安装并设置了网络通信协议。网吧需要围绕计算机进行多项目经营的特殊性，建议三个协议（IPX/SPX 兼容协议、NetBEUI、TCP/IP）全部安装。

以 IPX/SPX 协议安装为例说明其具体操作步骤。

（1）鼠标右键单击"网络连接"窗口中的"本地
连接"图标，并选择"属性"命令，则打开如图 6-6
所示的"本地连接属性"对话框。

（2）单击"安装"按钮打开如图 6-7 所示的"选
择网络组件类型"对话框，在"单击要安装的网络组
件类型"列表中选择"协议"选项。

（3）单击"添加..."按钮打开如图 6-8 所示的"选
择网络协议"对话框，选择"NWLink IPX/SPX/NetBIOS　　　　图 6-5　"硬件更新向导"对话框
Compatible Transport Protocol"选项之后，单击"确定"按钮，即可完成 IPX/SPX 协议的安装。

图 6-6　"本地连接属性"对话框　　图 6-7　"选择网络组件类型"对话框　　图 6-8　"选择网络协议"对话框

3. 网络标识设置

为了方便网吧管理员的管理，除需要设置相应的 IP 地址之外，最好还要设置网络标识以方便
网络管理员对网吧的计算机进行管理。其具体设置如前面项目所示。

4. DHCP 服务器配置

为了方便管理和减轻管理员的工作量，在服务器端安装了 DHCP 服务，客户端计算机则可以
通过使用"自动获得 IP 地址"功能进行 IP 地址设置，参看前面项目中的 DHCP 服务器配置。

5. 代理服务器配置

（1）"TCP/IP 筛选"设置。

"TCP/IP 筛选"可以筛选访问服务器的流量，提高服务器安全性，其设置过程如下。依次单击
"本地连接"→"常规"→"Internet 协议（TCP/IP）"，单击"属性"按钮，打开"Internet 协议（TCP/IP）
属性"对话框，单击"高级"按钮，打开如图 6-9 所示的"高级 TCP/IP 设置"对话框。

单击"选项"选项卡，选择"TCP/IP 筛选"，单击"属性"按钮，打开如图 6-10 所示的"TCP/IP
筛选"对话框，选中"启用 TCP/IP 筛选（所有适配器）（E）"复选框，如需设置只允许 TCP 21
号端口访问，则单击其下方的"添加"按钮，打开"添加筛选器"对话框，在"TCP 端口"文本

框中填入"21"，单击"确定"按钮，则21就加入到TCP端口下的空白处，单击"确定"按钮，则只有21号端口的TCP服务才能通过网络。

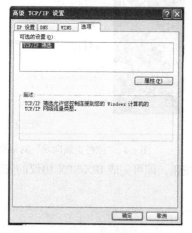

图 6-9　"高级 TCP/IP 设置"对话框

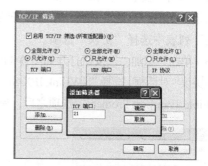

图 6-10　"TCP/IP 筛选"对话框

同时可以设置系统只允许开放的端口，这种筛选设置可以有效防止最常见的如139端口的入侵。

（2）启用"Internet连接防火墙"功能进行安全设置。

Internet连接防火墙功能进行安全设置，是Windows自带的Internet安全设置项，网吧服务器开启这个选项的话，让整个的服务器更加安全。开启方法如下。

打开"本地连接"属性对话框，进入"高级"选项卡，如图6-11所示。

单击"通过限制或阻止来自Internet的对此计算机的访问来保护我的计算机和网络"右侧的"设置"按钮，打开如图6-12所示的"Windows防火墙"对话框。

图 6-11　"本地连接 属性""高级"选项卡

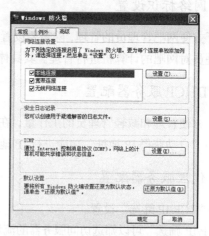

图 6-12　"Windows 防火墙"对话框

单击"设置"按钮，打开如图6-13所示的"高级设置"对话框，选择"服务"选项卡，选择"FTP服务器"。

单击"编辑"按钮，打开如图6-14所示的"服务设置"，在"在您的网络上主持此服务的计算机的名称或IP地址（N）"的文本框中填入IP地址，然后单击"确定"按钮。

图 6-13   "高级设置"对话框

图 6-14   "服务设置"对话框

任务 1-3   网吧网络接入

随着网吧规模的不断扩大，对网络质量和网络服务的要求也越来越高，网速是网吧的生命线，不同的网速其投入也不一样，对于网吧经营者来说以最低的成本投入获得高效稳定的网络才是最重要的。在众多的 Internet 接入方式中，光纤接入成为众多网吧经营者的理想选择。

通常情况下，接入方式的选择根据网吧的规模来决定。一般情况下，大规模的网吧选择双光纤接入或者多 ADSL 接入的方式，超大规模的网吧会组合多种接入方式来实现分区服务。

1. 光纤接入的优势

（1）可用带宽大。

光纤接入技术最大的优势在于可用带宽大。可实现 100 M 或 1000 M 的带宽接入，足以满足网民冲浪时对网速的苛刻需求。

（2）传输距离长。

光纤接入具有传输质量好、传输距离长、抗干扰能力强、网络可靠性高、节约管道资源等特点。单模光纤无中继传输距离可达 120 km。

（3）成本投入。

随着网络技术不断发展，光纤及接入设备价格不断下降，光纤接入成本不断降低。

总之，光纤接入是一种高性价比的接入方式，可以满足网吧网络的各种需求，更有效地实现网吧的低投资高收益。

2. 双光纤接入方式

中国运营商格局是"南电信，北网通"，而电信的游戏和网通的电影是每个网吧用户都希望访问的内容，网吧既不能得罪网通的客户，也不能放弃电信的客户，因此在网吧最好考虑双网或多网。

（1）"光纤收发器+多 WAN 口路由器"连接。

一种是采用光纤收发器实现光纤与多 WAN 口路由器的连接，该方式最大的特点是投入成本低。选择光纤收发器时，性能当然重要，不过更需要注意的是接入光纤介质的类型，如果是单模光纤，那么就要用到单模光纤收发器；如果是多模光纤，则要用多模光纤收发器。

（2）采用"双 WAN 口路由器"提供的光纤模块。

另一种是直接采用双 WAN 口路由器提供的光纤模块，但这种光纤模块需要另外花钱购买，成本也比光纤收发器高。

出于成本的考虑，建议采用第一种方式。在上两种方案中，选择常见的接入方式有："4×ADSL"、"1×网通光纤+1×电信光纤"双光纤接入、"1×网通光纤+1×电信光纤+2×ADSL"组合接入，通常"1×网通光纤+1×电信光纤"方式接入比较适合一般规模的大型网吧选用，"1×网通光纤+1×电信光纤+2×ADSL"组合接入比较适合超大型网吧使用。

3. 接入方案结构图

（1）全 ADSL 方式接入（见图 6-15）。

（2）双光纤接入（见图 6-16）。

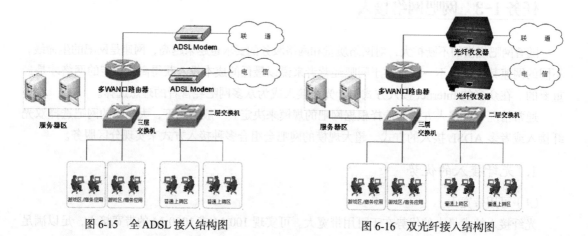

图 6-15　全 ADSL 接入结构图　　　　　图 6-16　双光纤接入结构图

为了提供稳定的带宽，可利用冗余的光纤提高网速和线路备份功能。

（3）ADSL、光纤混合接入（见图 6-17）。

采用光纤接入时，具体方案如图 6-18 所示。

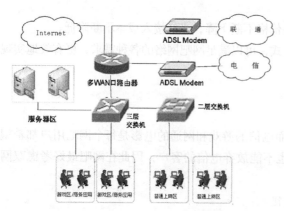
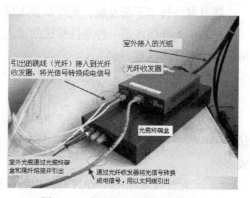

图 6-17　ADSL、光纤混合接入结构图　　　　图 6-18　光纤接入设备连接图

任务 1-4　网吧管理与维护

网吧管理与维护涉及环境、计费、网络及计算机安全等多个方面，本部分主要介绍技术方面的因素。

1．网吧常见故障与处理

（1）故障现象 1：安装并配置好网卡及其 IP 后，在网上邻居中能够看到其他的计算机，但不能读取其他计算机上的数据。

解决办法：首先请确认是否已设置好资源共享，选择"网络→配置→文件及打印共享"，将两个复选框全部选中并单击"确定"按钮，安装成功后在"配置"中会出现"Microsoft 网络上的文件与打印机共享"选项。其次，检查所安装的所有网络协议中，是否绑定了"Microsoft 网络上的文件与打印机共享"，选择"配置"中的协议如"TCP/IP"，单击"属性"按钮，确保绑定的"Microsoft 网络上的文件与打印机共享"、"Microsoft 网络用户"前已经打勾了，这样就可行了。

（2）故障现象 2：计算机使用中，或者刚进入 Windows 的时候出现"系统检测到 IP 地址与系统的硬件地址 00:D0:59……冲突"（见图 6-19）这样的一个警告窗口。

图 6-19　故障现象

解决办法：故障现象表明计算机 IP 地址与网卡物理地址发生冲突，无法使用网络，这时需要释放地址，具体操作如下：假如使用的是 WIN2000 或 XP 操作系统，则单击左下角"开始"→"运行"，在运行文本框中键入 cmd，打开 DOS 命令符对话框，在 DOS 提示符下输入 ipconfig/release 后回车，重启后重新进入 DOS 命令符对话框，在 DOS 提示符下键入：ipconfig/renew，单击"确定"按钮，即可解决问题。此外，如果出现 IP 地址冲突，则表明是一台新登录局域网的计算机使用了其他计算机正使用的 IP 地址，这是 IP 地址规划的问题，这时需要打开"网上邻居"属性，更改"TCP/IP"中的 IP 地址即可，建议更改新登录的计算机。

（3）故障现象 3：在"网上邻居"列表中找不到其他联网的计算机。

解决办法如下。

- 检查网卡驱动程序工作是否正常，必要时重新安装驱动程序。
- 检查当前计算机与其他计算机是否处于同一个工作组，如果属于不同的工作组，则在"网上邻居"中看不到其他计算机，需要看到就标识为相同的工作组名，参看项目 1 设置。
- 如果"网上邻居"中没有出现"整个网络"图标，可能是在 Windows 中没有安装必要的网络组件：Microsoft 网络客户、网络适配器、至少一种网络协议（如 IPX/SPX, TCP/IP 等）。单击"开始"，指向"设置"，单击"控制面板"，然后再双击"网络"，检查"配置"选项卡上的列表，确保已安装了各种必要的网络组件。

（4）故障现象 4：局域网中的两台计算机，其中 A 机使用 Win98，B 机使用 Win2000（或 XP），B 机可以访问 A 机共享的资源，但是 A 机无法访问 B 机共享的资源。

解决办法：这属于"只能单向访问"的故障，首先需要检查在登录时是否进行了身份确认。由于 Windows 98 在登录时按下"取消"按钮或键盘上的"Esc"键跳过用户登录对话框，但这样就不能看到"网上邻居"了，假如要访问网络，必须以某一用户身份正确登录。因此只有相应许可权限的 Windows 98 用户才能连接到 Windows 2000 的计算机中。假如使用了正常方式登录 A 机后依然无法访问 B 机的资源，这就要检查 B 机的用户权限设置了。因为 Windows 2000 是真正的多用户操作系统，假如想通过网络访问 Windows 2000 操作系统下的资源，必须拥有 Windows 2000 提供的用户名和密码才行。虽然 Windows 2000 中的 Guest 是专门给来宾使用的账户，但是系统默认是将其关闭的，所以需要开启 Guest 账户。在 Windows 2000 中开启 Guest 账户可以右键单击桌面上"我的电脑"图标，并且在弹出菜单中选择"管理"命令，在计算机管理窗口中打开"本地用户和组"中的"用户"列表，在窗口右部找到"Guest"账户。双击 Guest 账户之后，将"账号已停用"一项前的勾号去除即可。

2. 管理软件

网吧管理软件很多，根据各自的应用习惯选择合适的管理软件，基本功能应包含计费管理、人员管理（合理分配用户权限并做好相应记录），常见的有美萍网管大师、摇钱树、万象等，具体安装步骤可去下载一个软件安装即可了解。

为了提高网吧的安全性，建议给网吧所有用户划分适当的权限，常见的可分为 5 个级别，分别是：

① 网吧管理者：系统最高权限的操作用户，拥有系统全部功能（含统计查询和系统设置功能）的使用权限。
② 超级管理员：拥有除统计查询功能外的系统全部功能的使用权限。
③ 普通管理员：没有统计查询和系统设置功能的使用权限。
④ 普通用户：使用实名上网卡上网，用现金消费。
⑤ 会员用户：需要先注册为会员，然后先充值后消费，不找零，可享受优惠。

3. 系统维护

网吧系统一般要求连续运行，而且在出现问题时要迅速解决，那管理员怎样维护呢？维护过程中需要维护的如下。

（1）散热：保证对硬盘的散热，建议在硬盘上加装风扇，并保持好机箱内部的温度。
（2）内存：服务器的虚拟内存设置以系统的推荐值为标准，一定要设置，否则服务器在长时间运行之后会提示内存不足。当服务器的日志文件太多时会引起内存不足，客户机死机等，应定期对日志进行查看和清空。
（3）备份：建议更换服务器系统盘或将备份盘克隆回系统盘前应将工作站的有关硬件驱动程序、C:\Octopus\Octlog.mdb（会员日志文件）等重要文件备份到服务器游戏盘或者电影盘下；对使用较多的软件、游戏进行备份。如游戏或软件坏掉了改一下路径，或者还原备份就可以。备份已设置好的客户机文件系统文件夹，如某台机器系统崩溃，删除其系统文件夹，把备份还原即可。

（4）防火墙的开启：服务器不应打开防火墙（如开机扫描等），因防火墙占用资源多，会影响工作站上网速度，在上机人数少时，定期对所有文件进行查毒，查毒后无论是否查到病毒都应重启服务器；

（5）服务器维护：服务器可以连续开机，但需要定时重启维护；建立相应的系统日志，以备不时之需。

（6）打补丁：系统安装时要保证网络系统软件与其他应用软件没有病毒，并随时关注系统的有关补丁程序并及时升级；在正式运营后，没有得到允许，禁止安装任何新的或来历不明的软件；定期检查系统的安全性。

（7）关机：应当加强服务器电源管理，不得非法关机或重启。非法关机会造成服务器的服务失效和硬盘损伤。

（8）隔离：对已经感染病毒的机器，要及时进行隔离、杀毒。

任务 1-5　网吧网络测试

网吧网络组建完毕，对整体进行验收测试。

1. 检测网络连通性

打开桌面上的"网上邻居"窗口后如能看到自己和其他的计算机名，这就表示网络已经连通了。如果看不到则按如下步骤进行诊断。

（1）检查网络物理上是否连通。

（2）如果只是看不到自己的本机名，检查是否已经添加了"文件与打印机共享"服务。

（3）如果在"网上邻居"窗口中只能够看到自己，则说明该网络的物理连通是正常的，此时就需要重点检查工作组名称和其他计算机是否一致。

（4）如果在"网上邻居"窗口中什么也没有看到，则需要检查一下是否是网卡设置出了问题，此时只要重新检查网卡设置或换一块网卡试试。

（5）用 ping、Tracert 等网络检测工具诊断。

2. 检测网络管理软件（计费软件系统）

任意选取一些计算机操作，包括会员用户、普通用户等，检验计费系统运行是否正常。

3. 检测安全性

一方面看软件能否进行系统、文件、日志的备份，另一方面检查备份后的文件是否能还原。检查其备份时间、备份内容等功能。

检查网络防病毒软件、防火墙的安装情况，能否进行定时更新升级等。

通过测试，找出网吧系统设置不完善的地方及时修正。

【实施评价】

在网吧网络中，计算机数目比较多，而且客户对网速、安全性、稳定性要求非常高。

表 6-2 任务实施情况小结

序号	知 识	技 能	态 度	重要程度	自我评价	小组评价	老师评价
1	● 网络接入方式 ● 常用网络管理软件 ● 文件、软件上传及下载的方法 ● 常用网络软件 ● 系统维护内容与工具	○ 正确了解网络组建需求，确定组网目标，选择合适的网络设备，设计合理的拓扑结构图，根据拓扑结构图正确连接网络 ○ 检查网络软件的安装情况，如没有安装则正确安装所需的网络软件 ○ 熟练设置 Internet 共享 ○ 熟练设置不同用户权限 ○ 熟练安装与使用网络管理软件，正确设置网络计费与网络安全措施	◎ 认真合理规划网络 ◎ 安全操作，在连接各网络硬件设备时先应关闭所有设备电源，连接完成后再打开电源检查连接情况 ◎ 根据实际情况分析处理，熟练完成安全设置并保证正确 ◎ 有很强的纪律性，在规定时间内完成规定的任务 ◎ 组建网络规范，布线规则、美观 ◎ 能积极思考问题，并不断解决问题	★★ ★★ ★			
任务实施过程中已经解决的问题及其解决方法与过程							
问题描述		解决方法与过程					
任务实施过程中存在的主要问题							

说明：自我评价、小组评价与教师评价的等级分为 A、B、C、D、E 五等，其中：知识与技能掌握 90%及以上，学习积极上进、自觉性强、遵守操作规范、有时间观念、产品美观并完全合乎要求为 A 等；知识与技能掌握了 80%~90%，学习积极上进、自觉性强、遵守操作规范、有时间观念，但产品外观有瑕疵为 B 等；知识与技能掌握 70%~80%，学习积极上进、在教师督促下能自觉完成、遵守操作规范、有时间观念，但产品外观有瑕疵，没有质量问题为 C 等；知识与技能基本掌握 60%~70%，学习主动性不高、需要教师反复督促才能完成、操作过程与规范有不符的地方，但没有造成严重后果的为 D 等；掌握内容不够 60%，学习不认真，不遵守纪律和操作规范，产品存在关键性的问题或缺陷为 E 等。

【知识链接】

【知识链接 1】xDSL 技术

xDSL 的 x 是"泛指"的意思，DSL（Digital Subscriber Line，数字用户线路）是一种先进的调制技术，它是在双绞铜线（即普通电话线）的两端分别接入 DSL 调制解调器，利用数字信号的高频宽带特性，进行高速传送数据。

DSL 技术按上行（用户到网络服务端）和下行（网络服务端到用户）的速率是否相同可分为

速率对称型和速率非对称型两种类型，目前主要有以下几种技术，如表 6-3 所示。

表 6-3　　　　　　　　　　　　　　　　xDSL 技术分类

类型	实　例	说　明	优　点	缺　点
速率对称型	高速数字用户线 HDSL（High-data-rate DSL）	它利用两到三对双绞铜线提供全双工 1.544Mbit/s（T1）或 2.048Mbit/s（E1）传送速率，传输距离 3～5km	充分利用现有电缆实现扩容，并可以解决少量用户传输 384kbit/s 和 2048kbit/s 宽带信号要求	目前还不能传输 2048kbit/s 以上的信息，传输距离有限，在县一级使用较少
速率非对称型	ADSL（Asymmetrical DSL）非对称数字用户线	上下行信道的速率不同，是一种比较理想的双绞线铜缆宽带接入技术	可以实现话音/数据混合传输	还需要滤波器等设备

【知识链接 2】光纤接入技术

光纤接入技术是指局端与用户之间完全以光纤为传输介质的接入网。用户网光纤化有很多方案，有光纤到路边（FTTC）、光纤到小区（FTTZ）、光纤到办公室（FTTO）、光纤到楼面（FTTF）、光纤到家庭（FTTH）、光纤到桌面（FTTD）等。光纤用户网具有带宽大、传输速度快、传输距离远、抗干扰能力强等特点，适于多种综合数据业务的传输，它采用的主要技术是光波传输技术，目前常用的光纤传输的复用技术有时分复用（TDM）、波分复用（WDM）、频分复用（FDM）、码分复用（CDM）等。

【拓展提高】

在某网吧，用户可以上 QQ，也可以玩网络游戏，但网页就是打不开，网吧管理员需要怎么尽快处理这种情况呢？

1．任务拓展完成过程提示

（1）故障定位。

该网吧能够上 QQ，并且能玩游戏，基本上可以判断网吧网络连接是正常的。造成无法打开网页的原因要从设置上追究。

① 检查计算机 DNS 设置是否正确，如为手动设置，则设置为当地的 DNS 地址或将 DNS 指向网关，建议设置为自动获取。

② 检查路由器是否手动设置了"域名服务器"。如进行了设置，则检查设置的域名服务器是否正确，建议不用设置该项。

（2）检查浏览器是否正常，可以采用尝试法，更换其他浏览器进行测试，最好使用非 IE 核心的浏览器进行测试（Firefox，Opera）。

（3）故障排除。

① 查看 IE 浏览器，确保 IE 浏览器是完好的，如果不确定，则需要更换浏览器试一下，如傲游[Maxthon]、Firefox 等，看是否还存在无法打开网页的情况。

② 检查计算机 DNS 设置：选中"网上邻居"，鼠标右键单击"属性"，在打开的窗口中选择"本地连接"，鼠标右键单击"状态"，在打开的"本地连接"状态中打开"支持"选项卡，再单击"详细信息"，查看"网络连接详细信息"，判断是否正确。

③ 如果设置为 DHCP 分配 IP 地址，则检查 DNS 服务器是否获取到了正确的 DNS 地址：首先登录路由器的管理界面，查看路由器 WAN 口所获取的 DNS 的值，可以直接在路由器管理界面中的"运行状态"→"WAN 口状态"处查看；如果为静态 IP 配置，则可以打电话向网络服务商咨询当地 DNS 服务器地址。并配置正确的 DNS 地址。建议设置为"自动获得 IP 地址"和"自动获得 DNS 服务器地址"，然后单击"确定"按钮。

如果依旧无法打开网页，检查路由器是否手动配置了"域名服务器"。登录路由器管理界面，单击"高级设置"→"域名服务器"，如果此处勾选上了，则检查"域名服务器地址"和"备用 DNS 地址"是否正确（DNS 地址可以向运营商咨询），推荐取消此项设置。

2. 任务拓展评价

任务拓展评价内容如表 6-4 所示。

表 6-4　　　　　　　　　　　　　　任务拓展评价表

拓展任务名称		网络维护	
任务完成方式	【 】小组协作完成	【 】个人独立完成	
任务拓展完成情况评价			
自我评价	小组评价	教师评价	
存在的主要问题			

填写说明：任务为个人完成，则评价方式为"自我评价+教师评价"，如为小组完成，则以"小组评价+教师评价"为主体。

【思考训练】

思考与操作题

1. 如何选择合适的网吧 Internet 接入方式？
2. 下载安装网络游戏（选取 1 个），对其服务器和客户端进行设置。
3. 构建 1 个小型网络，设置 1 台服务器，其余为客户机，在服务器上安装网吧管理软件（如美萍网管大师），并进行配置，然后进行计费、用户权限设置、安全设置。

附录A

课后习题参考答案

项目1

一、思考题

1. 如何简化 Windows 2003 server 关机设置，避免每次关机时都需要填写关机原因，选择关机计划等内容？

答：

方式一：编辑组策略。选择"开始"→"运行"，在"运行"一栏中输入 gpedit.msc 命令打开组策略编辑器，依次展开"计算机配置"→"管理模板"→"系统"，双击右侧窗口出现的"显示'关闭事件跟踪程序'"，将"未配置"改为"已禁用"即可。

方式二：修改注册表。选择"开始"→"运行"，在"运行"一栏中输入 Regedit 命令打开注册表编辑器，依次打开 HKEY_LOCAL_MACHINE\\SOFTWARE\\Policies\\Microsoft\\Windows NT，新建一个项，将其取名为 Reliability，而后在右侧窗口中再新建一个 DWORD 值，取名为 ShutdownReasonOn，将它的值设为 0 就可以了。

方式三：电源巧设置。进行电源设置最为简便，只要依次打开"开始"→"控制面板"→"电源选项"，在出现"电源选项属性"中选择"高级"选项卡，将"在按下计算机电源按钮时"设置为"关机"，然后单击"确定"按钮即可。当您需要关机时，只要直接按下计算机主机上的电源开关或键盘上的 Power 键（需主板支持）就可直接完成关机操作了。

2. 如何减少 Windows 2003 的登录时间，实现自动登录？

答：

方式一：输入命令行。选择"开始"→"运行"，在"运行"一栏中输入 Rundll32 netplwiz.dll,UsersRunDll 命令打开用户账户窗口（注意区分大小写），去除"要使用本机，用户必须输入用户名密码"复选框中的勾号。

这样在下次登录时就可自动登录了。若要选择不同的账户，只要在启动时按"Shift"键就可以了。

方式二：通过改动注册表可实现自动登录。方法是选择"开始"→"运行"，在"运行"一栏中输入 Regedit 命令打开注册表编辑器，依次打开 HKEY_LOCAL_MACHIN\\SOFTWARE\\Microsoft\\Windows NT\\CurrentVersion\\Winlogon，在右侧窗口分别新建字符串值 autoadminlogon，键值设为 1；defaultpassword，键值设为自动登录用户的密码。

其中在注册表中有 defaultusername 这个字符串值，其默认键值是 Administrator，也可将它更改为自己所需要的管理员账号。

方式三：应用软件法。软件名称为 TweakUI 2.10，其汉化版下载地址为 http://www.onlinedown.net/soft/26929.htm。该软件使用简单，将它下载、安装后，双击该程序，在出现的窗口中单击"登录"→"自动登录"，将"系统启动时自动登录"前的复选框打上勾号，单击"应用"按钮后，在弹出的对话框中输入并确认密码，最后单击"确定"按钮即可。

二、选择题

1	2	3	4	5	6	7	8	9	10
C	D	C	B	A	A	A	D	A	B

三、操作题

自动播放功能不仅对光驱起作用，而且对其他驱动器也起作用，这样很容易被黑客利用来执行黑客程序。为了系统安全起见建议关闭自动播放功能，请写出其工作过程并截图。

打开组策略编辑器，依次展开"计算机配置"→"管理模板"→"系统"，在右侧窗口中找到"关闭自动播放"选项并双击，在打开的对话框中选择"已启用"，然后在"关闭自动播放"后面的下拉菜单中选择"所有驱动器"，按"确定"按钮即可生效。

截图根据自己系统的情况截取。

项目 2

一、思考题

1. 什么是本地打印机？

答：所谓本地打印机是指打印机物理连接在本地计算机上，在安装过程中一般都是安装在计算机的"LPT1："打印机端口。

2. 什么是网络打印机？

答：网络打印机是指连接在网络上的打印机，例如直接网络打印机、与网络上其他计算机物理连接的打印机。

3. 本地打印与网络打印有什么区别？

答：网络打印是指通过打印服务器（内置或者外置）将打印机作为独立的设备接入局域网或者 internet，从而使打印机摆脱一直以来作为电脑外设的附属地位，使之成为网络中的独立成员，成为一个可与其并驾齐驱的网络节点和信息管理与输出终端，其他成员可以直接访问使用该打印机。能提高工作效率，降低办公费用；增强了管理性和可靠性，极大地减少了管理人员用于处理网络中打印相关问题的时间，直接降低了企业网络的管理成本，管理员及用户能够及时了解到打印状态，第一时间发现问题，迅速排除故障，提高打印效率；并且方便使用，网络打印方案易于实施，其自动安装、先导式安装等方式，现代的网络打印方案可连接多种网络环境，真正支持跨平台操作，配置简单，适应力极强。

本地打印是使用本地打印机实施打印功能。本地打印机直接与你的电脑相连接的，其他用户要使用这台打印机，必须先将打印机共享，具有极强的 PC 依赖性（如果连接打印机的 PC 没有开机就不能执行打印）。安装驱动时只需在"传真与打印机"中，双击该打印机，系统就会自动安装，无需其他配置。

二、填空选择题

1. 文件　文件　子文件夹
2. 共享文件夹权限
3. 本地计算机　网络打印机相连
4. NTFS FAT32
5. 10
6. 网络文件系统

题号	7	8	9	10	11	12
答案	D	C	B	A	A	A

三、操作题（略）

项目 3

一、思考题

1. 现在通信广泛使用 TCP/IP 通信协议，获取 IP 地址的方式主要有几种？分别是什么？

答：获取 IP 地址的方式主要有 2 种：一种是"自动获取 IP 地址"，只有在有 DHCP 服务器动态分配 IP 地址的情况才可以使用该方式；另一种是"手动配置 IP 地址"，根据网络连接需求配置 IP 地址、子网掩码和默认网关。

2. 为了节省公用 IP 地址，往往局域网的内网要上网都采用共享上网的方式，常用的共享上网方式有哪几种？

答：局域网中常用的共享上网方式有代理服务器上网、共享宽带路由上网、NAT 转换共享上网等。

二、填空选择题

1. 账户
2. 只读　更改　完全控制
3. TCP/IP　NetBIOS
4. WinGate SyGate CCProxy SuperProxy
5. \Web
6. C
7. D
8. 工作组（或 Workgroup）

三、操作题（略）

项目 4

一、思考题

1. NAT 的作用是什么？

答：NAT（Network Address Translation，网络地址转换）是在私有地址与公有地址间相互转化，起到隐藏内部网络结构、节省公用 IP 地址、节约成本的作用。

2. 常见的 VLAN 划分方法有哪些？

答：常见的 VLAN 划分方法主要有 4 种，分别为根据端口来划分 VLAN、根据 MAC 地址划分 VLAN、根据网络层划分 VLAN、根据 IP 多播划分 VLAN。

二、填空选择题

1. PORT　PASV

2. TCP　21　控制连接　数据连接　数据连接　控制连接

3. A

4. File Transport Protocol　IIS

5. ftp://192.168.0.5

6. 下载　上传

三、操作题（略）

项目 5

一、思考题

为什么要进行远程管理？

答：通常情况下，服务器放置在专门的地方，平常一般不允许人随便出入，况且，如果服务器比较多的话，噪声会比较大，长时间在噪声比较大的环境中工作会影响人的身体健康。

还有的情况如服务器放置的地方离管理员比较远，通过远程管理比较方便；如果服务器是电信等"托管"的就只能通过远程管理了。

二、填空选择题

1. DHCP

2. 地址池

3. 动态主机配置协议　自动获得 IP 地址

4. 激活

5. 172.18.10.10～172.18.18.4　72.18.18.6～172.18.255.254

题号	6	7	8	9	10	11
答案	D	B	D	B	B	A

三、操作题（略）

项目 6

思考与操作题（略）

1 需求分析文档

**网络组建需求分析报告

时间：_____   参与人员：_____

1. 网络组建背景描述

说明网络是全新组建还是改造，目前已有的条件与环境情况，是公司还是部门等与网络建设有关的情况。

2. 客户需求要点描述

与公司哪个部门的哪个人员进行沟通，该用户对网络建设的要求是什么。尽量保持客户原含义不变，如能是原文描述更好。

（1）总体要求

扩展性

安全性

实用性

经济性等

（2）详细要求

3. 网络建设（改造）原则

4. 技术人员与用户沟通后的结论

（1）应用需求（如 Internet 连接、文件和文件夹共享、共享打印机等）

（2）安全需求（如用户权限、部门权限等）

（3）技术需求（FTP/DHCP/DNS 服务，VLAN 子网划分等）

5. 技术人员签名：   用户签名：

6. 报告人签名

2 系统安装测试文档

系统安装测试报告

测试时间：_____

项目名称：_____

测试人员：_____

1. 安装测试情况

（1）所有网络关键设备及其应用软件是否全部连通运行

部件状态	A. 所有部件齐全，连接状态正常 B. 部件状态不正常 C. 部件不全，缺部件
不正常部件名称及其型号	
所缺部件名称及其型号	

（2）软件及服务安装情况

软件（服务）名称	已安装及其状态	未安装	版本
	A. 已安装且工作正常 B. 已安装但不能正常工作（需要说明不正常的现象）		

2. 使用的验收工具、验收方法及验收结果

验收对象	验收工具	验收方法	验收结果	验收人

3. 测试结论（通过或不通过，不通过的话需要说明存在的问题和整改的建议）

4. 遗留问题

用户方签字（盖章）: _____　　　测试人员签字（盖章）: _____

3　网络测试文档

**网络验收测试报告

验收时间: _____

验收的单位: _____

参与人员: _____

1. 验收对象（说明在什么环境下对什么进行验收）

2. 使用的验收工具、验收方法及验收结果

验收对象	验收工具	验收方法	验收结果	验收人

3. 验收结论（通过或不通过，不通过的话需要说明存在的问题和整改的建议）

4. 验收成员签名